埋め込みとはめ込み

埋め込みとはめ込み

足 立 正 久 著

岩 波 書 店

序

閉曲面の中で，トーラス $T^2=S^1\times S^1$ は 3 次元 Euclid 空間 $\boldsymbol{R}^3$ の中にあると考えられるが，Klein の壺 K^2 は 3 次元 Euclid 空間の中では実現できない．そこで一般に定義された n 次元微分可能多様体 M^n が Euclid 空間 $\boldsymbol{R}^p$ へ滑らかに埋め込む (imbed) ことができるかどうか？ ということが自然に問題となる．

また，円周 S^1 は 3 次元 Euclid 空間 $\boldsymbol{R}^3$ へ埋め込むことができるが，その埋め込み方は一通りではない．すなわち，次のような 2 つの埋め込み

は一方を，埋め込みのままで連続的に滑らかに変形して(イソトープ)，他方へ移すことはできない．(すなわち“もつれ”をときほどくことはできない．) そこで一般に，2 つの埋め込み，$f, g: M^n\to\boldsymbol{R}^p$ が与えられたときこれらは互いにイソトープとなるかどうか？ が問題となる．これらは多様体の概念が確立されて以来の基本的な問題であった．これらについて，主として H. Whitney, A. Haefliger の研究があるがなお今後の研究，発展が期待される．

特に円周 S^1 の 3 次元 Euclid 空間 $\boldsymbol{R}^3$(あるいは 3 次元球面 S^3)への埋め込みの“イソトープ”*)による分類問題は，結び目の理論とよばれ，トポロジーの一分野をなし，今日も活発に研究されている．

埋め込みのイソトープによる分類の問題を幾分やさしくしたものと考えられるのが，はめ込み (immersion) の正則ホモトピーによる分類である．例をあげよう．3 次元 Euclid 空間 $\boldsymbol{R}^3$ の中で，球面 S^3 を，自分自身と交わってもよい

*) 結び目の理論での“イソトープ”は上のイソトープと少し異なる．

が，角をつくることなく滑らかに変形して裏がえすことができるか？ 一寸考えてみて下さい．とてもできそうに思えませんが，これが可能なことが，はめ込みの分類定理より示される**)．

このいわゆるSmale–Hirschの定理(はめ込みの分類定理)は，その後A. Phillips, M. Gromov, A. Haefligerらにより段階的に一般化されて，今では，多様体の上のある種の偏微分不等式，偏微分方程式の解(の候補者)を見つける1つの手段を提供している．また，ある種のC^∞–写像の特異点を除く方法も提供している．そして，この手段の応用もある．

本書は，この現代のトポロジーの1つの理論およびその応用を紹介することを目的とする．本選書の主旨にしたがって前半(第3章まで)では大学教養部程度の知識で理解できるようにできるだけわかり易く解説した．

なお，本書では埋め込み，はめ込みはすべて，特に断わらない限り，C^∞ のカテゴリーで考える．

はじめに，平面上の正則閉曲線の正則ホモトープによる分類に関して丁寧に説明して，この本の内容の直観的な準備とした．

第1章では第2章以下で必要となるC^r–多様体，C^r–写像に関する基礎概念をまとめた．

第2章では埋め込みに関するWhitneyの定理を中心に述べた．これは，第7章の準備にもなっている．

第3章でははめ込みに関して，Smale–Hirschの定理を中心とし，その一般化であるGromovの定理にも言及した．

第4章ではSmale–Hirschの定理のGromovによるもう1つの一般化である凸積分理論について述べた．

第5章ではGromovの定理の応用例として，開多様体の上の葉層構造の分類定理について述べた．また，第6章では，Gromovの定理，Gromovの凸積分理論の応用例として，開多様体の上の複素構造について述べた．

第7章では，第2章のつづきとして，Haefligerの埋め込み定理について述べた．

**) 最近これをみせる映画ができた．
N. L. Max, Turning a sphere inside out, International Film Bureau Inc. Chicago.

おわりに，本書を書くのに参考にしたり引用した本，論文，ならびに埋め込み，はめ込みに関する基本的な論文をまとめておいた．

友人福井和彦氏，河合茂生氏，石川剛郎氏は，本書の原稿作成にあたって，いろいろ有益な協力をいただいた．ここに感謝したい．

また，田村一郎先生には本書の執筆を薦めていただき，第1稿に対して有益な御注意をいただいた．深く感謝の意を表したい．

さらに，岩波書店の荒井秀男氏にはいろいろお世話になった．ここに感謝の意を表する．

1983年5月

足 立 正 久

目　次

第0章　平面上の正則閉曲線

この章では平面 $\boldsymbol{R}^2$ の上の閉曲線で接線が連続的に動くものを考える．各閉曲線に対して，曲線上をひと回りしたとき，接線が回る角度“回転数”γ を対応させる(単純閉曲線のときは，$\gamma=\pm 2\pi$)．この章での我々の目的は，次の事を示すことである：

2つの曲線は回転数が等しいときはお互いに変形により移りうる．

§1　正則閉曲線

まず正則閉曲線を定義しよう．

$I=[0,1]$ とする．$f:I\to\boldsymbol{R}^2$，$f=(f_1,f_2)$，f_1,f_2 を C^1-函数とする(上のような f を C^1-写像という)．f が次の条件を満足するとき，**パラメーター付正則閉曲線**という：

(i)　$f(0)=f(1),\qquad f'(0)=f'(1),$

(ii)　$f'(t)\neq 0,\qquad \forall t\in I.$

条件(i)は曲線が閉じていること，(ii)は f がパラメーター t に関してある意味で正則であることを示している．

上のような $f:I\to\boldsymbol{R}^2$ に次のような C^1-函数 $\tilde{f}$ が対応する：

$$\tilde{f}:(-\infty,\infty)\longrightarrow\boldsymbol{R}^2,$$

(iii)　$\tilde{f}(t)=f(t),\qquad t\in I,$

(iv)　$\tilde{f}(t+1)=\tilde{f}(t),$

(v)　$\tilde{f}'(t)\neq 0.$

また逆にこのような $\tilde{f}$ には上のような f が対応する．この $\tilde{f}$ を f の**リフト**と

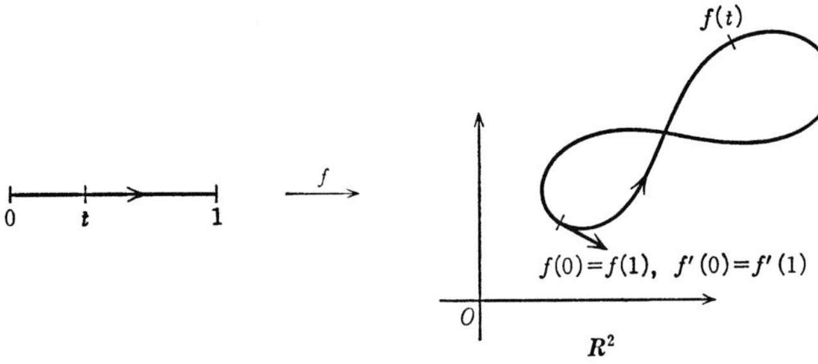

図 0.1

よぶ.

定義 0.1. $f, g: I \to \boldsymbol{R}^2$ をパラメーター付正則閉曲線とする. f と g は次の条件を満足するとき, **同値**(equivalent)であるといい, $f \sim g$ と書く: C^1-函数 $\eta: (-\infty, \infty) \to (-\infty, \infty)$ が存在して,

$$\eta'(t) > 0, \qquad \forall t \in \boldsymbol{R},$$
$$\eta(t+1) = \eta(t)+1,$$
$$\tilde{g}(t) = \tilde{f} \circ \eta(t).$$

明らかに $\sim$ は同値関係を満足する. よってパラメーター付正則閉曲線全体は同値類に分れる. この各類を**正則閉曲線**, あるいは単に**曲線**とよぶ. $f \sim g$ ならば, $f(I) = g(I)$ となる.

命題 0.1. C を正則閉曲線とすると, C の元 g が存在して, $\|g'(t)\|$ は一定である, ここで $\|\ \|$ は $\boldsymbol{R}^2$ のノルムである.

証明. $C \ni f$, $\tilde{f}$ を f のリフトとする.

$$L(t) = \int_0^t |\tilde{f}'(s)| ds, \qquad L = L(1)$$

とおく. このとき, $L = L(C)$ は曲線 C の長さである. $\tilde{f}'(t) \neq 0$ であるから, $L(t)$ は C^1-級, かつ単調増大である. よって t に対して $s = 1/L \cdot L(t)$ は解ける: $t = \eta(s)$. $\eta'(s)$ は連続, かつ正である. $\tilde{f}$ は周期的だから,

$$L(t+1) - L(t) = \int_t^{t+1} \|\tilde{f}'(s)\| ds = \int_0^1 \|\tilde{f}'(s)\| ds$$
$$= L,$$

よって　$\eta(s+1) = \eta(s)+1$. したがって

$$\tilde{g}(t) = \tilde{f}\circ\eta(t)$$

とおくと，これはCの元gのリフトとなっている．さらに

$$\tilde{g}(t) = \tilde{f}'\circ\eta(t)\cdot\frac{L}{L'(\eta(t))}, \qquad \|\tilde{g}'(t)\| = L$$

となる．▌

命題 0.2. Cを正則閉曲線，gを上のようなCの元とする．Cの元hに対して，$\|h'(t)\|$が一定の値kならば，

(i) $k=L$であり，

(ii) ある定数aが存在して，$\tilde{h}(t)=\tilde{g}(t+a)$.

すなわち，$\|h'(t)\|$が一定となるものを2つとると，それらは円周S^1の一定の回転だけ異なる．

証明. $h\sim g$であるから，$\eta:(-\infty,\infty)\to(-\infty,\infty)$が存在して，$\tilde{h}(t)=\tilde{g}(\eta(t))$.
ところが，

$$h'(t) = g'(\eta(t))\eta'(t),$$

よって，$k=L\cdot\eta'(t)$である．したがって，

$$1 = \eta(1)-\eta(0) = \int_0^1 \eta'(t)dt = \int_0^1 \frac{k}{L}dt = \frac{k}{L}.$$

よって$k=L$をうる．故に$\eta'(t)=1$，$\eta(t)=t+a$である．▌

定義 0.2. $f_0, f_1: I\to\boldsymbol{R}^2$をパラメーター付正則閉曲線とする．次のことが成り立つとき，f_0はf_1へ変形(deform)される，あるいはf_0はf_1に**正則ホモトープ**(regularly homotopic)といい，$f_0 \underset{r}{\simeq} f_1$と書く：連続写像$F: I\times I\to\boldsymbol{R}^2$が存在して，

(i) $F(t,0) = f_0(t), \qquad F(t,1) = f_1(t),$

(ii) $f_u(t)=F(t,u)$とおいたとき，各$u\in I$に対して，$f_u: I\to\boldsymbol{R}^2$は，パラメーター付正則閉曲線である．このとき，$F$あるいは$\{f_u\}$を**正則ホモトピー**(regular homotopy)という．

正則ホモトープ$\underset{r}{\simeq}$という関係は同値関係となることがわかる．

命題 0.3. Cを正則閉曲線，$C\ni f_0, f_1$とすると，f_0はf_1へCの中で変形される，すなわち正則ホモトピー$f_u\in C$，$u\in I$，が存在する．

証明. f_0とf_1とは同値だから，$\tilde{f}_1(t)=\tilde{f}_0\circ\eta(t)$.

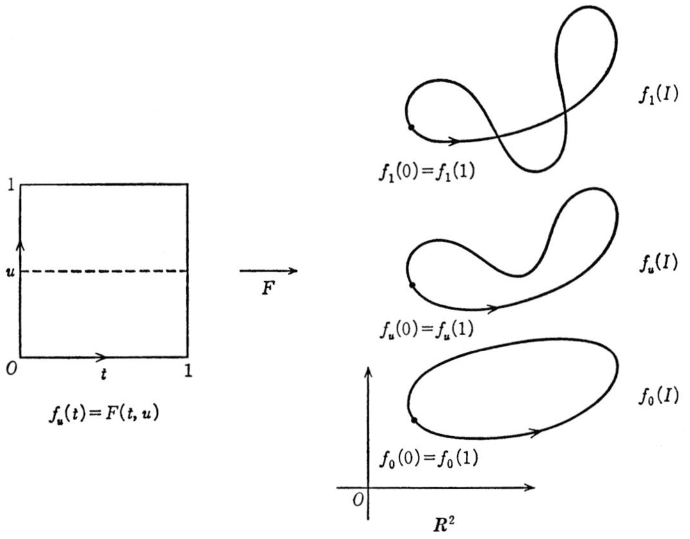

図 0.2

$$\eta_u(t) = u\eta(t)+(1-u)t, \qquad 0 \leqq u \leqq 1,$$
$$\tilde{f}_u(t) = \tilde{f}_0 \circ \eta_u(t) \qquad (\tilde{f}_0 \text{ は } f_0 \text{ のリフト})$$

とおく．このとき，$\eta_0(t)=t$，$\eta_1(t)=\eta(t)$ となる．よって $\tilde{f}_1$ は f_1 のリフトとなっている．

$$\begin{aligned}\eta_u(t+1) &= u[\eta(t)+1]+(1-u)(t+1)\\ &= \eta_u(t)+1,\end{aligned}$$
$$\frac{d\eta_u(t)}{dt} = u\frac{d\eta(t)}{dt}+(1-u) > 0, \qquad 0 \leqq \forall u \leqq 1$$

となる．したがって，各 f_u はパラメーター付正則閉曲線となる．よって命題をうる．▌

上の命題により，“正則閉曲線 C が正則閉曲線 C' へ変形される” という表現は意味をもつ．

§2　正則ホモトピー

次の補題は基本的である.

補題 0.1. $g:I\to \boldsymbol{R}^2$ は連続写像で, $g(t)\neq 0$, $\forall t\in I$ とする. $p\in \boldsymbol{R}^2$ に対して,

$$f(t) = p+\int_0^t g(s)ds$$

がパラメーター付正則閉曲線であるための必要十分条件は

$$g(0) = g(1), \qquad \int_0^1 g(s)ds = 0$$

である. ——

証明するまでもなく明らかである.

定義 0.3. パラメーター付正則閉曲線 $f:I\to \boldsymbol{R}^2$ に対して, その回転数 $\gamma(f)\in \boldsymbol{R}$ を次のように定義する:

$$f^* : I \longrightarrow S^1 \subset \boldsymbol{R}^2,$$

$$f^*(t) = \frac{f'(t)}{\|f'(t)\|},$$

は自然に連続写像 $\hat{f}^*:S^1\to S^1$ を定義する. そこで,

$$\gamma(f) = 2\pi\cdot\deg(\hat{f}^*)$$

と定義する, ここで $\deg(\hat{f}^*)$ は $\hat{f}^*$ の**位数***)(degree) である.

命題 0.4. f, g をパラメーター付正則閉曲線とする. f と g が正則ホモトープならば, $\gamma(f)=\gamma(g)$ である.

証明. $f_u:I\to \boldsymbol{R}^2$ を f と g とを結ぶ正則ホモトピーとする. すなわち $f_0=f$, $f_1=g$. このとき f_u^* により f^* と g^* とはホモトープ, したがって $\hat{f}_u^*$ により $\hat{f}^*$ と $\hat{g}^*$ とはホモトープである. よって $\deg(\hat{f}^*)=\deg(\hat{g}^*)$. ∎

定義 0.4. C を正則閉曲線とする. このとき C の**回転数** (rotation number)

---

*) 一般に連続写像 $h:S^1\to S^1$ の位数 $\deg(h)$ とは, $h(S^1)$ が符号もこめて, S^1 に何回まきついているかを表わす整数である.

正確には次のように定義する. 円周 S^1 の基本群 $\pi_1(S^1)$ は $\boldsymbol{Z}$ と同型である. この生成元を s とする. 一方, h により準同型

$$h_* : \pi_1(S^1) \longrightarrow \pi_1(S^1)$$

が定められるが, この h_* による s の像 $h_*(s)$ は $n\cdot s$, $n\in\boldsymbol{Z}$, と表わされる. h の**位数** $\deg(h)$ とはこの n のことをいう. $\deg(h)$ を h の**写像度**ともいう.

$\gamma(C)$ を $\gamma(f)$，$f\in C$ と定義する．——

この定義は上の命題より代表元 f のとり方によらない．

定理 0.1. 2つの正則閉曲線 C_0, C_1 が互いに正則ホモトープであるための必要十分条件は，$\gamma(C_0)=\gamma(C_1)$ である．——

これは **Whitney-Graustein の定理**とよばれている．

系 0.1. 平面上の正則閉曲線の正則ホモトピー類全体は，$\gamma/2\pi$ をとる写像により，整数全体の集合 $\boldsymbol{Z}$ と1対1に対応する．

定理 0.1 の証明. $\Rightarrow$：これは上の命題 0.4 より明らか．$\Leftarrow$：$\gamma(C_0)=\gamma(C_1)=\gamma$ とする．$C_0\ni g_0$，$C_1\ni f_1$ で次のようなものとする（命題 0.1 参照）：

$$\|g_0'(t)\| = L(C_0) = L_0, \qquad \|f_1'(t)\| = L(C_1) = L_1.$$

$$g_u(t) = g_0(0)+\left[u\cdot\frac{L_1}{L_0}+(1-u)\right]\{g_0(t)-g_0(0)\}$$

とおく．このとき $\{g_u\}$ は g_0 と g_1 とを結ぶホモトピーとなるが，さらに各 $u\in I$ に対して，$g_u'(t)\neq 0$，$\forall t\in I$，となるので $\{g_u\}$ は g_0 と g_1 とを結ぶ正則ホモトピーとなる．$f_0=g_1$ とおく．このとき，$\|f_0'(t)\|=\|g_1'(t)\|=L_1$ となる．

この f_0 が f_1 と正則ホモトープとなることを示そう．K を $\boldsymbol{R}^2$ における 0 を中心とした半径 L_1 の円周とする．このとき，$f_0', f_1': I\to K\subset\boldsymbol{R}^2$ であり，$\hat{f}_0'$，$\hat{f}_1': S^1\to K$ をそれらに自然に対応する写像としたとき，$\deg(\hat{f}_0')=\deg(\hat{f}_1')=\gamma/2\pi$ である．よって，$\hat{f}_0'$ と $\hat{f}_1'$ はホモトープである．したがって，f_0' と f_1' はホモトープである．そこで

$$\theta : \boldsymbol{R} \longrightarrow K$$

を

$$\theta(t) = (L_1\cos t, L_1\sin t)$$

と定義する．

(i)　$\gamma\neq 0$ のとき．

$\theta(0)=(L_1, 0)$ である．一般性を失うことなく，$f_0'(0)=f_1'(0)=\theta(0)$ とできる．$f_i'(t)\in K$，$i=0, 1$，であるから，$f_i'(t)$ の角度を $F_i(t)$ とすれば，

$$F_i : I \longrightarrow \boldsymbol{R}, \qquad i=0,1,$$
$$f_i'(t) = \theta\circ F_i(t),$$
$$F_i(0) = 0$$

となる．このとき，γ の定義と仮定から

$$F_i(1) = \gamma, \quad i = 0, 1,$$

となる．そこで，

$$\begin{cases} F_u(t) = uF_1(t) + (1-u)F_0(t), \\ h_u(t) = \theta \circ F_u(t) \end{cases} \quad 0 \leqq t \leqq 1$$

とおく．このとき，$\{h_u\}$ は f_0' と f_1' とを結ぶホモトピーとなる．

$$\begin{cases} \varphi_u(t) = h_u(t) - \int_0^1 h_u(s)ds, \\ f_u(t) = f_0(0) + u[f_1(0) - f_0(0)] + \int_0^t \varphi_u(s)ds \end{cases}$$

とおく．このとき，明らかに $\int_0^1 \varphi_u(t)dt = 0$ となる．したがって，$f_u(0) = f_u(1)$ となる．また，$f_u'(t) = \varphi_u(t)$ となる．$F_u(0) = 0$，$F_u(1) = \gamma$，γ は 2π の整数倍であるから，

$$\begin{aligned} f_u'(1) - f_u'(0) &= \theta \circ F_u(1) - \theta \circ F_u(0) \\ &= \theta(\gamma) - \theta(0) = 0. \end{aligned}$$

よって，$f_u'(1) = f_u'(0)$，$\forall u \in I$，となる．

次に $f_u'(t) \neq 0$，$u \in [0, 1]$ を示す．

$$f_u'(t) = h_u(t) - \int_0^1 h_u(s)ds, \quad h_u(t) \in K$$

である．$\gamma \neq 0$ ならば，$\int_0^1 h_u(s)ds$ は K の内部の点である．

なぜならば，Schwarz の不等式より

$$\left| \int_0^1 h_u(s)ds \right|^2 \leqq \int_0^1 |h_u(s)|^2 ds.$$

しかるに $h_u(s)$ は定数ではないから不等号のみが成り立つ．また $|h_u(s)|^2 = 1$ だから

$$\left| \int_0^1 h_u(s)ds \right|^2 < 1.$$

よって，$f_u'(t) \neq 0$．これで，f_u が正則閉曲線であることが示された．よって，$\{f_u\}$ は f_0 と f_1 とを結ぶ正則ホモトピーとなった．

(ii)　$\gamma = 0$ のとき．

もし，$F_u(t)$ をとりかえて，各 $u \in [0, 1]$ に対して，$F_u(t)$ は定値写像ではない

ようにできたとする．そのとき，各uに対して，$f_u'(t)\neq 0$となり上の証明はそのまま成り立つ．それは，$F_1(t_0)\neq 0$となる点t_0をとり，$F_0(t)$をt_0の十分小さい近傍で$F_1(t)$に変形しておく．この新しくとったF_0からF_1への変形をF_uとして上の過程をたどればよい．このとき，各uに対して，F_uは定値写像ではない．▌

上の系0.1がその後の発展を示唆している．

第1章　C^r–多様体, C^r–写像, ファイバー束

この章で，C^r–多様体，C^r–写像，ファイバー束に関して基本的な事柄や，あとで必要となるいろいろな予備的な事柄をまとめておく．

§1　C^∞–多様体と C^∞–写像

ここで C^∞–多様体と C^∞–写像について簡単にまとめておく．

A. C^∞–多様体

はじめに C^∞–多様体を定義しよう．

$\boldsymbol{R}^n$ を n 次元 Euclid 空間とし，1つの座標系を固定して考える．そのとき $\boldsymbol{R}^n$ の点 x は n 個の実数の組

$$x=(x_1, x_2, \cdots, x_n)$$

で表わされる．

$\boldsymbol{R}^n$ の開集合 U の上の函数

$$f: U \longrightarrow \boldsymbol{R}^1$$

を考える．r を自然数あるいは ∞ とする．U の各点 x において f の次のようなすべての偏微分

$$\left.\frac{\partial^s f}{\partial x_{i_1}\partial x_{i_2}\cdots\partial x_{i_s}}\right|_x, \qquad \begin{array}{l} 1 \leqq i_1 \leqq \cdots \leqq i_s \leqq n, \\ 1 \leqq s \leqq r \end{array}$$

が存在して連続のとき，f は **r 回連続的微分可能**，あるいは **C^r–函数**であるという．

$\boldsymbol{R}^n$ の開集合 U から $\boldsymbol{R}^p$ への写像 $f: U\to\boldsymbol{R}^p$ を考える．$f(x)=(f_1(x), \cdots, f_p(x))\in\boldsymbol{R}^p$ と表わしたとき，$1\leqq i\leqq p$ の各 i に対して，$f_i: U\to\boldsymbol{R}$ が C^r–函数の

とき，f を **r 回連続的微分可能**，あるいは **C^r-写像**という．C^∞-写像も同様に定義される．f が実解析写像のとき，**C^ω-写像**とよぶこともある．

定義 1.1. 位相空間 M^n が次の条件を満足するとき，M^n を n 次元**位相多様体**(topological manifold)という：

(i)　M^n は Hausdorff 空間である，

(ii)　M^n の各点 x に対し，$\boldsymbol{R}^n$ と同相な近傍 $U(x)$ が存在する，

(iii)　M^n は第2可算公理を満足する．——

さて，位相多様体の上に微分可能構造を定義しよう．

M^n を n 次元位相多様体とする．M^n の開集合 V_j と V_j から $\boldsymbol{R}^n$ の開集合の上への同相写像 $\varphi_j\colon V_j\to\boldsymbol{R}^n$ との組 (V_j,φ_j) の族 $\mathscr{S}=\{(V_j,\varphi_j);j\in J\}$ が次の条件を満足するとき，M^n の**微分可能座標系**(system of C^∞-coordinate, atlas)という：

(i)　$M^n=\bigcup_{j\in J} V_j$,

(ii)　$V_i\cap V_j\neq\phi\Rightarrow$

$$\varphi_j\circ\varphi_i^{-1}:\varphi_i(V_i\cap V_j)\longrightarrow\varphi_j(V_i\cap V_j)$$

は $\boldsymbol{R}^n$ の開集合から $\boldsymbol{R}^n$ の開集合への写像であるが，これは C^∞-写像である(図1.1)．

このとき (V_j,φ_j) は**局所座標**(local coordinate, chart)，V_j を**座標近傍**という．

いま M^n の上に2つの微分可能座標系 $\mathscr{S}=\{(V_j,\varphi_j);j\in J\}$，$\mathscr{S}'=\{(V_k',\varphi_k');k\in K\}$ が与えられている．上の2つの座標系を併せた族 $\mathscr{S}\cup\mathscr{S}'$ がやはり M^n の上の微分可能座標系となるとき，$\mathscr{S}$ と $\mathscr{S}'$ とは**同値**である(equivalent)といい，$\mathscr{S}\sim\mathscr{S}'$ と書く．明らかに $\sim$ は同値関係となる．M^n の上の微分可能座標系の同値類 $\mathscr{D}=[\mathscr{S}]$ を M^n の上の**微分可能構造**(differentiable structure)あるいは **C^∞-構造**という．そして，M^n とその上の C^∞-構造の組 $(M^n,\mathscr{D})$ を**微分可能多様体**(differentiable manifold)あるいは **C^∞-多様体**といい，M^n をその**下に横たわる位相多様体**(underlying topological manifold)という．

この定義は Whitney 流の定義といわれている．C^∞-多様体の定義において，上の $\varphi_j\circ\varphi_i^{-1}$ が C^r-写像，$0\leqq r\leqq\omega$，であるとき，$(M^n,\mathscr{D})$ を **C^r-多様体**という．C^0-多様体は位相多様体である．微分可能多様体というときに C^1-多様体をさすことも多いが，本書では簡単のため C^∞-多様体とする．また C^∞-多様体を

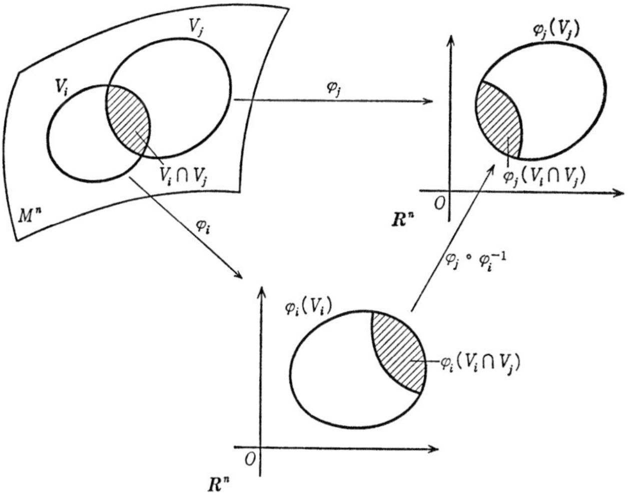

図 1.1

滑らかな多様体(smooth manifold)ということもある.

ここで C^∞-多様体 $(M^n, \mathcal{D})$ の向きづけについて述べる. $\mathcal{D}=[\mathcal{S}]$, $\mathcal{S}=\{(V_j, \varphi_j); j\in J\}$ とする. $x\in V_i\cap V_j$ に対して, $a_{ji}(x)$ を $\varphi_i(x)$ における $\varphi_j\circ\varphi_i^{-1}$ の Jacobi 行列とする:

$$a_{ji}(x) = D(\varphi_j\circ\varphi_i^{-1})_{\varphi_i(x)}, \qquad x\in V_i\cap V_j.$$

このとき

$$a_{kj}(x)\cdot a_{ji}(x) = a_{ki}(x), \qquad x\in V_i\cap V_j\cap V_k$$

となることは容易にわかる. ここで $k=i$ とおけば, $a_{ji}(x)$ は逆をもつ. よって $a_{ji}(x)\in GL(n, \boldsymbol{R})$, ここで $GL(n, \boldsymbol{R})$ は $\boldsymbol{R}^n$ の正則一次変換群である. よって

$$a_{ji} : V_i\cap V_j \longrightarrow GL(n, \boldsymbol{R})$$

なる連続写像をうる.

微分可能座標系 $\mathcal{S}=\{(V_j, \varphi_j); j\in J\}$ はすべての i, j, $x\in V_i\cap V_j$ に対して, 行列式 $|a_{ij}(x)|$ が正のとき, **向きづけられている**(oriented)という.

$\mathcal{S}=\{(V_j, \varphi_j); j\in J\}$, $\mathcal{S}'=\{(V_k', \varphi_k'); k\in K\}$ を M^n の上の向きづけられている C^∞-座標系とする. $V_j\cap V_k'\neq\phi$ であるすべての $(j, k)\in J\times K$, すべての $x\in V_j\cap V_k'$ に対して, $\varphi_k'\circ\varphi_j^{-1}$ の $\varphi_j(x)$ における Jacobi 行列式はすべて正であるか,

あるいはすべて負であるかいずれかである．そのそれぞれに従って，$\mathscr{S}$ と $\mathscr{S}'$ は**正に関係している**(positively related) あるいは**負に関係している**(negatively related) という．M^n の上のすべての向きづけられている C^∞-座標系全体を，“正に関係している”で類別すると，ちょうど2つの類からなることがわかる．

定義 1.2. M^n の上の向きづけられている C^∞-座標系の同値類を M^n の**向きづけ**(orientation) という．

C^∞-多様体 $(M^n, \mathscr{D})$ は向きづけられている C^∞-座標系 $\mathscr{S}$, $[\mathscr{S}]=\mathscr{D}$, をもつとき，**向きづけ可能**(orientable) という．

M^n の上の向きづけの1つを指定して付随させて考えるとき，M^n は**向きづけられている**(oriented) という．n 次元球面 S^n, $n\geqq 1$, は向きづけ可能である．――

以下に微分可能多様体の例をあげる．これらにより，微分可能多様体はわれわれに身近な空間であることがわかると思う．

1. n 次元 Euclid 空間 $\boldsymbol{R}^n$ は C^∞-多様体である．

2. n 次元球面.

$$S^n = (x_1, x_2, \cdots, x_{n+1}) \in \boldsymbol{R}^{n+1} \mid x_1{}^2+x_2{}^2+\cdots+x_{n+1}{}^2=1\}$$

へ $\boldsymbol{R}^{n+1}$ からの相対位相を入れた空間を **$\boldsymbol{n}$ 次元球面**という．S^n は C^∞-多様体となる．

3. 開部分多様体. $(M^n, \mathscr{D})$ を C^∞-多様体，U を M^n の開集合とする．$\mathscr{D}$ の1つの微分可能座標系 $\mathscr{S}=\{(V_j, \varphi_j); j\in J\}$ に対して，

$$\mathscr{S}_U = \{(V_j\cap U, \varphi_j \mid V_j\cap U); j\in J\}$$

は U の上の微分可能座標系となる．$\mathscr{D}_U=[\mathscr{S}_U]$ と書くとき，$(U, \mathscr{D}_U)$ を $(M^n, \mathscr{D})$ の**開部分多様体**(open submanifold) という．上の定義は $\mathscr{D}$ の代表 $\mathscr{S}$ のとり方によらない．

4. 部分多様体. $(M^n, \mathscr{D})$ を C^∞-多様体，A を M^n の部分集合とする．$\boldsymbol{R}^k$, $0\leqq k\leqq n$, を $\boldsymbol{R}^n$ における次のような部分空間と考える：$\boldsymbol{R}^k=\{(x_1, \cdots, x_n)\in \boldsymbol{R}^n \mid x_{k+1}=\cdots=x_n=0\}$．いま，$\mathscr{D}$ の代表 $\mathscr{S}$ で次のようなものがとれるとする：

$\mathscr{S}=\{(V_j, \varphi_j); j\in J\}$ とすると，$V_j\cap A\neq\phi$ となるような各 j に対して，

$$\varphi_j \mid V_j\cap A : V_j\cap A \longrightarrow \boldsymbol{R}^k \subset \boldsymbol{R}^n$$

は $\boldsymbol{R}^k$ の開集合への同相写像である．このとき，明らかに A は位相多様体と

なり，$\mathscr{S}_A=\{(V_j\cap A,\ \varphi_j|V_j\cap A);j\in J\}$ は A の上の微分可能構造を定義する．この $(A,\mathscr{S}_A)$ を M^n の**部分多様体**(submanifold) という．

注意. 上の例 4 における部分多様体は，微分幾何学で用いられる「部分多様体」とは異なる．本書の部分多様体は「部分多様体」であるが，逆は正しくない．

5. C^∞-多様体の積. $(M,\mathscr{D})$, $(M',\mathscr{D}')$ をそれぞれ n,n' 次元の C^∞-多様体とする．$\mathscr{D}=[\mathscr{S}]$，$\mathscr{D}'=[\mathscr{S}']$，$\mathscr{S}=\{(V_j,\varphi_j)\,;j\in J\}$，$\mathscr{S}'=\{(V_k',\varphi_k')\,;k\in K\}$ とする．このとき，$M\times M'$ は明らかに $(n+n')$ 次元の位相多様体となる．さらに，

$$\mathscr{S}\times\mathscr{S}'=\{(V_j\times V_k',\varphi_j\times\varphi_k')\,;(j,k)\in J\times K\}$$

は $M\times M'$ の上の微分可能座標系となる．よって，$(M\times M',[\mathscr{S}\times\mathscr{S}'])$ を微分可能多様体 $(M,\mathscr{D}),(M',\mathscr{D}')$ の**積**といい，ふつう $M\times M'$ と書く．

例. $T^2=S^1\times S^1$，これはトーラス，あるいは**輪環面**(torus)とよばれる．

6. Möbius の帯. 図 1.2 のように紙テープの両端をひっくり返して張り合わせたものを **Möbius の帯**という．もっときちんというと，Möbius の帯 M^2 は

$$M^2=[0,1]\times[0,1]/\sim,$$

ここで，$[0,1]\times[0,1]\ni(s,t)$ に対して，

$$(0,t)\sim(1,1-t)$$

である．この Möbius の帯の内点 $\mathring{M}^2$ は 2 次元 C^∞-多様体となる．これは向きづけ可能ではない．

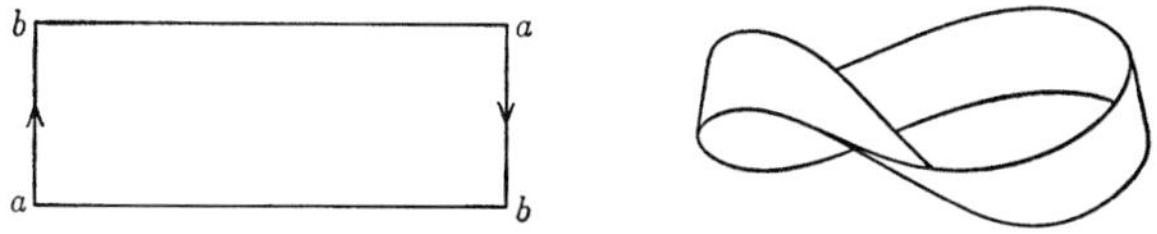

図 1.2

7. 実射影空間. ***n* 次元実射影空間** $P_n(\boldsymbol{R})=S^n/\sim$，$x\sim-x$ は n 次元 C^∞-多様体となる．$n=2$ のときをやってみる．いま，$P_2(\boldsymbol{R})$ において，$P_2(\boldsymbol{R})=\{[x_1,x_2,x_3]\,|\,x_1,x_2,x_3$ のすべては 0 ではない，$x_i\in\boldsymbol{R}$，$i=1,2,3\}$ と考えて，

$$U_i=\{[x_1,x_2,x_3]\,|\,x_i\neq0\},\qquad i=1,2,3$$

とおく．ここで $[x_1,x_2,x_3]$ は (x_1,x_2,x_3) を含む同値類である．($x_i\neq0$ は同値類の代表元のとり方に無関係な条件である．) このとき，

$$P_2(\boldsymbol{R}) = U_1 \cup U_2 \cup U_3$$

は開被覆となる．また，明らかに $P_2(\boldsymbol{R})$ は第2可算公理を満足する．次に，$\varphi_i: U_i \to \boldsymbol{R}^2$，$i=1,2,3$，を

$$\varphi_1[x_1, x_2, x_3] = \left(\frac{x_2}{x_1}, \frac{x_3}{x_1}\right),$$

$$\varphi_2[x_1, x_2, x_3] = \left(\frac{x_3}{x_2}, \frac{x_1}{x_2}\right),$$

$$\varphi_3[x_1, x_2, x_3] = \left(\frac{x_1}{x_3}, \frac{x_2}{x_3}\right)$$

と定義する．この定義は $P_2(\boldsymbol{R})$ の点の代表元 (x_1, x_2, x_3) のとり方によらないことは明らかである．また各 φ_i は明らかに U_i から $\boldsymbol{R}^2$ の上への位相写像である．よって，$P_2(\boldsymbol{R})$ は位相多様体であることがわかった．次に U_1 と U_2 の共通部分 $U_1 \cap U_2 = U_{12}$ の点 $[x_1, x_2, x_3]$ に対して，

$$\varphi_1[x_1, x_2, x_3] = (u_1, u_2),$$

$$\varphi_2[x_1, x_2, x_3] = (\bar{u}_1, \bar{u}_2)$$

とおくと，

$$\bar{u}_1 = \frac{u_2}{u_1}, \qquad \bar{u}_2 = \frac{1}{u_1},$$

$$u_1 = \frac{1}{\bar{u}_2}, \qquad u_2 = \frac{\bar{u}_1}{\bar{u}_2}$$

と表わされる．そして $[x_1, x_2, x_3] \in U_{12}$ より，$x_1 \neq 0$, $x_2 \neq 0$ である．したがって $u_1 \neq 0$, $\bar{u}_2 \neq 0$ である．よって，$\bar{u}_1, \bar{u}_2$ は (u_1, u_2) の C^∞-函数であり，また u_1, u_2 は $(\bar{u}_1, \bar{u}_2)$ の C^∞-函数である．$U_2 \cap U_3$，$U_3 \cap U_1$ の点に関しても同様である．よって

$$\mathcal{D} = \{(U_i, \varphi_i)\,;\, i=1,2,3\}$$

は $P_2(\boldsymbol{R})$ の上へ C^∞-構造を定義する．よって $P_2(\boldsymbol{R})$ は C^∞-多様体と考えられる．

全く同様にして，n 次元実射影空間 $P_n(\boldsymbol{R})$ にも自然に C^∞-構造が定義されて，C^∞-多様体と考えられる．

B. 微分可能写像

$(M_1, \mathcal{D}_1)$，$(M_2, \mathcal{D}_2)$ をそれぞれ m 次元，n 次元の C^∞-多様体とする．

定義 1.3. M_1 から M_2 への写像 $f: M_1 \to M_2$ を考える．M_1 の点 x に対して，

$\mathscr{D}_1$ の 1 つの代表 $\{(V_j, \varphi_j); j\in J\}$ の座標近傍 V_j と $\mathscr{D}_2$ の 1 つの代表 $\{(V_k', \varphi_k'); k\in K\}$ の座標近傍 V_k' で $x\in V_j$, $f(x)\in V_k'$ となるものをとると,

$$\varphi_k'\circ f\circ\varphi_j^{-1} : \varphi_j(V_j) \longrightarrow \varphi_k'(f(V_j)\cap V_k')$$

は $\boldsymbol{R}^m$ の開集合から $\boldsymbol{R}^n$ への写像であるが，これが $\varphi_j(x)$ で無限回(連続的)微分可能であるとき，f は **$\boldsymbol{x}$ で微分可能**であるという．そして，f が M_1 の各点 x において微分可能であるとき，f は**微分可能**である．あるいは **C^∞-写像**であるという．自然数 r に対して，**C^r-写像**も上と同様に定義される $(0\leqq r\leqq \omega)$.

――

上の定義は C^∞-構造の定義より，$\mathscr{D}_1$ の代表，$\mathscr{D}_2$ の代表，および V_j, V_k' のとり方によらないことが容易にわかる.

M_1, M_2 を C^∞-多様体，$A\subset M_1$, $f: A\to M_2$ とする．f が A の開近傍 U の上の C^∞-写像へ拡張できるとき，f は **$\boldsymbol{A}$ で微分可能**であるという.

定義 1.4. M_1 と M_2 を C^∞-多様体とする．M_1 から M_2 への写像 $f: M_1\to M_2$ が次の条件を満足するとき，f を**微分同相写像**(diffeomorphism)という:

(i)　f は同相写像,

(ii)　f, f^{-1} は C^∞-写像.

定義 1.5. M_1, M_2 を C^∞-多様体とする．M_1 から M_2 への微分同相写像 $f: M_1\to M_2$ が存在するとき，M_1 は M_2 に**微分同相**(diffeomorphic)であるといい，$M_1 \underset{d}{\approx} M_2$ と書く．――

明らかに $\underset{d}{\approx}$ は同値関係となる．微分位相幾何学においては，互いに微分同相な 2 つの微分可能多様体は同一視される．また，Klein 流にいうならば微分位相幾何学は，微分可能多様体の微分同相により不変な性質を研究する数学の一分野であるということもできる．しかし今日ではこれはやや狭すぎる.

次に微分可能写像の階数，C^∞-多様体のはめ込み，埋め込みを定義しよう.

定義 1.6. M_1, M_2 を微分可能多様体，$f: M_1\to M_2$ を微分可能写像とする．M_1 の点 x に対して，x および $f(x)$ の局所座標をそれぞれ (U_1, h_1), (U_2, h_2) とる．このとき次の写像

$$h_2\circ f\circ h_1^{-1} : h(U_1\cap f^{-1}(U_2)) \longrightarrow h_2(U_2)$$

の $h_1(x)$ における Jacobi 行列の階数を，f の x における**階数**(rank)という.

この定義は，微分可能構造の定義から，局所座標のとり方によらないことは

明らかである．

定義 1.7. M^n, V^p をそれぞれ n 次元，p 次元の微分可能多様体とする．微分可能写像 $f: M^n \to V^p$ は，各点 $x \in M^n$ における階数が n のとき，**はめ込み** (immersion) とよばれる．f がはめ込みであり，かつ V^p の中への同相写像であるとき，f は**埋め込み** (imbedding, embedding) とよばれる．

また，M^n の各点 x における階数が p のとき，f を**しずめ込み** (submersion) という．

$f: M^n \to V^p$ が埋め込みであれば，f の像 $f(M^n)$ は明らかに V^p の部分多様体となる．

注意. $f: M^n \to V^p$ が埋め込みであれば，それははめ込みでもある．しかし，逆は成り立たない．f がはめ込みで，かつ V^p の中への1対1写像であっても，f は必ずしも埋め込みではない．図1.3を参照して考えよ．

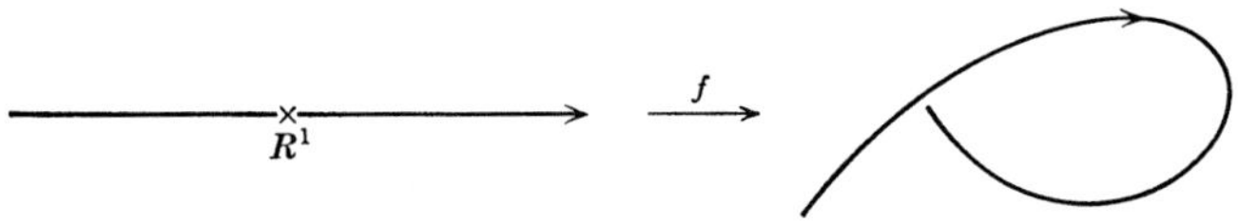

図 1.3

定義 1.8. M^n, V^p をそれぞれ n 次元，p 次元の C^∞-多様体，$f: M^n \to V^p$ を C^∞-写像とする．V^p の点 y に対して，$f^{-1}(y)$ の各点 x における f の階数が p のとき，y を f の**正則値** (regular value)，そうでないとき y を f の**臨界値** (critical value) という．——

上の定義によれば，f の像に含まれない点はすべて f の正則値となる．

命題 1.1. M^n, V^p をそれぞれ n 次元，p 次元の C^∞-多様体，$f: M^n \to V^p$ を C^∞-写像とする．y が f の正則値ならば，$f^{-1}(y)$ は ϕ かまたは M^n の $(n-p)$-次元の部分多様体となる．——

これは部分多様体，正則値の定義より容易にわかる．

C. 接空間と C^∞-写像の微分

定義 1.9. M^n を n 次元 C^∞-多様体とし，x を M^n の点とする．開区間 $(-\varepsilon, \varepsilon)$，$\varepsilon>0$ (ε は十分小さい)，から M^n への C^∞-写像，$c: (-\varepsilon, \varepsilon) \to M$ が $c(0)=x$ のとき，x における**曲線** (curve) という．c_1, c_2 を x における曲線としたとき，

x における1つの局所座標 $(U_\alpha, \varphi_\alpha)$ に対して，$\varphi_\alpha \circ c_1$，$\varphi_\alpha \circ c_2$ は $(-\varepsilon, \varepsilon)$ から $\boldsymbol{R}^n$ への C^∞-写像であるが，

$$\left.\frac{d(\varphi_\alpha \circ c_1)}{dt}\right|_{t=0} = \left.\frac{d(\varphi_\alpha \circ c_2)}{dt}\right|_{t=0}$$

のとき，c_1 と c_2 とは**同値**であるといい，$c_1 \sim c_2$ と書く(図1.4).

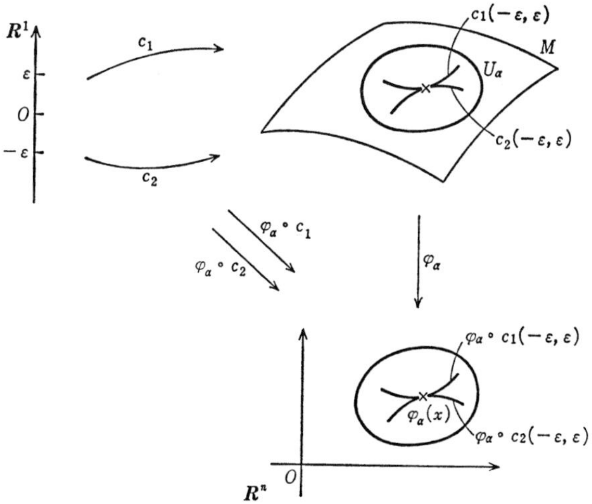

図 1.4

C^∞-構造の定義より，上の定義は局所座標 $\varepsilon>0$ のとり方によらない．また，上の $\sim$ は同値関係となる．

よって，M^n の x における曲線全体の集合 C_x を上の $\sim$ により同値類に類別できる．曲線 c を含む類を $[c]_x$ と表わす．

定義 1.10. M^n を C^∞-多様体，$x \in M^n$ とする．M^n の x における曲線の同値類の集合

$$T_x(M^n) = C_x/\sim = \{[c]_x | c \text{ は } x \text{ における曲線}\}$$

を M^n の x における**接空間**(tangent space)という．——

$T_x(M^n)$ へ次のようにして和を定義する．

定義 1.11. $T_x(M^n)$ の2つの元を $[c_1]_x$, $[c_2]_x$ とする．$c_1, c_2 \colon (-\varepsilon, \varepsilon) \to M^n$ は C^∞-写像で，$c_1(0)=c_2(0)=x$，そこで x における局所座標 $(U_\alpha, \varphi_\alpha)$，$\varphi_\alpha(x)=0$，

に対して，次の2つの写像の和を定義することができる：

$$\varphi_\alpha\circ c_1,\ \varphi_\alpha\circ c_2 : (-\varepsilon, \varepsilon) \longrightarrow \boldsymbol{R}^n:$$
$$(\varphi_\alpha\circ c_1+\varphi_\alpha\circ c_2)(t) = \varphi_\alpha\circ c_1(t)+\varphi_\alpha\circ c_2(t),$$
$$\varphi_\alpha\circ c_1+\varphi_\alpha\circ c_2 : (-\varepsilon, \varepsilon) \longrightarrow \boldsymbol{R}^n.$$

よって，ε' を十分小さくとれば，

$$(\varphi_\alpha\circ c_1+\varphi_\alpha\circ c_2)(-\varepsilon', \varepsilon') \subset \varphi_\alpha(U_\alpha)$$

とできる．そこで，

$$[c_1]_x+[c_2]_x = [\varphi_\alpha{}^{-1}(\varphi_\alpha\circ c_1+\varphi_\alpha\circ c_2)]_x$$

と定義する．——

C^∞-座標系の定義から，上の定義は局所座標$(U_\alpha, \varphi_\alpha)$，曲線の定義域に関する $\varepsilon>0$ のとり方によらないことが容易にわかる．

$T_x(M^n)$ の元 $[c]_x$，実数 λ に対して，$\lambda[c]_x$ も上と同様にして自然に定義される．

補題 1.1. 接空間 $T_x(M^n)$ へ上のように和とスカラー倍とを定義すれば，$T_x(M^n)$ は n 次元ベクトル空間となる．

証明. ベクトル空間となることは明らか．

そこで，n 次元となることを示す．いま x における局所座標$(U_\alpha, \varphi_\alpha)$を1つとる．そして，次のような x における n 個の曲線を考える：

$$u_i : (-\varepsilon, \varepsilon) \longrightarrow M^n, \qquad i = 1, 2, \cdots, n$$
$$u_i(t) = \varphi_\alpha{}^{-1}(0, \cdots, 0, \overset{\underset{\smile}{i}}{t}, 0, \cdots, 0),$$

ここで，$(0, 0, \cdots, 0, \overset{\underset{\smile}{i}}{t}, 0, \cdots, 0)$ は第 i 成分が t で他の成分は0である $\boldsymbol{R}^n$ の元を表わす．このとき，明らかに任意の x における曲線の同値類$[c]_x$ は$[u_1]_x, \cdots, [u_n]_x$ の1次結合で表わされる．そしてまた，これらは1次独立となることも容易にわかる．▌

次に微分可能写像の微分の定義をのべる．

補題 1.2. M, N を C^∞-多様体，c_1, c_2: $(-\varepsilon, \varepsilon)\to M$ を $x\in M$ における曲線，$c_1\sim c_2$ とする．$f{:}M\to N$ を C^∞-写像とすると，$f\circ c_1$, $f\circ c_2$ は $f(x)$ における曲線となるが，それらは

$$f\circ c_1 \sim f\circ c_2$$

となる．

証明. x における局所座標を $(U_\alpha, \varphi_\alpha)$, $f(x)$ における局所座標を $(V_\lambda, \psi_\lambda)$ とする. このとき,

$$\psi_\lambda \circ f \circ c_i = (\psi_\lambda \circ f \circ \varphi_\alpha)^{-1} \circ (\varphi_\alpha \circ c_i), \qquad i = 1, 2.$$

また, 仮定より

$$\left.\frac{d(\varphi_\alpha \circ c_1)}{dt}\right|_{t=0} = \left.\frac{d(\varphi_\alpha \circ c_2)}{dt}\right|_{t=0}$$

である. よって

$$\left.\frac{d(\psi_\lambda \circ f \circ c_1)}{dt}\right|_{t=0} = \left.\frac{d(\psi_\lambda \circ f \circ c_2)}{dt}\right|_{t=0}$$

をうる. ▮

定義 1.12. M, N を C^∞-多様体, $f : M \to N$ を C^∞-写像とする. M の点 x に対して, 写像

$$(df)_x : T_x(M) \longrightarrow T_{f(x)}(N)$$

を

$$(df)_x([c]_x) = [f \circ c]_{f(x)}$$

と定義する. これは上の補題により $[c]_x$ の代表元 c のとり方によらない. これを f の x における**微分** (differential) という.

補題 1.3. M, N を C^∞-多様体, $f : M \to N$ を C^∞-写像, $x \in M$ とする. このとき,

1. f の x における微分

$$(df)_x : T_x(M) \longrightarrow T_{f(x)}(N)$$

は 1 次写像である.

2. f の x における階数は $(df)_x$ の階数に等しい.

証明は各自試みよ.

したがって C^∞-写像 $f : M \to N$ がはめ込みであることと, M の各点 x において, $(df)_x : T_x(M) \to T_{f(x)}(N)$ が単射であることとは同値である.

§2 ファイバー束

この節では後で必要となるファイバー束に関する事柄をまとめておく.

A. 種々の空間

まず理解をたすけるために，二,三の例をあげる．

1. 直積空間．X, Y を位相空間，$B=X\times Y$ とする．$p:B\to X$ を $p(x,y)=x$ と定義すると，これは X の上への連続写像である．そして，X の各点 x に対して，$p^{-1}(x)=Y_x$ は Y と同相である．Y の1点 y_0 をとり，$f:X\to B$ を $f(x)=(x,y_0)$ と定義すると，これは連続で，$p\circ f(x)=x$ である．

2. Möbius の帯．Möbius の帯 M^2 は

$$M^2 = [0,1]\times[0,1]/\sim,$$
$$(0,t)\sim(1,1-t),\qquad t\in[0,1]$$

であった．いま，$X=S^1=[0,1]/\sim$，$Y=[0,1]$，$B=M^2$ とし，$p:B\to X$ を $p([(s,t)])=[s]\in S^1$ と定義すると，これは X の上への連続写像となる．そして，X の各点 x に対して，$p^{-1}(x)=Y_x$ は Y と同相となる．また，X の各点 x に対して，x の近傍 $V(x)$ が存在して，$p^{-1}(V(x))$ は $V(x)\times Y$ と同相になる．さらに，$f:X\to B$ を $f(x)=[(x,1/2)]$ と定義すると，これは連続写像で，$p\circ f(x)=x$ となる．

3. Klein の壺．長方形 $I\times J$, $I=J=[0,1]$ において，一組の対辺は同じ向きに，他の一組の辺は反対の向きに張り合せて得られる曲面 K^2 を **Klein の壺**という(図1.5)．

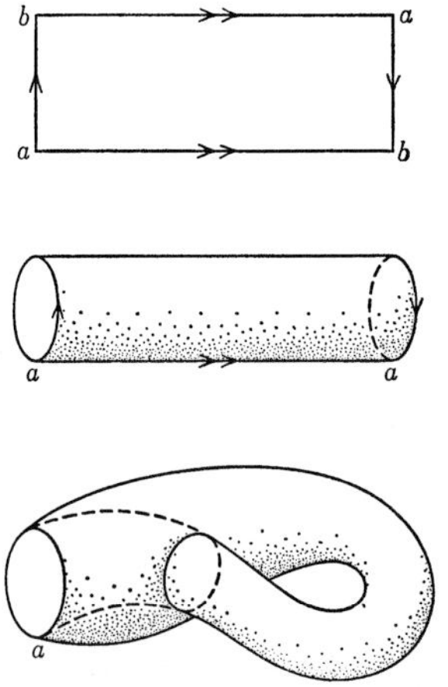

図1.5

すなわち,

$$K^2 = I\times J/\sim, \quad (0,t)\sim(1,1-t), \quad t\in J,$$
$$(s,0)\sim(s,1), \quad s\in I.$$

いま, $B=K^2$, $X=S^1=I/\sim$, $Y=S^1=J/\sim$ とおく. $p:B\to X$ を $p([(s,t)])=[s]\in X$ と定義すると, これは X の上への連続写像となる. そして, X の各点 x に対して, $p^{-1}(x)$ は $Y=S^1$ と同相である. また X の各点 x に対して, x の近傍 $V(x)$ が存在して, $p^{-1}(V(x))$ は $V(x)\times Y$ と同相となる. また $f:X\to B$ を $f(x)=[(x,0)]$ と定義するとこれは連続となり, $p\circ f(x)=x$ となる.

4. 被覆空間. B が X の被覆空間(covering space)であるとき, $p:B\to X$ を被覆写像とする. このとき, 明らかに p は X の上への連続写像である. そして, X の各点 x に対して, $Y_x=p^{-1}(x)$ は離散集合である. また, X が弧状連結のとき, すべての点 $x\in X$ に対して, Y_x は互いに同相となる. また, 各点 $x\in X$ に対して, x の近傍 $V(x)$ が存在して, $p^{-1}(V(x))$ は $V(x)\times Y_x$ と同相となる. (B が X の**被覆空間**である, あるいは (B,p,X) が被覆空間であるとは, 0) X は弧状連結, かつ X は局所弧状連結, i) $p:B\to X$ は上への連続写像, ii) 各点 $x\in X$ に対して, x の弧状連結は近傍 V が存在して, $p^{-1}(V)$ の各連結成分 $\tilde{V}_\lambda$ は X の中の開集合であり, $p|\tilde{V}_\lambda:\tilde{V}_\lambda\to V$ は上への同相写像である, ときにいう.)

5. ねじれトーラス. まず $[0,1]\times S^1$ を考える. そしてその両端, すなわち $\{0\}\times S^1$ と $\{1\}\times S^1$ とを $180°$ 回転してはり合わせる. こうしてえられた曲面 T_W を**ねじれトーラス**(twisted torus)という. すなわち,

$$T_W = [0,1]\times S^1/\sim, \quad (0,e^{2\pi i\theta})\sim(1,e^{2\pi i(\theta+\pi)}).$$

$p:T_W\to S^1=[0,1]/\sim$ を $p([t,e^{2\pi i\theta}])=[t]$ と定義すると, これは S^1 の上への連続写像となる. また S^1 の各点 $[t]$ に対して, $[t]$ の S^1 における近傍 V が存在して, $p^{-1}(V)$ は $V\times S^1$ と同相になる(図 1.6).

B. ファイバー束の定義

定義 1.13. G を位相群, Y を位相空間とする. 次の条件を満足するような連続写像 $\eta:G\times Y\to Y$ が存在するとき, G を (η に関する) Y の**位相変換群**(topological transformation group of Y) という:

(i) G の単位元 e に対して $\eta(e,y)=y$,

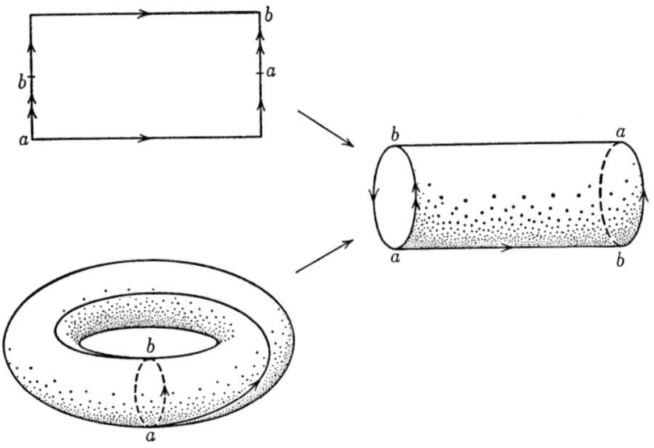

図 1.6

(ii) すべての $g, g' \in G$, $y \in Y$ に対して,

$$\eta(gg', y) = \eta(g, \eta(g', y)).$$

このとき, G が Y に**作用している**(act, operate)ということもある. ——

以下, $\eta(g, y)$ を単に $g \cdot y$ と書くことにする. 上の定義より, G の元 g を固定して, Y の元 y に $g \cdot y$ を対応させる写像 $g \cdot : Y \to Y$ は明らかに Y の同相写像である. よって, 上の η により, G から Y の同相写像全体の群 $H(Y)$ への準同型写像 $\bar{\eta}: G \to H(Y)$ が与えられる.

定義 1.14. G を Y の位相変換群とする. 上の $\bar{\eta}$ が単射のとき, すなわち, すべての $y \in Y$ に対して, $g \cdot y = y$ ならば $g = e$ となるとき, G は**効果的**(effective)であるという. ——

以下しばらく, 位相変換群は特に断わらない限り効果的であるとする.

定義 1.15. **座標束**(coordinate bundle) $\mathcal{B} = \{B, p, X, Y, G\}$ とは次の条件を満足するような構造をもった位相空間と連続写像の組である:

1) B, X は位相空間である; B は**束空間**(bundle space)あるいは**全空間**(total space), X は**底空間**(base space)とよばれる. $p: B \to X$ は上への連続写像である; これは $\mathcal{B}$ の**射影**(projection)とよばれる.

2) Y も位相空間である; これは**ファイバー**(fibre)とよばれる. G は Y の位相変換群である; これは $\mathcal{B}$ の**構造群**(structure group)とよばれる.

3) 次のような X の開被覆 $\{V_j; j \in J\}$ と, 各 $j \in J$ に対して位相写像

$$\phi_j : V_j \times Y \longrightarrow p^{-1}(V_j)$$

が与えられている．V_j, ϕ_j はそれぞれ**座標近傍**(coordinate neighborhood)，**座標函数**(coordinate function)とよばれる．

4) 上の座標函数は次の条件を満足する：

(i) $p\circ\phi_j(x, y) = x, \quad x \in V_j,\ y \in Y,\ j \in J,$

(ii) 写像 $\phi_{j,x}: Y \to p^{-1}(x)$ を

$$\phi_{j,x}(y) = \phi_j(x, y), \qquad y \in Y$$

で定義すると，$V_i \cap V_j \ni x$ に対して

$$\phi_{j,x}{}^{-1}\circ\phi_{i,x} : Y \longrightarrow Y$$

は Y の同相写像であるが，これは G の元 $g_{ji}(x)$ の作用と一致する，

(iii) 上の対応を

$$g_{ji} : V_i \cap V_j \longrightarrow G$$

と表わすと，すなわち $g_{ji}(x) = \phi_{j,x}{}^{-1}\circ\phi_{i,x}$ とおくと，g_{ji} は連続である；g_{ji} は $\mathcal{B}$ の**座標変換**(coordinate transformation)，あるいは**変換函数**(transitim function)とよばれる．

すなわち，大雑把にいって，座標束とは，$\bigcup_j V_j \times Y$ を g_{ji} ではり合せたものと考えられる．

$p^{-1}(x)$ を Y_x と書いて，$\boldsymbol{x}$ **の上のファイバー**という．

補題 1.4. $\mathcal{B} = \{B, p, X, Y, G\}$ を座標束，g_{ji} をその座標変換とすると，

(i) $g_{kj}(x)\cdot g_{ji}(x) = g_{ki}(x), \quad x \in V_i \cap V_j \cap V_k,$

(ii) $g_{ii}(x) = e, \quad x \in V_i,$

ここで，e は G の単位元を表わす，

(iii) $g_{j,k}(x) = [g_{kj}(x)]^{-1}, \quad x \in V_j \cap V_k.$ ——

これは座標束の定義より簡単にわかる．

次に，2つの座標束の間の強い意味の同値関係を定義しよう．

定義 1.16. 2つの座標束 $\mathcal{B} = \{B, p, X, Y, G\}$，$\mathcal{B}' = \{B', p', X', Y', G'\}$ が与えられている．次の条件を満足するとき，$\mathcal{B}$ と $\mathcal{B}'$ とは**強い意味で同値**(equivalent in the strict sense)であるといい，$\mathcal{B} \approx \mathcal{B}'$ と表わす：

(i) $B = B',\ X = X',\ p = p',$

(ii) $Y = Y',\ G = G',$

(iii) 座標函数 $\{\phi_j\}$, $\{\phi_k'\}$ は次の条件を満足する；

$$\bar{g}_{kj}(x) = (\phi_{k,x}')^{-1}\circ\phi_{j,x}, \qquad x\in V_j\cap V_k'$$

とおくと，これは G の元の変換と考えられる．それを

$$\bar{g}_{kj} : V_j\cap V_k' \longrightarrow G$$

とおくと，これは連続写像である．――

容易にわかるように，この $\approx$ は同値関係となる．

定義 1.17. 座標束の同値類を**ファイバー束**(fibre bundle)という．――

“強い意味で同値” は微分可能座標系での “同値” に対応している．

定義 1.18. G が次の条件を満足するとき，**Lie 群**(Lie group)という：

(i) G は位相群である，

(ii) G は C^∞-多様体である，

(iii) G における演算，すなわち

$$\varphi_1 : G\times G \longrightarrow G, \qquad \varphi_2 : G \longrightarrow G,$$
$$\varphi_1(g,h) = gh, \qquad \varphi_2(g) = g^{-1}$$

は C^∞-写像である．

例. $GL(n, \boldsymbol{R})$, $SO(n)$ は Lie 群である．――

ここで，$SO(n)$ は n 次直交行列で行列式の値が1となるもの全体のつくる群である．自然に $SO(n)\subset GL(n, \boldsymbol{R})\subset \boldsymbol{R}^{n^2}$ と考えられる．$GL(n, \boldsymbol{R})$ からの相対位相を入れる．これは位相群となる．これを n 次**回転群**という．

定義 1.19. 座標束 $\mathcal{B}=\{B, p, X, Y, G\}$ において，

(i) B, X, Y は C^∞-多様体，

(ii) G は Lie 群で，G の Y への作用は C^∞，

(iii) $p, \phi_j, \phi_j^{-1}, g_{ij}$ はすべて C^∞-写像，

のとき，$\mathcal{B}$ を滑らかな座標束，$\{\mathcal{B}\}$ を**滑らかなファイバー束**(smooth fibre bundle)という．――

座標束 $\mathcal{B}=\{B, p, X, Y, G\}$ において，X, Y が C^∞-多様体，G が Lie 群で G の Y への作用が C^∞ であるとき，B に適当に C^∞-構造を入れて，$\{\mathcal{B}\}$ を滑らかなファイバー束とすることができる．

注意. 上の定義において，Diff Y を Y の微分同相全体としたとき，G は Diff Y の有限次元とは限らない部分群であるものを考えることも多い．

定義 1.20. 座標束 $\mathcal{B}=\{B,p,X,Y,G\}$ において，連続写像

$$f: X \longrightarrow B$$

で $p\circ f=1$ となるものを $\mathcal{B}$ の**断面**(cross-section)という．$\mathcal{B}$ が滑らかな座標束，f が $\mathcal{B}$ の断面で，さらに C^∞-写像であるとき，f を**滑らかな断面**(smooth cross-section)という．

例. Möbius の帯 $\{M,p,S^1,I,\boldsymbol{Z}_2\}$ において，紙テープの中心線は，1つの断面を与える．

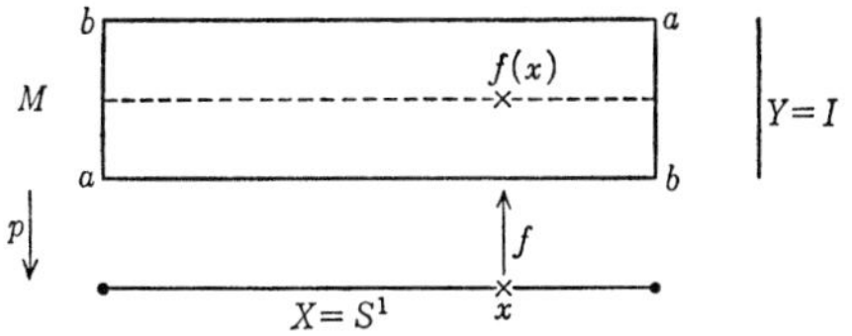

図 1.7

定義 1.21. $\mathcal{B}=\{B,p,X,Y,G\}$ を座標束，$X\supset A$ とする．このとき，

$$p|p^{-1}(A): p^{-1}(A) \longrightarrow A$$

へ $\mathcal{B}$ から自然に座標束の構造が入る．これを $\mathcal{B}$ の A の上への**制限**(restriction)，または A の上の**部分**(portion)といい，$\mathcal{B}|A$ と書く．

C. 束 写 像

定義 1.22. $\mathcal{B}=\{B,p,X,Y,G\}$，$\mathcal{B}'=\{B',p',X',Y',G'\}$ を座標束，$Y=Y'$，$G=G'$ とする．連続写像 $h:B\to B'$ が次の条件を満足するとき束写像(bundle map)といい，$h:\mathcal{B}\to\mathcal{B}'$ と書く：

(i) h は B の各ファイバー Y_x を B' のあるファイバー $Y_{x'}$，$x'\in X'$ の上へ同相に写す；したがって，$\bar{h}(x)=x'$ とおくと，$\bar{h}$ は次の図式を可換にするような連続写像を与える：

$$\begin{array}{ccc} B & \xrightarrow{h} & B' \\ {\scriptstyle p}\downarrow & & \downarrow{\scriptstyle p'} \\ X & \xrightarrow{\bar{h}} & X' \end{array}$$

(ii) $V_j\cap\bar{h}^{-1}(V_k')$ の点 x，(i)により与えられる同相写像 $h_x: Y_x\to Y_{x'}$ に対して，

$$\bar{g}_{kj}(x)=(\phi'_{k,x'})^{-1}\circ h_x\circ\phi_{j,x}$$

とおくと，これは，Y の同相写像であるが，G の元の作用と考えられる．

(iii) 上の対応を

$$\bar{g}_{kj}:V_j\cap\bar{h}^{-1}(V_k)\longrightarrow G$$

と考えると，これは連続写像である．——

上の $\bar{h}$ を h から**誘導された写像**という．

明らかに，恒等写像 $1_B:B\to B$ は束写像 $\mathcal{B}\to\mathcal{B}$ を与える．また2つの束写像の合成はやはり束写像となる．

上の写像 $\{\bar{g}_{kj}\}$ は h の**写像変換** (mapping transformation) とよばれる．これらには次の関係がある：

$$\left.\begin{aligned}\bar{g}_{kj}(x)g_{ji}(x)&=\bar{g}_{ki}(x), & x&\in V_i\cap V_j\cap\bar{h}^{-1}(V_k'),\\ g_{lk}'(\bar{h}(x))\bar{g}_{kj}(x)&=\bar{g}_{lj}(x), & x&\in V_j\cap\bar{h}^{-1}(V_k'\cap V_l').\end{aligned}\right\}\quad(1)$$

これらは定義より容易に示される．

補題 1.5. $\mathcal{B}=\{B,p,X,Y,G\}$，$\mathcal{B}'=\{B',p',X',Y',G'\}$ を座標束，$Y=Y'$，$G=G'$，$\bar{h}:X\to X'$ を連続写像とする．

$$\bar{g}_{kj}:V_j\cap\bar{h}^{-1}(V_k')\longrightarrow G$$

を上の(1)を満足する連続写像とすると，次のような束写像 $h:\mathcal{B}\to\mathcal{B}'$ がただ1つ存在する：

(i) h は $\bar{h}$ を誘導する．

(ii) h の写像変換は $\{\bar{g}_{jk}\}$ である．

証明． 存在：$p(b)=x\in V_j\cap\bar{h}^{-1}(V_k')$ とする．

$$h_{kj}(b)=\phi_k'(\bar{h}(x),\bar{g}_{kj}(x)\cdot p_j(b))$$

とおくと，h_{kj} は b に関して連続である．ここで $p_j(b)=\phi_{j,x}{}^{-1}(b)$，$p(b)=x\in V_j$．そして，$p'\circ h_{kj}(b)=\bar{h}(p(b))$ である．いま

$$x\in V_i\cap V_j\cap\bar{h}^{-1}(V_k'\cap V_l')$$

とする，すなわち b が h_{kj} と h_{li} の両方の定義域に入っているとする．このとき，補題1.4より，

$$\begin{aligned}h_{kj}(b)&=\phi_k'(x',\bar{g}_{kj}(x)\cdot g_{ji}(x)\cdot p_i(b)),\qquad x'=\bar{h}(x)\\&=\phi_k'(x',\bar{g}_{ki}(x)\cdot p_i(b))=h_{ki}(b)\\&=\phi_l'(x',g_{lk}'(x')\cdot\bar{g}_{ki}(x)\cdot p_i(b))\end{aligned}$$

$$= \phi_l'(x', \bar{g}_{li}(x)\cdot p_i(b)) = h_{li}(b).$$

よって，

$$B = \bigcup_{j,k} p^{-1}(V_j \cap \bar{h}^{-1}(V_k'))$$

であり，

$$h_{jk} : p^{-1}(V_j \cap \bar{h}^{-1}(V_k')) \longrightarrow B', \quad j \in J,\ k \in J'$$

は連続写像の集まりで，2つの定義域の共通部分では一致しているから，$\{h_{jk}\}$ は1つの連続写像 $h: B \to B'$ を定義する．また h_{jk} の定義より，$p'\circ h = \bar{h}\circ p$，すなわち，$h$ は $\bar{h}$ を誘導する．また，

$$p_k'\circ h\circ \phi_{j,x}(y) = p_k'\circ \phi_k'(x', \bar{g}_{kj}(x)\cdot p_j\circ \phi_{j,x}(y))$$
$$= \bar{g}_{kj}(x)\cdot y$$

となるから，h は束写像であり，$\{\bar{g}_{kj}\}$ はその写像変換となる．ここで $p_k'(b') = \phi'^{-1}_{k,x'}(b')$，$p'(b') = x' \in V_k'$.

一意性: $h: B \to B'$ を(i), (ii)を満足するような束写像とすると，

$$p(b) = x \in V_j \cap \bar{h}^{-1}(V_k')$$

のとき，

$$h(b) = \phi_k'(\bar{h}(x), \bar{g}_{kj}(x)\cdot p_j(b))$$

となる．よって一意的である．▌

定義 1.23. $\mathcal{B} = \{B, p, X, Y, G\}$，$\mathcal{B}' = \{B', p', X', Y', G'\}$ を座標束，$X = X'$，$Y = Y'$，$G = G'$ とする．$\bar{h} = 1_X$ となるような束写像 $h: \mathcal{B} \to \mathcal{B}'$ が存在するとき，$\mathcal{B}$ は $\mathcal{B}'$ に**同値**である(equivalent)といい，$\mathcal{B} \sim \mathcal{B}'$ と書く．——

$\sim$ は同値関係となる．また，2つの座標束 $\mathcal{B}, \mathcal{B}'$ が強い意味で同値ならば，同値となることも容易にわかる．

定義 1.24. 2つのファイバー束 $\{\mathcal{B}\}, \{\mathcal{B}'\}$ は，それらの代表 $\mathcal{B}, \mathcal{B}'$ が同値のとき，**同値**であるといい，$\{\mathcal{B}\} \sim \{\mathcal{B}'\}$ と書く．——

2つの座標束が“同値”とは，微分可能構造に関して“等しい”に対応している．

X, Y を位相空間，$B = X \times Y$，$p: B \to X$ を第1成分への射影，$G = \{e\}$，座標近傍は $V = X$ ただ1つととると，これは座標束となる．これを**積束**(product bundle)という．積束と同値な座標束を**自明な**(trivial)**座標束**という．

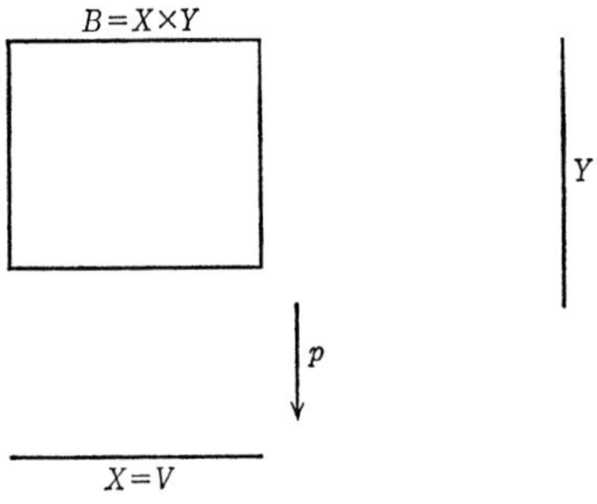

図1.8

補題1.6. $\mathscr{B}=\{B, p, X, Y, G\}$, $\mathscr{B}'=\{B', p', X', Y', G'\}$を座標束, $X=X'$, $Y=Y'$, $G=G'$とする．このとき, $\mathscr{B}\sim\mathscr{B}'$となるための必要十分条件は, 次の条件を満足するような連続写像

$$\bar{g}_{kj} : V_j \cap V_k' \longrightarrow G$$

が存在することである:

$$\begin{aligned} \bar{g}_{ki}(x) &= \bar{g}_{kj}(x) g_{ji}(x), \qquad x \in V_i \cap V_j \cap V_k', \\ \bar{g}_{lj}(x) &= g_{lk}'(x) \bar{g}_{kj}(x), \qquad x \in V_j \cap V_k' \cap V_l'. \end{aligned} \tag{2}$$

ここで, プライム‘′’をつけたのは$\mathscr{B}'$のものである.

証明. ⇒: $\mathscr{B}\sim\mathscr{B}'$とする．そのとき, 束写像$h:\mathscr{B}\to\mathscr{B}'$が存在して, $\bar{h}=1_X$, そこで,

$$\bar{g}_{kj}(x) = \phi'^{-1}_{k,x} \circ h_x \circ \phi_{j,x}, \qquad x \in V_j \cap V_k'$$

とおけば, この$\bar{g}_{kj}$は(1)を満足する．よって, (2)を満足する.

⇐: (2)を満足するような$\bar{g}_{ki}$が与えられたとする．条件(2)は$\bar{h}=1$のときの条件(1)である．よって, 補題1.5より束写像$h:\mathscr{B}\to\mathscr{B}'$をつくることができる. ▌

補題1.7. $\mathscr{B}=\{B, p, X, Y, G\}$, $\mathscr{B}'=\{B', p', X', Y', G'\}$を座標束, $X=X'$, $Y=Y'$, $G=G'$とする．さらに$\{V_j; j\in J\}=\{V_k'; k\in J'\}$, すなわち座標近傍系も等しいとする．このとき, $\mathscr{B}$と$\mathscr{B}'$とが同値であるための必要十分条件は, 次のような連続写像

$$\lambda_j : V_j \longrightarrow G, \qquad j \in J$$

が存在することである:

$$g_{ji}'(x) = \lambda_j(x)^{-1} g_{ji}(x) \lambda_i(x), \qquad x \in V_i \cap V_j. \tag{3}$$

証明. ⇒: $\mathscr{B}\sim\mathscr{B}'$ ならば，補題1.6により(2)を満足する写像 $\bar{g}_{kj}$ が存在する．よって，$\lambda_j(x)=(\bar{g}_{jj}(x))^{-1}$ とおけば，λ_j は連続となり，(2)より(3)をうる．

⇐: 逆に上の(3)を満足する写像の族 $\{\lambda_j; j\in J\}$ が存在したとすると，

$$\bar{g}_{kj}(x)=\lambda_k(x)^{-1}g_{kj}(x), \qquad x\in V_j\cap V_k,$$

とおけば，(3)より(2)をうる．よって，補題1.6より $\mathscr{B}\sim\mathscr{B}'$ となる．▌

D. Steenrodの構成定理

定義 1.25. X を位相空間，G を位相群とする．G に値をもつ X の**座標変換系**(system of coordinate transformations in X with values in G)とは次の条件を満足する族の対 $(\{V_j\}, \{g_{ji}\})$ である：

(i) $\{V_j; j\in J\}$ は X の開被覆である，

(ii) $g_{ji}: V_i\cap V_j\to G$ は連続写像で，

$$g_{kj}(x)g_{ji}(x)=g_{ki}(x), \qquad x\in V_i\cap V_j\cap V_k. \tag{4}$$

座標束 $\mathscr{B}$ の座標近傍と座標変換の対 $(\{V_j\}, \{g_{ji}\})$ が座標変換系となることは定義より明らかである．この逆が成り立つ．

定理 1.1. X, Y を位相空間，G を Y の位相変換群，$(\{V_j\}, \{g_{ji}\})$ を G に値をもつ X の座標変換系とする．このとき，

(i) X を底空間，Y をファイバー，G を構造群，$\{V_j\}$ を座標近傍系，$\{g_{ji}\}$ を座標変換とするような座標束 $\mathscr{B}$ が存在する．

(ii) 上のような座標束が2つあったとすると，それらは同値である．

証明. (i) X の開被覆 $\{V_j; j\in J\}$ の添数集合 J へ離散位相を入れて位相空間と考える．

$$T=\{(x, y, j)\in X\times Y\times J \mid x\in V_j\}$$

とすると，T は位相空間で開集合 $V_j\times Y\times j$ の互いに素な和で表わされる．T へ次のような同値関係を定義する：

$$(x, y, j)\sim(x', y', k), \qquad (x, y, j),\ (x', y', k)\in T$$

とは

$$x=x', \qquad g_{kj}(x)y=y'.$$

(4)により，上の $\sim$ は同値関係となる．この $\sim$ による T の商空間を B とする：$B=T/\sim$．そして，その自然な射影を

$$q: T\longrightarrow B$$

とすると，これは連続となる(B の位相は，$B \supset U$ は $q^{-1}(U)$ が T で開集合のとき，開集合と定義する)．そして，$p:B \to X$ を

$$p(\{(x, y, j)\}) = x$$

と定義する．このとき，次の可換図式より，p も連続となる：

$$\begin{array}{ccc} X \times Y \times J \supset T & \xrightarrow{q} & B = T/\sim, \\ & {\scriptstyle p_1}\searrow \quad \swarrow{\scriptstyle p} & \\ & X & \end{array}$$

ここで，p_1 は第1成分への射影を表わす．

次に，座標函数 $\phi_j : V_j \times Y \to p^{-1}(V_j)$ を次のように定義する：

$$\phi_j(x, y) = q(x, y, j).$$

q は連続であったから，ϕ_j も連続となる．また $p \circ q(x, y, j) = x$ より $p \circ \phi_j(x, y) = x$ となる．よって，$\phi_j : V_j \times Y \to p^{-1}(V_j)$ となる．さらに，ϕ_j は $p^{-1}(V_j)$ の上への写像である．何となれば，$b = \{(x, y, k)\} \in p^{-1}(V_j)$ とすると，$x \in V_j \cap V_k$，そして $(x, y, k) \sim (x, g_{jk}(x) \cdot y, j)$ である．よって，$b = \phi_j(x, g_{jk}(x) \cdot y)$ と表わされるから，ϕ_j は $p^{-1}(V_j)$ の上への写像となる．

次に ϕ_j は1対1であることを示す．$\phi_j(x, y) = \phi_j(x', y')$ とする．すなわち，$(x, y, j) \sim (x', y', j)$．よって，$x = x'$，$g_{jj}(x) \cdot y = y'$．ところが，$g_{jj}(x) = e$ であるから，$y = y'$．よって，ϕ_j は1対1である．

次に $\phi_j{}^{-1}$ が連続であることを示そう．W を $V_j \times Y$ の開集合と仮定して，$\phi_j(W)$ が B で開集合であることを示せばよい．それには，$q^{-1}(\phi_j(W))$ が T で開集合であることを示せばよい．ところが，T は開集合 $V_k \times Y \times k$ の互いに素な和であったから，$q^{-1}(\phi_j(W))$ と $V_k \times Y \times k$ の交わりが $V_k \times Y \times k$ において開集合であることを示せばよい．しかるに，上の交わりは $(V_j \cap V_k) \times Y \times k$ に含まれている．そこで，q を次のように分解して考える：

$$\begin{array}{ccc} (V_j \cap V_k) \times Y \times k & \subset T \subset & X \times Y \times J \\ {\scriptstyle r}\swarrow & & \downarrow{\scriptstyle q} \\ V_j \times Y & \xrightarrow{\phi_j} & p^{-1}(V_j) \subset B = T/\sim, \\ \cup & & \cup \\ W & & \phi_j(W) \end{array}$$

ここで，$r(x, y, k) = (x, g_{jk}(x) \cdot y)$．

r は連続であるから，$r^{-1}(W)$ は開集合である．よって $\phi_j{}^{-1}$ は連続である．

そこで，$\phi_{j,x}{}^{-1}\circ\phi_{i,x}$, $x\in V_i\cap V_j$, を考えると，これは Y の同相写像である．$y'=\phi_{j,x}{}^{-1}\circ\phi_{i,x}(y)$ とおくと，$\phi_j(x,y')=\phi_i(x,y)$, すなわち $q(x,y',j)=q(x,y,i)$. つまり，$(x,y',j)\sim(x,y,i)$. よって，$y'=g_{ji}(x)\cdot y$. したがって，

$$\phi_{j,x}{}^{-1}\circ\phi_{i,x}(y) = g_{ji}(x)\cdot y, \qquad y\in Y.$$

すなわち，上のようにしてつくった $\mathcal{B}=\{B,p,X,Y,G\}$ は $\{g_{ji}\}$ を座標変換とする座標束である．

(ii) 補題 1.7 において，$\lambda_j(x)=e$, $x\in V_j$, とおくと，座標変換が等しい 2 つの座標束は同値であることがわかる．よって，上のような座標束は同値をのぞいて一意的である．▮

E. 微分可能多様体の接束

$X=M^n$ を n 次元 C^∞-多様体，$Y=\boldsymbol{R}^n$, $G=GL(n,\boldsymbol{R})$ とする．このとき，G は Y に滑らかに作用している．M^n の C^∞-座標系 $\mathcal{S}=\{(U_j,\varphi_j);j\in J\}$ をとり，座標変換系として，次のような (U_j,a_{ij}) をとる：

$$a_{ij}: U_i\cap U_j \longrightarrow GL(n,\boldsymbol{R}),$$
$$a_{ij}(x) = \varphi_j\circ\varphi_i{}^{-1} \text{ の } \varphi_i(x) \text{ における Jacobi 行列.}$$

これらから，Steenrod の構成定理によりえられるファイバー束を微分可能多様体 M^n の**接束**(tangent bundle)といい，

$$\tau(M^n) = \{T(M^n), p, M^n, \boldsymbol{R}^n, GL(n,\boldsymbol{R})\}$$

と書く．これは滑らかなファイバー束と考えられる．これは，実は

$$T(M^n) = \bigcup_{x\in M^n} T_x(M^n)$$

へ適当に構造を入れたものと考えられる．

定義 1.26. M^n を C^∞-多様体，$\tau(M^n)$ をその接束とする．$\tau(M^n)$ の断面を M^n の上の**ベクトル場**(vector field)という．

定義 1.27. M^n は C^∞-多様体とする．$\tau(M^n)$ が自明なとき，M^n を**平行性をもつ**，あるいは**平行化可能**(parallelizable)という．——

例 1. Lie 群 G は平行化可能である．

2. 球面 S^n が平行化可能となるのは，$n=1,3,7$ のとき，かつそのときに限る．(J. Adams, On the nonexistence of elements of Hopf invariant one, Ann. of Math., 72(1960) 参照.)

F．構造群の還元

定義 1.28. G を位相群，H を G の閉部分群，$i:H\to G$ を包含写像とする．$\mathcal{B}=\{B, p, X, Y, H; \{V_j\}, \{g_{ij}\}\}$ を構造群が H，座標近傍が $\{V_j\}$，座標変換が $\{g_{ij}\}$ である座標束とする．G も Y に作用していて，H の Y への作用の拡張になっているとする．このとき，$(Y, G; X, \{V_j\}, \{i\circ g_{ij}\})$ から定理 1.5 から構成される座標束を $\mathcal{B}'$ とする．この $\mathcal{B}'$ を $\mathcal{B}$ の **G-像**(G-image) または $\mathcal{B}$ の構造群を G へ**拡大**(enlarge) した座標束という．また，$\mathcal{B}$ と $\mathcal{B}'$ とが上のような関係にあるとき，$\mathcal{B}$ を，$\mathcal{B}'$ の構造群を H へ**還元**(reduce) した座標束という．——

C^∞-多様体 M^n の接束 $\tau(M^n)$ は構造群 $GL(n, \boldsymbol{R})$ をもつ．$GL(n, \boldsymbol{R})\supset O(n)$ は閉部分群である．

定義 1.29. C^∞-多様体 M^n の接束 $\tau(M^n)$ の構造群の $O(n)$ への還元を M^n の上の **Riemann 計量**(Riemannian metric) という．——

C^∞-多様体 M^n が Riemann 計量をもつとき，接束の各ファイバー $T_x(M^n)$，$x\in M^n$ へ Euclid 計量 $\langle\ ,\ \rangle_x$ を入れて考えることができる．そして，これは x に関して滑らかである．この逆も成り立つ．

定理 1.2. C^∞-多様体 M^n は Riemann 計量をもつ．

証明. $M^n=(M^n, \mathcal{D})$，$\mathcal{D}=[\mathcal{S}]$，$\mathcal{S}=\{(U_\alpha, \varphi_\alpha); \alpha\in A\}$ とする．このとき M^n の接束 $\tau(M^n)$ は U_α の上では自明である．$\{U_\alpha; \alpha\in A\}$ に従属する 1 の分割 $\{\lambda_i\}$ をとる．$V_i=\lambda_i^{-1}(0, 1)$ とおくと，$\{V_i\}$ は局所有限な $\{U_\alpha\}$ の細分となる．$\tau(M^n)|V_i$ は自明なベクトル束であるから，その上の Euclid 計量 $\langle\ ,\ \rangle_i$ は存在する．実際，$T_x(M^n)\ni u, v$ に対して，

$$\langle u, v\rangle_{i,x} = \langle \phi_{i,x}{}^{-1}(u), \phi_{i,x}{}^{-1}(v)\rangle$$

とおけばよい，ここで $\phi_i: V_i\times \boldsymbol{R}^n\to p^{-1}(V_i)$，$\phi_{i,x}(y)=\phi_i(x, y)$，右辺の $\langle\ ,\ \rangle$ は $\boldsymbol{R}^n$ の通常の内積である．さて，$u, v\in T_x(M^n)$ に対して，

$$\langle u, v\rangle_x = \sum_i \lambda_i(x)\langle u, v\rangle_{i,x}$$

とおくと，これが求めるものである．すなわち，対称でかつ正定値であることが容易に確かめられる．∎

ノート．$GL(n, \boldsymbol{R})/O(n)$ が可縮であることを用いても証明できる．

n 次元ユニタリ群 $U(n)$ は次のように自然に回転群 $SO(2n)$ へ埋め込まれる：

$$\rho: U(n) \longrightarrow SO(2n),$$

$$U(n) \ni C = (c_{ij}), \qquad c_{ij} = a_{ij} + \sqrt{-1}\, b_{ij},$$
$$A = (a_{ij}), \qquad B = (b_{ij}),$$
$$\rho(C) = \begin{bmatrix} A & B \\ -B & A \end{bmatrix}.$$

このとき，ρ は連続な，$SO(2n)$ の中への同型を与える．

定義 1.30. M^{2n} を $2n$ 次元 C^∞-多様体とする．上の定理より，M^{2n} の接束 $\tau(M^{2n})$ の構造群を $O(2n)$ と考える．$\tau(M^{2n})$ の構造群 $O(2n)$ の $U(n)$ への還元を M^{2n} の**概複素構造**(almost complex structure) という．M^{2n} に概複素構造を付随させて考えたものを**概複素多様体**という．——

複素多様体は概複素多様体である．また，明らかに，概複素多様体は向きづけ可能である．

$SO(2)=U(1)$ であるから，2 次元向きづけ可能な C^∞-多様体は概複素構造をもつ．

G. 誘 導 束

定義 1.31. $\mathscr{B}'=\{B', p', X', Y, G\}$ を座標束，$\eta: X \to X'$ を連続写像とする．$\mathscr{B}'$ の座標近傍系 $\{V_j'; j \in J'\}$ に対して，$\{\eta^{-1}(V_j'); j \in J'\}$ は X の開被覆となる．そこで

$$g_{ji}(x) = g_{ji}'(\eta(x)), \qquad x \in V_i \cap V_j$$

とおくと，$(\{V_j\}, \{g_{ji}\})$ は G に値をもつ X の座標変換系となる．$\{Y, G; X, \{V_j\}, \{g_{ji}\}\}$ から定理 1.6 によって構成される座標束を $\eta^*\mathscr{B}'$ と書き，$\mathscr{B}'$ から η により X の上へ**誘導された**(あるいは**引きもどされた**)**束**(induced bundle, pull back) という．単に**誘導束**ともいう．

誘導束は次のようにも定義される．$\mathscr{B}'=\{B', p', X', Y, G\}$ を座標束，$\eta: X \to X'$ を連続写像とする．$X \times B'$ の次のような部分空間を考える：

$$B = \{(x, b') \in X \times B' \mid \eta(x) = p'(b')\}.$$

$\pi_1: X \times B' \to X$, $\pi_2: X \times B' \to B'$ をそれぞれ第 1 成分，第 2 成分への射影，$p = \pi_1|B$, $h = \pi_2|B$ とすると次の可換図式をうる：

$$\begin{array}{ccc} B & \xrightarrow{h} & B' \\ {\scriptstyle p}\downarrow & & \downarrow{\scriptstyle p'} \\ X & \xrightarrow{\eta} & X' \end{array}$$

$V_j=\eta^{-1}(V_j')$，$\phi_j: V_j\times Y\to p^{-1}(V_j)$ を

$$\phi_j(x,y)=(x,\phi_j'(\eta(x),y))$$

とおけば，$\{B,p,X,Y,G\}$ は座標束となる．これは上に定義された $\eta^*\mathscr{B}$ と同値となる．

誘導束は次の性質をもつ．

命題 1.2. (i)　$\mathscr{B}_1'$, $\mathscr{B}_2'$ を X' の上の座標束，$\eta: X\to X'$ を連続写像とする．

$$\mathscr{B}_1'\sim\mathscr{B}_2'\Longrightarrow\eta^*\mathscr{B}_1'\sim\eta^*\mathscr{B}_2'.$$

(ii)　$\mathscr{B}$ を X の上の座標束，$1_X: X\to X$ を恒等写像とすると，$1_X{}^*\mathscr{B}\sim\mathscr{B}$.

(iii)　$\mathscr{B}'$ を X' の上の座標束，$c: X\to X$ を定値写像とすると，$c^*\mathscr{B}'$ は自明である．

(iv)　$\mathscr{B}''$ を X'' の上の座標束，$\eta: X\to X'$，$\eta^1: X'\to X''$ を連続写像とする．このとき，

$$(\eta'\circ\eta)^*\mathscr{B}''\sim\eta^*(\eta'^*\mathscr{B}'').$$

(v)　$f, g: X\to X'$ は連続写像で，f は g にホモトープとする．このとき，

$$f^*\mathscr{B}'\sim g^*\mathscr{B}'.$$

(vi)　$\mathscr{B}'$ が自明ならば，$\eta^*\mathscr{B}'$ も自明である．

H. 同伴束，主束

定義 1.32. 座標束 $\mathscr{B}=\{B,p,X,Y,G\}$ において，$Y=G$ で，G の Y への作用が左移動であるとき，$\mathscr{B}$ を**主束**(principal bundle)という．

例. B が Lie 群で，G が B の閉部分群であるとき，自然な射影 $p: B\to B/G$ は主束となる(足立[A1]，Steenrod[A8]参照)．

定義 1.33. $\mathscr{B}=\{B,p,X,Y,G\}$ を座標近傍系が $\{V_j\}$，座標変換が $\{g_{ij}\}$ である座標束とする．このとき，G へ G を左移動で作用させて，$(G,G;X,\{V_j\},\{g_{ij}\})$ から定理 1.3 によって構成される座標束 $\tilde{\mathscr{B}}$ を $\mathscr{B}$ の**同伴主束**(associated principal bundle)という．——

すなわち，$\tilde{\mathscr{B}}$ は $\mathscr{B}$ において，各ファイバーを Y の代りに G としたものである．

定義 1.34. 2つの底空間と構造群が等しい座標束 $\mathscr{B}=\{B,p,X,Y,G\}$，$\mathscr{B}'=\{B',p',X,Y',G\}$ が与えられている．$\mathscr{B}$ の同伴主束 $\tilde{\mathscr{B}}$ と $\mathscr{B}'$ の同伴主束 $\tilde{\mathscr{B}}'$ とが同値のとき，$\mathscr{B}$ と $\mathscr{B}'$ とは**同伴**(associated)であるという．また，$\mathscr{B}'$ を $\mathscr{B}$ の

ファイバーが Y' である**同伴束**(associated bundle)ともいう.

特に，座標束 $\mathcal{B}$ とその同伴主束 $\tilde{\mathcal{B}}$ とは同伴である. ——

つまり，$\mathcal{B}'$ が $\mathcal{B}$ に同伴であるとは，$\mathcal{B}'$ は $\mathcal{B}$ のファイバー Y を Y' にとりかえた座標束である.

例. Möbius の帯と Klein の壺は，S^1 の上の座標束と考えたとき，同伴である.

I. Lie 群の商空間

n 次元 Euclid 空間 $\boldsymbol{R}^n$ において，k 個の1次独立なベクトルの順序づけられた組 $v^k=(u_1, u_2, \cdots, u_k)$ を $\boldsymbol{k}$**-枠**(k-frame)という．さらに v^k が正規直交系のとき，v^k を**正規直交** $\boldsymbol{k}$**-枠**(orthonormal k-frame)といい，正規直交 k-枠全体の集合を $V_{n,k}$ と書く．$V_{n,k}$ は自然に $\underbrace{\boldsymbol{R}^n\times\cdots\times\boldsymbol{R}^n}_{k}$ の部分集合と考えられるから，$\underbrace{\boldsymbol{R}^n\times\cdots\times\boldsymbol{R}^n}_{k}$ からの相対位相を入れる．これを n 次元 Euclid 空間 $\boldsymbol{R}^n$ における正規直交 k-枠の **Stiefel 多様体**という.

明らかに $O(n)$ は $V_{n,k}$ へ推移的に作用している．いま，一つの正規直交 k-枠 ${v_0}^k$ を固定して考える．${v_0}^k$ の等方群は $O(n-k)$ と考えられる．よって

$$V_{n,k} \approx O(n)/O(n-k)$$

となる．特に $V_{n,n}=O(n)$, $V_{n,1}=S^{n-1}$ である.

次の自然な写像

$$V_{n,k} = O(n)/O(n-k) \longrightarrow V_{n,k-1} = O(n)/O(n-k+1)$$

はファイバーが S^{n-k}，構造群が $O(n-k+1)$ である座標束となる(足立[A1], Steenrod[A8] 参照)．このことから，$V_{n,k}$ は C^∞-多様体となることがわかる.

$\boldsymbol{R}_{m,n}$ を $(m+n)$ 次元 Euclid 空間 $\boldsymbol{R}^{m+n}$ の n 次元ベクトル部分空間全体の集合とする．いま，Stiefel 多様体 $V_{m+n,n}$ の元 v^n に v^n により張られる $\boldsymbol{R}^{m+n}$ の中の n 次元ベクトル部分空間を対応させると，写像

$$p: V_{m+n,n} \longrightarrow \boldsymbol{R}_{m,n}$$

をうるが，これは明らかに上への写像である．この p により $V_{m+n,n}$ から誘導される位相を $\boldsymbol{R}_{m,n}$ へ入れる．この $\boldsymbol{R}_{m,n}$ を $\boldsymbol{R}^{m+n}$ の中の n 次元ベクトル部分空間のつくる **Grassmann 多様体**という.

直交群 $O(m+n)$ は標準的に $\boldsymbol{R}_{m,n}$ へ作用しているが，この作用により，

$O(m+n)$ は $R_{m,n}$ の推移的位相変換群となる．$\boldsymbol{R}_0{}^n$ を $\boldsymbol{R}^{m+n}$ の次のような部分空間とする：

$$\boldsymbol{R}_0{}^n = \{(x_1, \cdots, x_{m+n}) \in \boldsymbol{R}^{m+n} \mid x_{n+1}=x_{n+2}=\cdots=x_{n+m}=0\}.$$

そして，この $\boldsymbol{R}_{0n}$ の等方群を考えると，それは $O(n)\times O'(m)$ となる．ここで，$O'(m)$ は $O(m+n)$ の次のような部分群である：

$$O'(m) = \left\{\begin{bmatrix} E_n & O \\ O & A \end{bmatrix} \in O(m+n) \middle| A \in O(m),\ E_n \text{ は } n \text{ 次単位行列}\right\}.$$

よって，

$$\boldsymbol{R}_{m,n} \approx O(m+n)/O(n)\times O'(m)$$

となる．

さらに，自然な写像

$$\begin{aligned} p : V_{m+n,n} = O(m+n)/O'(m) \longrightarrow \\ O(m+n)/O(n)\times O'(m) = \boldsymbol{R}_{m,n} \end{aligned}$$

は構造群が $O(n)$ である主束となる(足立[A1]，Steenrod[A8]参照)．したがって次の命題をうる．

命題 1.3. Grassmann 多様体 $\boldsymbol{R}_{m,n}$ は mn 次元の C^∞-多様体である．

J．分類空間

n を固定したとき Grassmann 多様体の間に次のような自然な写像が考えられる：

$$\begin{array}{ccc} \rho_m : \boldsymbol{R}_{m,n} & \longrightarrow & \boldsymbol{R}_{m+1,n} \\ \| & & \| \\ O(m+n)/O(n)\times O'(m) & & O(m+1+n)/O(n)\times O'(m+1) \end{array}$$

このとき，$\{\boldsymbol{R}_{m,n}, \rho_m; m\in \boldsymbol{N}\}$ は帰納系となる．この帰納的極限を $B_{O(n)}$ と書いて，$O(n)$ に対する**分類空間**(classifying space for $O(n)$)という：

$$B_{O(n)} = \varinjlim_m O(m+n)/O(n)\times O'(m).$$

一般に，コンパクト Lie 群 G は，十分大きな k に対して，$O(k)$ の閉部分群と考えられる．よって，コンパクト Lie 群 G に対して，G に対する**分類空間** B_G が上と同様に定義される．

G, H をコンパクトな Lie 群，$\rho: G\to H$ を連続な準同型とすると，自然に $\rho: B_G\to B_H$ が誘導されることも容易にわかる．

K. ベクトル束

定義 1.35. 座標束 $\mathcal{B}=\{B, p, X, Y, G\}$ において，$Y=\boldsymbol{R}^n$，$G=GL(n, \boldsymbol{R})$，G の Y への作用が普通の一次変換であるとき，$\mathcal{B}$ を n 次元**ベクトル束**(vector bundle)という．

例. M^n を n 次元 C^∞-多様体とすると，M^n の接束 $\tau(M^n)$ は n 次元ベクトル束となる．——

自然な写像

$$p: V_{m+n,m} = O(m+n)/O'(m) \longrightarrow O(m+n)/O(n)\times O'(m) = \boldsymbol{R}_{m,n}$$

はファイバーが $O(n)$ である主束となる．これに関して次の可換図式をうる:

$$\begin{array}{ccc} O(m+n)/O'(m) & \xrightarrow{\tilde{\rho}_n} & O(m+1+n)/O'(m+1) \\ {\scriptstyle p}\downarrow & & {\scriptstyle p}\downarrow \\ O(m+n)/O(n)\times O'(m) & \xrightarrow{\rho_n} & O(m+1+n)/O(n)\times O'(m+1) \end{array}$$

これの m に関する帰納的極限

$$\begin{array}{c} E_{O(n)} \\ \downarrow \\ B_{O(n)} \end{array}$$

もファイバーを $O(n)$ とする主束となる．これを $O(n)$ に対する**普遍束**(universal bundle)という．これのファイバーが $\boldsymbol{R}^n$ である同伴束を n 次元**普遍ベクトル束**という．これを γ_n と書く．

ここで，複体，多面体の定義をしておこう．

十分大きい自然数 N をとり，以下しばらく N 次元 Euclid 空間 $\boldsymbol{R}^N$ の中で考える．$\boldsymbol{R}^N$ の中の $m+1$ 個の点 $P_0, \cdots, P_m$ が与えられているとする．m 個のベクトル $\overrightarrow{P_0P_1}, \cdots, \overrightarrow{P_0P_m}$ が 1 次独立のとき，$P_0, \cdots, P_m$ は **1 次独立**，あるいは**一般的な位置にある**という．この定義は，点 $P_0, \cdots, P_m$ の順序には関係しないことは容易にわかる．

定義 1.36. $P_0, \cdots, P_n$ を $\boldsymbol{R}^N$ の中の 1 次独立な点とする．このとき，

$$|P_0P_1\cdots P_n| = \left\{X\in\boldsymbol{R}^N \,\middle|\, \begin{array}{c}\overrightarrow{OX}=\lambda_0\overrightarrow{OP_0}+\cdots+\lambda_n\overrightarrow{OP_n}, \\ \lambda_0+\cdots+\lambda_n=1,\ \ \lambda_i\geqq 0\end{array}\right\}$$

を **n 次元単体**，あるいは **n-単体**(n-simplex) という．n を単体 $|P_0P_1\cdots P_n|$ の次

元という.

O 単体 $|P_0|$ は1点 P_0, 1単体 $|P_0P_1|$ は線分 $\overline{P_0P_1}$, 2単体 $|P_0P_1P_2|$ は P_0, P_1, P_2 を頂点とする3角形, 3単体 $|P_0P_1P_2P_3|$ は P_0, P_1, P_2, P_3 を頂点とする4面体である.

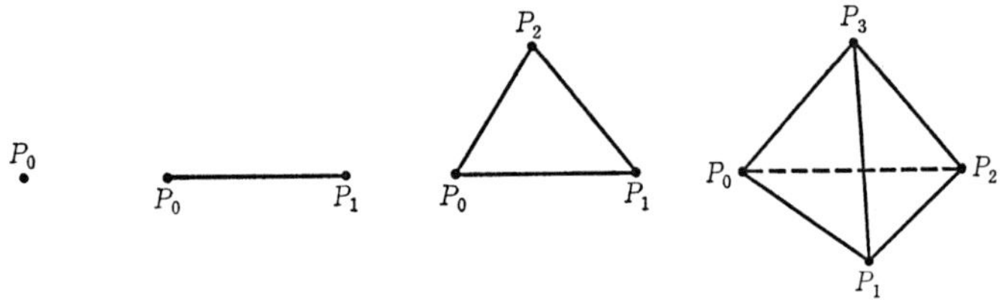

図 1.9

定義 1.37. n 単体 $\sigma=|P_0P_1\cdots P_n|$ の頂点 $P_0, P_1, \cdots, P_n$ の中の $q+1$ 個の点 $P_{i_0}, P_{i_1}, \cdots, P_{i_q}$ $(0\leqq q\leqq n)$ はやはり1次独立であるから, q 単体

$$\tau = |P_{i_0}P_{i_1}\cdots P_{i_q}|$$

を定める. このようにしてえられた q 単体 τ を σ の **q 次元辺単体**といい,

$$\tau \prec \sigma \quad \text{または} \quad \sigma \succ \tau$$

と書く.

定義 1.38. N 次元 Euclid 空間 $\boldsymbol{R}^N$ の中の有限個の単体からなる集合 K があって, 次の条件(i), (ii)を満足しているとき, K を**複体**(complex)という:

(i) $K\ni\sigma,\ \sigma\succ\tau \Rightarrow \tau\in K,$

(ii) $K\ni\sigma, \tau,\ \sigma\cap\tau\neq\phi \Rightarrow \sigma\cap\tau\prec\sigma,$

$$\sigma\cap\tau\prec\tau.$$

複体 K に属する単体の次元の最大値を複体 K の次元といい, $\dim K$ と書く.

定義 1.39. K を複体とする. K に属するすべての単体の和集合を K の**多面体**(polyhedron)といい, $|K|$ と書く. すなわち

$$|K| = \bigcup_{\sigma\in K}\sigma \subset \boldsymbol{R}^N.$$

定理 1.3(ベクトル束の分類定理). P を多面体とする. このとき, P の上の n 次元ベクトル束の同値類全体と, P から $B_{O(n)}$ への連続写像のホモトピー類全体 $[P, B_{O(n)}]$ とは1対1に対応する. この対応は, $\{f^*\gamma_n\}\leftarrow\!\shortmid\{f\}$ により与えられる.

証明の概略 P の上の n 次元ベクトル束の同値類による分類は，P の上の主 $O(n)$-束の同値類による分類に帰着される．これは，

$$B_{O(n)}=\lim_{m\to\infty}O(n+m)/O(n)\times O(m)$$

であることと，

$$\pi_i(O(n+m)/O(m))=0,\qquad 0<i<m$$

という事実より，$[P, B_{O(n)}]$ と1対1に対応することが示される．ここで，$\pi_i(\quad)$ は i 次元ホモトピー群を表わす．詳しくは，足立[A1]をみよ．

$\xi=\{E(\xi), P_\xi, X, \boldsymbol{R}^n, O(n)\}$，$\eta=\{E(\eta), P_\eta, Y, \boldsymbol{R}^m, O(m)\}$ をそれぞれ，n 次元，m 次元のベクトル束とする．連続写像 $h:E(\xi)\to E(\eta)$ が，X の各点 x に対して，x の上のファイバー $\boldsymbol{R}_x{}^n$ を η のファイバー $\boldsymbol{R}_y{}^m$ へ準同型に写すとき，$h:\xi\to\eta$ と書いて，ξ から η への**準同型**(homomorphism)という．

例． M^n, V^p を C^∞-多様体，$f:M^n\to V^p$ を C^∞-写像とする．このとき，f の微分 df は $\tau(M^n)$ から $\tau(V^p)$ への準同型を定義する．

§3 ジェット束

A. ジェット

$C^r(n,p)$ を $\boldsymbol{R}^n$ から $\boldsymbol{R}^p$ への C^r-写像で，$f(0)=0$ となるものの全体の集合とする $(r\geqq 1)$．この $C^r(n,p)$ の中へ次のような同値関係を入れる：$C^r(n,p)\ni f, g$ に対して，f と g とが **0 で r-同値**である(r-equivalent)とは，すべての r 階までの偏微分が0で等しいことである：すなわち，

$$\left.\frac{\partial^s f_i}{\partial x_{j_1}\partial x_{j_2}\cdots\partial x_{j_s}}\right|_0=\left.\frac{\partial^s g_i}{\partial x_{j_1}\partial x_{j_2}\cdots\partial x_{j_s}}\right|_0,\qquad \begin{array}{l} s=1,2,\cdots,r,\\ i=1,2,\cdots,p,\\ 1\leqq j_1\leqq\cdots\leqq j_s\leqq n.\end{array}$$

これを $f\underset{r}{\sim}g$ と表わす．明らかに，$\underset{r}{\sim}$ は同値関係となる．

定義 1.40. $C^r(n,p)$ の $\underset{r}{\sim}$ による同値類全体を $J^r(n,p)$ で表わし，この集合の元を **r-ジェット**(r-jet)という．そして，$C^r(n,p)\ni f$ をふくむ類を $J^r(f)$ または $j^r(f), f^{(r)}$ で表わす．——

つまり，f の r-ジェット $J^r(f)$ とは，f が C^∞-写像のときには，f の Taylor 展開において，r 階までで切って考えたものと思ってよい．

特に，$J^1(n,p)=M(p,n;\boldsymbol{R})=\{\boldsymbol{R}$ の上の (p,n)-型行列$\}$ となる．

$J^r(n,p)$ は，r 階までの偏微分を対応させることにより，$\boldsymbol{R}^N$ の元と1対1に対応する．よって，この対応により $J^r(n,p)$ へ位相を入れる．ここで，

$$N=({}_n\mathrm{H}_1+\cdots+{}_n\mathrm{H}_r)\times p$$

である（${}_n\mathrm{H}_s$ は重複組合せを表わす）．

$$f:(\boldsymbol{R}^n,0)\longrightarrow(\boldsymbol{R}^p,0),$$
$$g:(\boldsymbol{R}^p,0)\longrightarrow(\boldsymbol{R}^q,0)$$

を C^r-写像とする．このとき，写像

$$J^r(p,q)\times J^r(n,p)\longrightarrow J^r(n,q)$$

を $(g^{(r)},f^{(r)})\mapsto(g\circ f)^{(r)}$ により定義する．これは代表元のとり方によらない．また，$g\circ f$ の偏微分は，f の偏微分と g の偏微分の多項式で書けるから，上の写像は代数的な写像である．

特に $n=p=q$ のとき，上の写像は $J^r(n,n)$ への積を定義する．この積に関して，$\boldsymbol{R}^n$ から $\boldsymbol{R}^n$ への恒等写像 $1_{\boldsymbol{R}^n}$ の r-ジェット $(1_{\boldsymbol{R}^n})^{(r)}$ は左右の単位元となる．$L^r(n)$ を逆元をもつ $J^r(n,n)$ の元全体のつくる部分集合とする．

$1\leqq s\leqq r$ に対して，

$$\pi_{r,s}:J^r(n,p)\longrightarrow J^s(n,p)$$

を，$\pi_{r,s}(f^{(r)})=f^{(s)}$ と定義する．

命題 1.4. (i) $L^1(n)=GL(n,\boldsymbol{R})$,

(ii) $L^r(n)=(\pi_{r,1})^{-1}(L^1(n))$,

(iii) $1\leqq r<\infty$ に対して，$L^r(n)$ は Lie 群となる，

(iv) $L^r(n)$ は $GL(n,\boldsymbol{R})$ と同じホモトピー型をもつ（足立[A1] 参照）．

B. 特異点集合

$L^r(p)\times L^r(n)$ を $L^r(n,p)$ と書く．このとき，$L^r(n,p)$ の $J^r(n,p)$ への作用を次のように定義する：

$$L^r(n,p)\times J^r(n,p)\longrightarrow J^r(n,p),$$
$$((a^{(r)},b^{(r)}),f^{(r)})\longmapsto(a^{-1}\circ f\circ b)^{(r)}.$$

定義 1.41. $C^r(n,p)$ の元 f の0における階数が最大のとき，$f^{(r)}\in J^r(n,p)$ は**正則**(regular)であるという．そして正則な r-ジェット全体を ${}^\rho J^r(n,p)$ で表わす．——

$q=\min(n,p)$ とする．$J^1(n,p)$ を $M(p,n;\boldsymbol{R})$ と同一視して考える．このとき，

$$S_k(n,p)=\{A\in M(p,n;\boldsymbol{R})\,|\,A\text{ の階数}=q-k\},\qquad 0\leqq k\leqq q.$$

とおく．以下しばらく $S_k=S_k(n,p)$ と書く．

命題 1.5. (0) ${}^{\rho}J^r(n,p)$ は $J^r(n,p)$ の中で稠密である．

(i) $S_0={}^{\rho}J^1(n,p)$,

(ii) $J^1(n,p)=S_0\cup S_1\cup\cdots\cup S_q$,　互いに素な和,

(iii) S_k は $L^1(n,p)$ の軌道空間である,

(iv) $\bar{S}_k=S_k\cup S_{k+1}\cup\cdots\cup S_q$,

(v) S_k は $J^1(n,p)$ の余次元 $(n-q+k)(p-q+k)$ の部分多様体である．

証明. (i), (ii), (iii) は明らかである．

(iv) を示そう．まず $\bar{S}_k\subset S_k\cup\cdots\cup S_q$ を示す．$\bar{S}_k\ni A$ とする．A の任意の近傍 $U(A)$ の中に B があり，B の階数は $q-k$ となる．このことより，A の階数 $\leqq q-k$ でなければならない．

次に $\bar{S}_k\supset S_k\cup\cdots\cup S_q$ を示す．$S_k\cup S_{k+1}\cup\cdots\cup S_q\ni A$ とする．このとき，A の階数は $q-k-i$, $0\leqq i\leqq q-k$, である．そこで，$L^1(n,p)$ の元で変換して

$$E_{q-k-i}=\begin{bmatrix}1_{q-k-i} & 0\\ 0 & 0\end{bmatrix}$$

とすることができる．ここで 1_{q-k-i} は $(q-k-i)$-次の単位行列である．よって，E_{q-k-i} が $\bar{S}_k$ に入ることを示せばよい．しかしながら，これは明らかである．

(v) は次の補題より明らかである．∎

補題 1.8. $M(p,n;\boldsymbol{R})$ を $\boldsymbol{R}$ の上の (p,n)-型行列全体の集合とする．$M(p,n;\boldsymbol{R})$ は $\boldsymbol{R}^{pn}$ と 1 対 1 に対応するから，$\boldsymbol{R}^{pn}$ の位相を入れる．そのとき $M(p,n;\boldsymbol{R})$ は C^∞-多様体となる．$M(p,n;k)$ を階数が k であるような (p,n)-型行列全体のつくる部分集合とする．

$k\leqq\min(p,n)$ ならば，$M(p,n;k)$ は $M(p,n;\boldsymbol{R})$ の $k(p+n-k)$-次元の部分多様体となる．

証明. $M(p,n;k)$ の 1 つの元を E_0 とする．一般性を失うことなく，$E_0=\begin{bmatrix}A_0 & B_0\\ C_0 & D_0\end{bmatrix}$, A_0 は (k,k)-型行列で，$|A_0|\neq 0$ ととりうる．このとき，正数 ε が存在して，$A-A_0$ の各要素の絶対値が ε より小さければ，$|A|\neq 0$ となる．

いま，$U\subset M(p,n;\boldsymbol{R})$ を $E=\begin{bmatrix}A & B\\ C & D\end{bmatrix}$ なる形の (p,n)-型行列全体の部分集合

とする．ここで，A は $A-A_0$ の各要素の絶対値が ε より小となる (k,k)-型行列とする．

このとき，

$$E\in M(p,n;k)\Longleftrightarrow D=CA^{-1}B$$

である．何となれば，

$$\begin{bmatrix} I_k & 0 \\ X & I_{p-k} \end{bmatrix}\begin{bmatrix} A & B \\ C & D \end{bmatrix}=\begin{bmatrix} A & B \\ XA+C & XB+D \end{bmatrix}$$

の階数は，任意の $(p-k,k)$-型行列 X に対して，E の階数に等しい．そこで，$X=-CA^{-1}$ とおくと，上の行列は

$$\begin{bmatrix} A & B \\ 0 & -CA^{-1}B+D \end{bmatrix}$$

となる．$D=CA^{-1}B$ ならば，この行列の階数は k である．逆も成り立つ．何となれば，もし $-CA^{-1}B+D\neq 0$ ならば，上の行列の階数は k より大きくなるから．

W を $pn-(p-k)(n-k)=k(p+n-k)$-次元の Euclid 空間の次のような開集合とする：

$$W=\left\{\begin{bmatrix} A & B \\ C & 0 \end{bmatrix}\in M(p,n;\boldsymbol{R})\,\middle|\,(*)\right\}$$

$(*)$: $A-A_0$ の各要素の絶対値は ε をこえない．

このとき，

$$\begin{bmatrix} A & B \\ C & 0 \end{bmatrix}\longmapsto\begin{bmatrix} A & B \\ C & CA^{-1}B \end{bmatrix}$$

は W から $M(p,n;k)$ における E_0 の近傍 $U\cap M(p,n;k)$ への微分同相を与える．よって，$M(p,n;k)$ は $M(p,n;\boldsymbol{R})$ の $k(p+n-k)$-次元の部分多様体となる．▌

C．ジェット束

V^n, M^p をそれぞれ n 次元，p 次元の C^s-多様体，$1\leqq s$ とする．$x\in V^n$，$y\in M^p$，$1\leqq r\leqq s$ に対して

$$C_{x,y}{}^r(V^n,M^p)=\{f\colon V^n\to M^p,\ C^r\text{-写像}\mid f(x)=y\}$$

とする．$C_{x,y}{}^r(V^n,M^p)\ni f,g$ に対して，ある局所座標系に関して x における r 階までの偏微分がすべて等しいとき，**$\boldsymbol{x}$ において $\boldsymbol{r}$-同値**とよび，$f\underset{x,r}{\sim}g$ と書く．これは well-defined である．明らかに $\underset{x,r}{\sim}$ は同値関係となる．

$$J_{x,y}{}^r(V^n, M^p) = C_{x,y}{}^r(V^n, M^p)/\underset{x,r}{\sim}$$

とおく．f をふくむ同値類を $J_x{}^r(f)$ と書き，**f の x における r-ジェット**とよぶ．

$$J^r(V^n, M^p) = \bigcup_{x \in V^n,\ y \in M^p} J_{x,y}{}^r(V^n, M^p)$$

とおく．V^n, M^p の局所座標系より，$J^r(V^n, M^p)$ は $V^n \times M^p$ の上の，ファイバーが $J^r(n,p)$，構造群が $L^r(n,p)$ であるファイバー束の束空間と考えられる：

$$\begin{array}{ccccc} J_{x,y}{}^r(V^n, M^p) & \subset & J^r(V^n, M^p) & \longleftarrow & J^r(n,p) \\ \downarrow & & \downarrow & & \\ (x,y) & \in & V^n \times M^p. & & \end{array}$$

これを**ジェット束**(jet bundle)とよぶ．

これは Steenrod の構成定理(定理1.1)によって次のように定義することもできる．$Y=J^r(n,p)$, $G=L^r(n,p)$ とおくと，G は Y へ作用している．$X=V^n \times M^p$ とおく．V^n の C^r-座標系を $\mathcal{S}=\{(U_\alpha, \varphi_\alpha); \alpha \in A\}$，$M^p$ の C^r-座標系を $\mathcal{S}'=\{(W_\lambda, \psi_\lambda); \lambda \in \Lambda\}$ とする．このとき，$X_{\alpha,\lambda}=U_\alpha \times W_\lambda$ とおくと，$\{X_{\alpha,\lambda}; \alpha \in A, \lambda \in \Lambda\}$ は X の開被覆となる．そして，$X_{\alpha,\lambda} \cap X_{\beta,\mu} \neq \phi$ に対して，座標変換

$$g_{(\alpha,\lambda),(\beta,\mu)} : X_{\alpha,\lambda} \cap X_{\beta,\mu} \longrightarrow L^r(n,p)$$

を

$$g_{(\alpha,\lambda),(\beta,\mu)}(x,y) = (b_{\lambda,\mu}{}^{(r)}, a_{\alpha,\beta}{}^{(r)}) \in L^r(p) \times L^r(n)$$

と定義する．ここで，

$$a_{\alpha,\beta}{}^{(r)} = J_{\varphi_\beta(x)}{}^r(\varphi_\alpha \circ \varphi_\beta{}^{-1}), \qquad b_{\lambda\mu}{}^{(r)} = J_{\psi_\mu(y)}{}^r(\psi_\lambda \circ \psi_\mu{}^{-1}).$$

このとき，この $\{X_{\alpha,\lambda}, g_{(\alpha,\lambda),(\beta,\mu)}; \alpha, \beta \in A, \lambda, \mu \in \Lambda\}$ は $V^n \times M^p$ の上の G に値をもつ座標変換系となる．したがって定理1.1により，ファイバー束が構成される．これは上のジェット束に他ならない．

ジェット束の束空間 $J^r(V^n, M^p)$ は，$r<\infty$ のとき，C^{s-r}-多様体と考えられる．

$f: V^n \to M^p$ を C^s-写像とする．このとき，

$$J^r(f) : V^n \longrightarrow J^r(V^n, M^p),$$
$$x \longmapsto J_x{}^r(f)$$

を **f の r-拡張**(r-extension)とよぶ．これは C^{s-r}-写像となる．そして，次の

図式は可換となる：

$$\begin{array}{ccc} & J^r(V^n, M^p) & \longleftarrow J^r(n,p) \\ {\scriptstyle J^r(f)}\nearrow & \downarrow & \\ V^n \xrightarrow{1\times f} & V^n \times M^p. & \end{array}$$

以下しばらく $r=1$ とする．$J^1(n,p)\supset S_k(n,p)$ は $L^1(n,p)$ の作用によって不変である．よってジェット束 $(J^1(V^n,M^p),p,V^n\times M^p)$ のファイバーが $S_k(n,p)$ である同伴束(これは部分束となる)：

$$\begin{array}{ccccc} J^1(V^n, M^p) & \supset & S_k(V^n, M^p) & \longleftarrow & S_k(n,p) \\ \downarrow & & \downarrow & & \\ V^n\times M^p & = & V^n\times M^p & & \end{array}$$

を考えることができる．$S_k(n,p)$ は $J^1(n,p)$ の余次元が $(n-q+k)(p-q+k)$ の部分多様体であったから，$S_k(V^n, M^p)$ も $J^1(V^n, M^p)$ の余次元が $(n-q+k)(p-q+k)$ の部分多様体となる．

$f: V^n\to M^p$ を C^1-写像とするとき，

$$S_k(f) = \{x\in V^n \mid f \text{ の } x \text{ における階数}=q-k\}$$

とおく．次のことは明らか．

命題 1.6.

$$S_k(f) = (J^1(f))^{-1}(S_k(V^n, M^p)).$$

D. 写像空間

V^n, M^p をそれぞれ n 次元，p 次元の C^s-多様体とする．$C^s(V^n, M^p)$ を V^n から M^p への C^s-写像全体の集合とする．この $C^s(V^n, M^p)$ へ C^r-位相を定義しよう $(1\leqq r\leqq s)$．

定義 1.42. $C^s(V^n, M^p)\ni f$ とする．K を V^n のコンパクト集合，O を M^p の開集合で $f(K)\subset O$ とする．$p\in V^n$，$q=f(p)\in M^p$ とし，p における局所座標系を (U,φ)，q における局所座標系を (W,ψ) とし，$K\subset U$ とする．$0<\varepsilon$，$0\leqq r\leqq s$ とする．$\varphi(p)=(x_1,\cdots,x_n)$ と表わす．このとき

$$N^r(f;x,y;K,O;\varepsilon) = \{g\in C^s(V^n, M^p) \mid \text{(i), (ii), (iii)}\},$$

(i)　$g(K)\subset O$,

(ii)　$|\psi_i\circ f(p)-\psi_j\circ g(p)| < \varepsilon,\quad \forall p\in K,\ 1\leqq i\leqq n,$

(iii) $$\left|\frac{\partial^m(\psi_i\circ f\circ\varphi^{-1})(x)}{\partial x_{j_1}\partial x_{j_2}\cdots\partial x_{j_m}}-\frac{\partial^m(\psi_i\circ g\circ\varphi^{-1})(x)}{\partial x_{j_1}\partial x_{j_2}\cdots\partial x_{j_m}}\right|<\varepsilon,$$

$$x=\varphi(p),\quad \forall p\in K,\quad 1\leqq m\leqq r, 1\leqq i\leqq n, 1\leqq j_1\leqq\cdots\leqq j_m\leqq n,$$

とおく．$C^s(V^n, M^p)$ の **C^r–位相**（C^r-topology）とは，$f\in C^s(V^n, M^p)$ の近傍系の基 $\mathcal{V}(f)$ として，上において f をとめて，$K, 0, \varepsilon; x, y$ における局所座標系をすべて動かしたときの $N^r(f; x, y; K, 0; \varepsilon)$ 全体の族をとった位相のことをいう．

——

つまり，コンパクト集合の上で r 階までの偏微分が近い 2 つの写像を近いと思う位相である．これは次のようにも考えられる．

命題 1.7. $C^r(V^n, M^p)$ の C^r–位相は，

$$J^r: C^r(V^n, M^p)\longrightarrow C^0(V^n, J^r(V^n, M^p))$$

において，$C^0(V^n, J^r(V^n, M^p))$ へコンパクト–開位相を入れたとき，J^r が連続となるような最も弱い位相に他ならない．

§4 Morse 函数

定義 1.43. M を n 次元 C^∞–多様体，$f: M\to \boldsymbol{R}$ を C^∞–函数とする．さらに，$M\ni p$ を f の臨界点とする．p における局所座標系 (U, φ) を 1 つとる：$\varphi: U\to \boldsymbol{R}^n$．$\varphi(p)=0$ とする．このとき，n 次正方行列

$$H(f)_p=\left[\left.\frac{\partial^2(f\circ\varphi)}{\partial x_i\partial x_j}\right|_{x=0}\right]$$

を臨界点 p における **Hesse 行列**という．$H(f)_p$ が正則行列のとき，p を**非退化な臨界点**という．そして，p が f の非退化な臨界点のとき，$H(f)_p$ の指数（負の固有値の個数）を p の**指数**（index）という．——

これらの定義は局所座標系のとり方によらないことは簡単にわかる．

定理 1.4（Morse の補題）. M を n 次元 C^∞–多様体，$f: M\to\boldsymbol{R}$ を C^∞–函数とする．$M\ni p_0$ が f の非退化な臨界点であるとする．このとき，p_0 における局所座標系 (U, φ) が存在して，

(i) $\varphi(p_0)=0$,

(ii) $\varphi(x)=(x_1, \cdots, x_n)$, $x\in U$ と表わしたとき，

$$f(x)=f(p_0)-x_1^2-\cdots-x_r^2+x_{r+1}^2+\cdots+x_n^2.$$

ここで，r は p の指数である．

補題 1.9. M を C^∞-多様体，(U,φ) を点 $p_0\in M$ のまわりの局所座標，$\varphi(p)=(x_1,\cdots,x_n)$，$p\in U$，とする．$f:U\to \boldsymbol{R}$ を C^∞-函数とすると，p_0 の近傍 $W\subset U$ と C^∞-函数 $h_{ij}:W\to\boldsymbol{R}$ が存在して，W の上では f は次の形に表わされる：

$$f=f(p_0)+\sum_{i=1}^n\frac{\partial f}{\partial x_i}(p_0)(x_i-x_i(p_0))+\sum_{i,j=1}^n h_{ij}\cdot(x_i-x_i(p_0))(x_j-x_j(p_0)).$$

証明は読者にゆずる．ヒント：Taylor 展開．

定理の証明. 函数 f の代りに $f-f(p_0)$ を考えることにより，$f(p_0)=0$ と仮定しても一般性を失わない．点 p_0 のまわりの局所座標 (U,φ) を，

$$\varphi(p_0)=0\in\boldsymbol{R}^n \tag{5}$$

となるようにとる．上の補題より，点 p_0 の十分小さい近傍 W をとれば，函数 $f:W\to\boldsymbol{R}$ は C^∞-函数 $h_{ij}:W\to\boldsymbol{R}$ を用いて

$$f=\sum_{i=1}^n\frac{\partial f}{\partial y_i}(p_0)y_i+\sum_{i,j=1}^n h_{ij}y_iy_j$$

と表わせる，ここで $\varphi(p)=(y_1,\cdots,y_n)$，$p\in U$．$p_0$ が f の臨界点であること，すなわち

$$\frac{\partial f}{\partial y_i}(p_0)=0,\qquad i=1,\cdots,n$$

であることを用いると，

$$f=\sum_{i,j=1}^n h_{ij}y_iy_j$$

となる．そこで，

$$a_{ij}:W\longrightarrow\boldsymbol{R},\qquad a_{ij}=\frac{1}{2}(h_{ij}+h_{ji})$$

とおくと，

$$a_{ij}=a_{ji},\qquad f=\sum_{i,j=1}^n a_{ij}y_iy_j \tag{6}$$

となっている．この係数の行列 $A=(a_{ij})$ は点 p_0 で正則である．実際，(6)を微分すると，

$$\frac{\partial f}{\partial y_k}=\sum_{i,j=1}^n\frac{\partial a_{ij}}{\partial y_k}y_iy_j+2\sum_{j=1}^n a_{kj}y_j,$$

$$\frac{\partial^2 f}{\partial y_k \partial y_l} = \sum_{i,j=1}^{n} \frac{\partial^2 a_{ij}}{\partial y_k \partial y_l} y_i y_j + 2\sum_{j=1}^{n} \frac{\partial a_{lj}}{\partial y_k} y_j$$
$$+2\sum_{j=1}^{n} \frac{\partial a_{kj}}{\partial y_l} y_j + 2a_{kl}$$

となるから，点 p_0 においては，(40) より

$$\frac{\partial^2 f}{\partial y_k \partial y_l}(p_0) = 2a_{kl}(p_0)$$

となる．しかるに，p_0 は f の非退化な臨界点であるから，行列$\left(\dfrac{\partial^2 f}{\partial y_k \partial y_l}(p_0)\right)$は正則である．よって，行列 $A(p_0)=(a_{ij}(p_0))$ も正則である．さて，函数 a_{ij} は連続であるから，点 p_0 の近傍 V_1 を小さくとれば，行列 $A=(a_{ij})$ が V_1 の上で正則であるようにすることができる．よって，点 p_0 の十分小さい近傍 $U_1 \subset V_1$ をとれば，U_1 の上で定義された C^∞-函数の行列 $P=(p_{ij})$ を用いて

$$ {}^tP(p)A(p)P(p) = \left[\begin{array}{ccc|ccc} -1 & & & & & \\ & \ddots & & & 0 & \\ & & -1 & & & \\ \hline & & & 1 & & \\ & 0 & & & \ddots & \\ & & & & & 1 \end{array}\right] \Big\}r, \quad p \in U_1$$

とすることができる．P の逆行列を $Q=(q_{ij})$ とおき，函数 $x_i: U_1 \to \boldsymbol{R}$，$i=1, \cdots, n$ を

$$x_i = \sum_{k=1}^{n} q_{ik} y_k \tag{7}$$

で定義すると，$(x_1, \cdots, x_n)$ は点 p_0 のまわりの局所座標となる：$(U; x_1, \cdots, x_n)$．実際，(7) を微分した式

$$\frac{\partial x_i}{\partial y_j} = \sum_{k=1}^{n} \frac{\partial q_{ik}}{\partial y_j} y_k = q_{ij}$$

より $\dfrac{\partial x_i}{\partial y_j}(p_0)=q_{ij}(p_0)$ を得るので，

$$\left.\frac{D(x_1, \cdots, x_n)}{D(y_1, \cdots, y_n)}\right|_{p_0} = \det\left(\frac{\partial x_i}{\partial y_j}(p_0)\right) = \det(q_{ij}(p_0))$$
$$\neq 0$$

となるからである．さらに，(42) より

$$x_1(p_0) = \cdots = x_n(p_0) = 0$$

であり，かつ (6), (7) より

$$f=\sum_{i,j=1}^{n}a_{ij}y_iy_j={}^t\boldsymbol{y}A\boldsymbol{y}={}^t\boldsymbol{x}PAP\boldsymbol{x}$$

$$=(x_1,\cdots,x_n)\begin{bmatrix}-1 & & & & & 0\\ & \ddots & & & & \\ & & -1 & & & \\ & & & 1 & & \\ & & & & \ddots & \\ 0 & & & & & 1\end{bmatrix}\begin{bmatrix}x_1\\ \vdots\\ x_n\end{bmatrix}$$

$$=-x_1{}^2-\cdots-x_r{}^2+x_{r+1}{}^2+\cdots+x_n{}^2 \tag{8}$$

となっている．

最後に，この r が f の点 p_0 における指数であることを示そう．(8)を2回微分すると，

$$\frac{\partial^2 f}{\partial x_i{}^2}=\begin{cases}-2, & i=1,\cdots,r,\\ 2, & i=r+1,\cdots,n,\end{cases}$$

$$\frac{\partial^2 f}{\partial x_i\partial x_j}=0,\qquad i\neq j$$

となるから，f の p_0 における Hesse 行列は，

$$H(f)_{p_0}=\left(\frac{\partial^2 f}{\partial x_i\partial x_j}(p_0)\right)=\left[\begin{array}{cccccc}-2 & & & & & 0\\ & \ddots & & & & \\ & & -2 & & & \\ \hline & & & 2 & & \\ & & & & \ddots & \\ 0 & & & & & 2\end{array}\right]\Big\}r$$

となる．よって，その指数は r である．これで定理は示された．▌

定義 1.44. M を C^∞-多様体とする．C^∞-関数 $f:M\to\boldsymbol{R}$ が次の条件を満足するとき，f を **Morse 函数**という：

1) f の臨界点はすべて非退化である．

2) p,q を f の臨界点，$p\neq q$ とすると $f(p)\neq f(q)$．

定理 1.5. M を n 次元 C^∞-多様体とする．このとき，Morse 函数 $f:M\to\boldsymbol{R}$ が存在する．さらに，M が開多様体のとき，f は固有で，f の各臨界点 p の指数が n より小さくなるようにとれる．——

一般に，位相空間 X から位相空間 Y への連続写像 $f:X\to Y$ は，Y の各コンパクト集合 K に対して，$f^{-1}(K)$ がコンパクトのとき，**固有**(proper)であるという．

定理の証明． M の上の C^∞-函数全体の集合を $C^\infty(M,\boldsymbol{R})$，Morse 函数全体の

つくる部分集合を$\mathcal{M}$とすると，$\mathcal{M}$は$C^\infty(M, \boldsymbol{R})$の中で稠密であることがしられている(証明は，例えば，Milnor[A3])．よって，Mの上にはMorse函数が存在する．

Mが開多様体のとき：まずMを境界をもつコンパクト多様体の増大列の和集合で表わす：

$$M = \bigcup_{i=1}^{\infty} M_i, \qquad M_i \subset \operatorname{int} M_{i+1}.$$

次に，M_i'をM_iと$M - \operatorname{int} M_i$のコンパクトな連結成分の和集合とする．このとき，$M$はまた境界をもつコンパクト多様体$M_i'$の増大列の和集合で表わされる：

$$M = \bigcup_{i=1}^{\infty} M_i', \qquad M_i' \subset \operatorname{int} M_{i+1}'.$$

何となれば，まず$M_i \subset \operatorname{int} M_{i+1} \subset \operatorname{int} M_{i+1}'$である．次に，$A$を$M - \operatorname{int} M_i$のコンパクトな連結成分とすると，$\partial A$は$\partial M_i$の連結成分の和である．だから，$A \subset \operatorname{int} M_{i+1}$かあるいは$A$は$\partial M_{i+1}$のある連結成分を含む．第2の場合は，$A - (A \cap \operatorname{int} M_{i+1})$は$M - \operatorname{int} M_{i+1}$のコンパクトな連結成分の和である．したがって，$A \subset \operatorname{int} M_{i+1}'$.

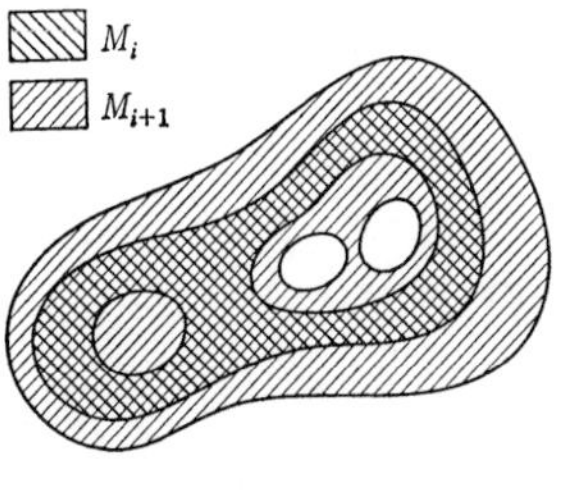

図 1.10

さて，コンパクトな境界をもつ多様体$M_{i+1}' - \operatorname{int} M_i'$を考える．$M_i' \subset \operatorname{int} M_{i+1}'$だから，$\partial(M_{i+1}' - \operatorname{int} M_i')$は，$\partial M_{i+1}'$，$\partial M_i'$に対応する2つの互いに素な部分に分れる(図1.11)．このとき，Morse函数$f_i : M_{i+1}' - \operatorname{int} M_i' \to \boldsymbol{R}$，が存在して，

(0)　f_iの像$\subset [0, 1]$，

(i)　$f_i^{-1}(0) = \partial M_i'$，　$f_i^{-1}(1) = \partial M_{i+1}'$，

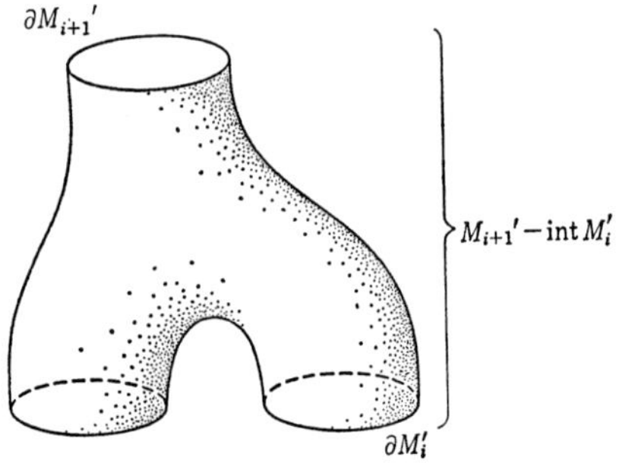

図 1.11

(ii) f_i は $\partial(M_{i+1}'-\mathrm{int}\,M_i')$ では臨界点をもたない.

(Milnor[A4], Theorem 2.5; これは上に述べたことの relative-case と考えられる). この f_i をつなぎ合せれば, M の上の固有な Morse 函数 f がえられる.

次に指数 n の臨界点を除去できることをいおう. M_i' の作り方から

$$H_0(M_{i+1}'-\mathrm{int}\,M_i', \partial M_{i+1}') = 0$$

となる. 実際, もし $M_{i+1}'-\mathrm{int}\,M_i'$ のある連結成分が ∂M_{i+1} へ曲線で結べないとすると, それは $\mathrm{int}\,M_{i+1}'-\mathrm{int}\,M_i'$ のコンパクトな連結成分となり, したがって $M-\mathrm{int}\,M_i'$ のコンパクトな連結成分となる. これは矛盾である. このことより指数 n の臨界点は除去できる(Milnor[A4], Theorem 8.1 参照). ▌

§5 Thom の横断性定理

ここで, 微分位相幾何学で最も基本的な定理の1つである Thom の横断性定理を述べる. これは第7章において用いられる.

定義 1.45. M^n, N^p をそれぞれ n 次元, p 次元の C^∞-多様体, $f: M^n \to N^p$ を C^∞-写像とする. W^{p-q} を N^p の $(p-q)$-次元部分多様体とする. W^{p-q} の任意の点 y に対して, $f^{-1}(y)$ の任意の点 x において, 合成写像

$$T_x(M^n) \xrightarrow{(df)_x} T_y(N^p) \xrightarrow{\pi} T_y(N^p)/T_y(W^{p-q})$$

が全射のとき, f は W^{p-q} の上で **t-正則**(t-regular), あるいは W^{p-q} に**横断的**

(transverse)であるという．ここで，πは自然な射影である．

t-正則なる概念をはじめて確立したのはR. Thomである．

補題1.10. M^n, N^pをそれぞれn次元，p次元のC^∞-多様体，$f: M^n \to N^p$をC^∞-写像，W^{p-q}をN^pの$(p-q)$-次元部分多様体とする，fがW^{p-q}の上でt-正則ならば，$f^{-1}(W^{p-q})$はM^nの$(n-q)$-次元部分多様体かあるいは空集合である．——

これは定義から容易にえられる．

定理1.6(Thomの横断性定理). M^n, N^pをそれぞれn次元，p次元のC^∞-多様体，M^nをコンパクトとする．W^{p-q}をN^pの$(p-q)$-次元部分多様体とする．$C^r(M^n, N^p)$をM^nからN^pへのC^∞-写像全体へC^r-位相を入れた空間とする$(r \geqq 1)$．このとき

$$T_W = \{f \in C^r(M^n, N^p) \mid f \text{ は } W^{p-q} \text{ の上で } t\text{-正則}\}$$

とおくと，T_Wは$C^r(M^n, N^p)$の中で稠密な開集合である．——

証明は省略する(足立[A1]参照)．

第2章　C^∞-多様体の埋め込み

この章では埋め込みに関して，Whitney の定理を中心として述べる．Haefliger はこの Whitney の仕事を一般化しているが，これについては第7章で述べる．

埋め込みに関する中心問題は，多様体 V, M が与えられたとき，V から M への埋め込みの存在と，それらのイソトピーによる分類である．

この章ではすべて C^∞ のカテゴリーで考える．

§1　埋め込みとイソトピー

ここでは，まず埋め込みのイソトピーの定義を述べ，次に埋め込みに関する Whitney の定理，Haefliger の定理を述べる．

V を n 次元，M を m 次元の C^∞-多様体とする．

定義 2.1. $f, g: V \to M$ を埋め込みとする．C^∞-写像

$$F: V \times I \longrightarrow M, \qquad I = [0,1]$$

が存在して，$f_t(x) = F(x, t)$ とおくとき，

(i)　$f_0 = f, \qquad f_1 = g,$

(ii)　$f_t: V \longrightarrow M$　は埋め込み　$\forall t \in [0,1]$

であるとき，f と g は**イソトープ**(isotopic)であるといい，$f \cong g$ と書く．そして，F あるいは $\{f_t\}$ を**イソトピー**(isotopy)という．――

明らかに，$\cong$ は同値関係となる．(推移律には一寸工夫がいる．)

埋め込みに関する基本的な問題は V, M が与えられたとき，V の M への埋め込みの存在とイソトピーによる分類の問題である．

第1章で述べたように，$f: V \to M$ が埋め込みであれば，f の像 $f(V)$ は M の部分多様体となる．（逆は成り立たない．）したがって，M が Euclid 空間 $\boldsymbol{R}^m$ でその次元が低いときには $f(V)$，すなわち V を把握しやすい．したがって，なるべく低い次元の Euclid 空間へ埋め込むことを考える．

また，イソトピーによる分類は，**位置の問題**(problem der lage) ともよばれる．これに対して，位相空間や多面体，多様体などを同相(あるいは微分同相)により分類する問題は**形相の問題**(problem der gestalt) ともよばれる．昔，トポロジー(topology)が“位相幾何学”と訳されたとき，“位”と“相”をこれらからとったとも伝えられている．形相の問題はこの半世紀の間にかなり発展したといえる．一方，これに比して位置の問題の研究はやや遅れているかにみえる．

例． 次のような円周 S^1 の3次元 Euclid 空間 $\boldsymbol{R}^3$ への2つの埋め込み f, g を考える：

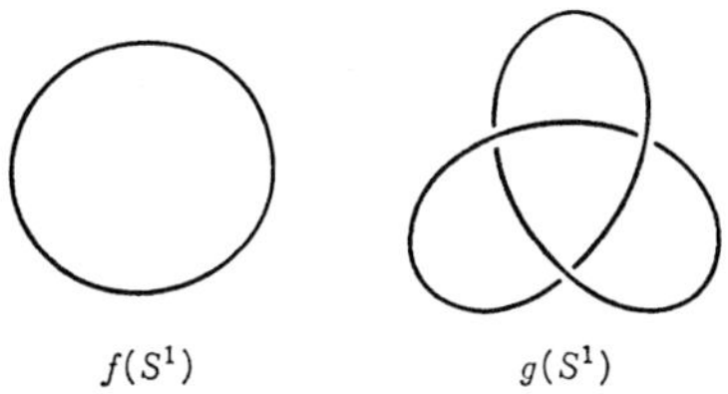

図 2.1

$f(S^1)$ と $g(S^1)$ とは同相である．しかし，f と g とはイソトープではない．

一般に円周 S^1 の $\boldsymbol{R}^3$ への埋め込みのイソトピーによる分類の問題は**結び目の理論**(knot theory) とよばれ，現在も活発に研究されているトポロジーの一分野である．（結び目の理論に興味のある方には，次の本をすすめる：Crowell-Fox, Introduction to Knot Theory [寺阪-野口訳，結び目理論入門，岩波書店]．厳密にいえば，ここでのイソトピーと結び目の理論のイソトピーとは一寸異なる．）

イソトピーのもう1つの表現を述べる．

定理 2.1. V を閉多様体，$f, g: V \to M$ を埋め込みとする．f と g とがイソトープである必要十分条件は，ホモトピー $h_t: M \to M$, $t \in [0, 1]$ が存在して，

(i) 各 $t \in [0, 1]$ に対して，h_t は M の微分同相である，

(ii) $h_0 = 1_M$, $\quad g = h_1 \circ f$,

となることである. ——

この定理は後で用いないので証明は略す(Thom[B11] 参照).

1944年H. Whitneyは次の定理を示した.

定理2.2(Whitneyの埋め込み定理). V^nをn次元C^∞-多様体, $n\geqq 3$, とする. このとき, V^nは$\boldsymbol{R}^{2n}$へ埋め込むことができる. すなわち, 埋め込み$f: V^n \to \boldsymbol{R}^{2n}$が存在する. ——

その後1961年HaefligerはWhitneyの研究を検討, 精密化して, 次の埋め込み定理をえた.

定義2.2. 位相空間Xは, 弧状連結で, かつ

$$\pi_i(X)=0, \qquad 0<i\leqq k$$

のとき, **k-連結**(k-connected)とよばれる.

定理2.3(Haefligerの埋め込み定理). V^nをn次元C^∞-多様体とする.

(a) V^nをk-連結, $2k+3\leqq n$, とする. このとき, V^nは$\boldsymbol{R}^{2n-k}$へ埋め込むことができる.

(b) V^nをk-連結, $2k+2\leqq n$, とする. このとき, V^nの$\boldsymbol{R}^{2n-k+1}$への任意の2つの埋め込みはイソトープとなる. ——

Haefligerの埋め込み定理(a)において, $k=0$とおけば, Whitneyの埋め込み定理がえられる. 我々はこの章において, Whitneyの埋め込み定理を示す. Haefligerの埋め込み定理は第7章で示す.

§2 近似定理

この節では, Whitneyの埋め込み定理の証明の基になる2つの近似定理を証明する. はじめに少し準備をしておく.

定義2.3. n次元Euclid空間$\boldsymbol{R}^n$の部分集合Aは, 任意の$\varepsilon>0$に対して次のような開被覆が存在するとき, **測度0**(measure 0)であるとよばれる:

$$A\subset\bigcup_{i=1}^{\infty}C^n(x_i,r_i), \qquad \sum_{i=1}^{\infty}r_i{}^n<\varepsilon. \qquad ——$$

ここで$C^n(x_i,r_i)$は$\boldsymbol{R}^n$におけるx_iを中心とした1辺が$2r_i$であるn次元立方体である. (間違いのないときは$C^n(x_i,r_i)$を$C(x_i,r_i)$と書くこともある.)

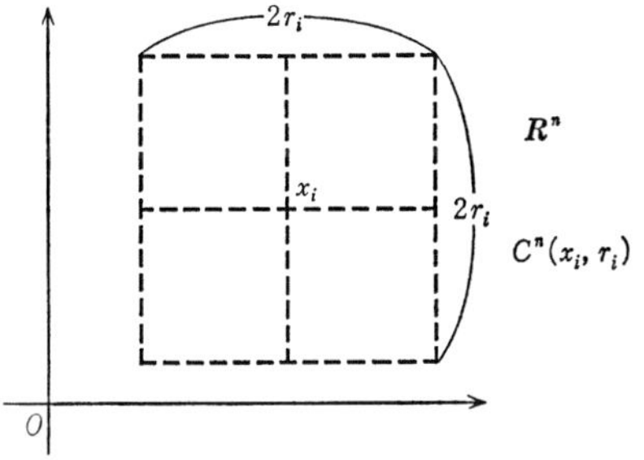

図 2.2

命題 2.1. $\boldsymbol{R}^n$ の部分集合 A が測度 0 であるならば，$\boldsymbol{R}^n-A$ は至るところ稠密である．

補題 2.1. U を $\boldsymbol{R}^n$ の開集合，$f:U\to\boldsymbol{R}^n$ を C^∞-写像とする．もし U の部分集合 A が測度 0 であるならば，$f(A)$ も測度 0 である．

証明. C をその閉包 $\overline{C}$ が U に含まれるような n 次元立方体とする．そして，

$$b=\max_{x\in\overline{C},i,j}\left|\left(\frac{\partial f_i}{\partial x_j}\right)_x\right|$$

とおくと，平均値の定理より

$$\|f(x)-f(y)\|\leqq b\cdot n\cdot\|x-y\|,\qquad x,y\in\overline{C}.$$

さて，いま仮定により A が測度 0 であるから，上のような n 次元立方体 C に対して，$A\cap C$ も測度 0 である．すなわち，任意の $\varepsilon>0$ に対して，$A\cap C$ の次のような開被覆がとれる：

$$A\cap C\subset\bigcup_{i=1}^\infty C^n(x_i,r_i),\qquad \sum_{i=1}^\infty r_i{}^n<\varepsilon.$$

ところが，上に述べたことより，

$$f(C^n(x_i,r_i))\subset C^n(f(x_i),bnr_i).$$

よって，

$$f(A\cap C)\subset f(\bigcup_{i=1}^\infty C^n(x_i,r_i))=\bigcup_{i=1}^\infty f(C^n(x_i,r_i))$$
$$\subset\bigcup_{i=1}^\infty C^n(f(x_i),bnr_i).$$

ところが，上の $f(A\cap C)$ の開被覆の各立方体の体積の和は

$$\sum_{i=1}^{\infty} 2^n b^n n^n r_i{}^n = 2^n b^n n^n \sum_{i=1}^{\infty} r_i{}^2 < 2^n b^n n^n \varepsilon.$$

よって，$f(A\cap C)$ は測度0である．ところが，A は上のような C の可算個でおおうことができるから，$f(A)$ も測度0である．▌

系 2.1. U を $\boldsymbol{R}^n$ の開集合，$f: U\to \boldsymbol{R}^p$ を C^∞-写像，$n<p$ とする．このとき $f(U)$ は測度0である．

証明. $U\times \boldsymbol{R}^{p-n}$ は $\boldsymbol{R}^n$ の開集合と考えられる．よって，$g: U\times\boldsymbol{R}^{p-n}\to\boldsymbol{R}^p$ を $g=f\circ p_1$ で定義する:

$$g: U\times\boldsymbol{R}^{p-n} \xrightarrow{p_1} U \xrightarrow{f} \boldsymbol{R}^p,$$

ここで，p_1 は第1成分への射影を表わす．このとき，明らかに g は C^∞-写像となる．ところが $U=U\times 0\subset U\times\boldsymbol{R}^{p-n}$ は測度0である．よって，補題2.1により，$g(U\times 0)$ は $\boldsymbol{R}^p$ で測度0である．よって，$f(U)=g(U\times 0)$ は $\boldsymbol{R}^p$ で測度0である．▌

次に C^∞-多様体の部分集合に対して，測度0という概念を定義する．

定義 2.4. $(M^n, \mathscr{D})$ を n 次元 C^∞-多様体，A を M^n の部分集合とする．$\mathscr{D}$ の任意の局所座標系 $(U_\alpha, \varphi_\alpha)$ に対して，$\varphi_\alpha(U\cap A)\subset\boldsymbol{R}^n$ が測度0であるとき，A は**測度0**であるという．——

上の定義は補題2.1により微分可能座標系のとり方によらない．また，$\boldsymbol{R}^n$ の部分集合に対する定義の拡張になっている．

系 2.2. V^n, M^m をそれぞれ，n 次元，m 次元の C^∞-多様体，$f: V^n\to M^n$ を C^∞-写像，$n<m$ とする．このとき，$f(V^n)$ は M^m において測度0である．

定理 2.4. U を $\boldsymbol{R}^n$ の開集合，$f: U\to\boldsymbol{R}^p$ を C^∞-写像，$2n\leqq p$ とする．このとき，任意の $\varepsilon>0$ に対して，次のような (p, n)-型行列 $A=(a_{ij})$ が存在する:

(i)　$|a_{ij}|<\varepsilon,\quad i=1,\cdots,p,\ j=1,\cdots,n;$

(ii)　$g(x)=f(x)+Ax$ とおくと，$g: U\to\boldsymbol{R}^p$ ははめ込みである．

証明. 上のように g を定義すると，

$$Dg(x) = Df(x)+A$$

である．よって，A をうまくとって，上の $Dg(x)$ が各点 $x\in U$ で階数 n となるようにしなくてはいけない．すなわち，A は $Q-Df$ という形，ここで Q は階数 n の (p, n)-型行列，でなくてはならない．

いま，写像 $F_k: M(p,n;k)\times U\to M(p,n)$ を次の式で定義する:

$$F_k(Q,x)=Q-Df(x).$$

このとき，補題1.5により $M(p,n;k)\times U$ は $\{k(p+n-k)+n\}$-次元の微分可能多様体であり，F_k は C^∞-写像である．また，$k<n$ である限り，$k(p+n-k)+n$ は k に関して単調増大である．よって，F_k の定義域の次元は，$k<n$ のときは，$(n-1)(p+n-(n-1))+n=(2n-p)+pn-1$ をこえない．いま，仮定より $p\geqq 2n$ であるから，この次元は $pn=\dim M(p,n)$ より小さい．

よって，系2.2より，F_k の像は $M(p,n)$ において測度0である．よって，0行列の十分近くに $M(p,n)$ の元 A で，$k=0,\cdots,n-1$ に対するどの F_k の像にも入らないものがとれる．その A が求めるものである．▌

§3 はめ込み定理

この節では，n 次元 C^∞-多様体は $\boldsymbol{R}^{2n}$ へはめ込むことができることを示す．

$\boldsymbol{R}_+=\{x\in\boldsymbol{R}\mid x>0\}$ とする．

定義 2.5. X を位相空間，Y を距離空間，$f,g: X\to Y$ とする．$\delta: X\to\boldsymbol{R}_+$ を連続写像とする．X のすべての点 x に対して，$d(f(x),g(x))<\delta(x)$ のとき，g は f の **δ-近似**であるという．ここで，d は Y における距離を表わす．

定理 2.5. M^n を n 次元 C^∞-多様体，$f: M^n\to\boldsymbol{R}^p$ を C^∞-写像，$2n\leqq p$ とする．$\delta; M^n\to\boldsymbol{R}_+$ を任意の連続写像とすると，f の δ-近似であるはめ込み $g: M^n\to\boldsymbol{R}^p$ が存在する．

さらに，もし f が M^n の閉集合 N の上で階数 n であれば，

(i) $g|N=f|N$,

(ii) g は(N を固定して) f とホモトープ

ととることができる．——

この定理の証明の前に補題を準備する．

補題 2.2. 位相空間 X が局所コンパクト，かつ可算個の開集合の基をもつならば，X はパラコンパクトである．

証明. 仮定より X の開集合の基として次のようなものをとることができる:

$$U_1, U_2, \cdots;\ \bar{U}_i;\ \text{コンパクト},\quad i=1,2,\cdots.$$

そこで，次のようなコンパクト集合の列をとることができる：

$$A_1, A_2, \cdots;\ X = \bigcup_{i=1}^{\infty} A_i,$$
$$A_i \subset \operatorname{int} A_{i+1}.$$

何となれば，A_i は次のように帰納的に構成すればよい．$A_1 = \overline{U}_1$ とおく．次に A_i まで構成されたとして，A_{i+1} を構成しよう．k を $A_i \subset U_1 \cup \cdots \cup U_k$ となるような最小の自然数とする．そして，

$$A_{i+1} = (\overline{U_1 \cup \cdots \cup U_k}) \cup \overline{U}_{i+1}$$

とおく．こう定義すれば，上のようになっていることは明らかである．

そこで，$\mathscr{W} = \{W_j\}$ を X の任意の開被覆とする．そのとき，$A_{i+1} - \operatorname{int} A_i$ はコンパクトであるから，有限個の W_j でおおわれる．よって，次のような $A_{i+1} - \operatorname{int} A_i$ の開被覆をとることができる：

$$A_{i+1} - \operatorname{int} A_i \subset \bigcup_{r=1}^{s} V_{i_r};$$

(i)　上のような j が存在して，$V_{i_r} \subset W_j$,

(ii)　$V_{i_r} \subset \operatorname{int} A_{i+2} - A_{i-1}$.

$P_i = \{V_{i_1}, \cdots, V_{i_s}\}$ とおき，$\mathscr{P} = P_0 \cup P_1 \cup \cdots$ とおくと，$\mathscr{P}$ は $\mathscr{W}$ の細分であり，明らかに局所有限である．▌

この補題により，我々の位相多様体，微分可能多様体はパラコンパクトであることがわかる．

補題 2.3. M^n を C^∞-多様体，$\{U_\alpha\}$ を M^n の任意の開被覆とする．そのとき，次のような微分可能座標系 $\{(V_j, h_j); j \in J\}$ が存在する：

(i)　$\overline{\overline{J}} = \aleph_0$（ここで，$\overline{\overline{J}}$ は J の濃度を表わす），

(ii)　$\{V_j; j \in J\}$ は $\{U_\alpha\}$ の局所有限な細分である，

(iii)　$h_j(V_j) = C^n(3)$,

(iv)　$W_j = h_j^{-1}(C^n(1))$ とおくと，$M^n = \bigcup_{j \in J} W_j$,

ここで，$C^n(r) = C^n(0, r)$ は $\boldsymbol{R}^n$ において，0 を中心とした1辺 $2r$ の n 次元開立方体を表わす．

証明. 上の補題 2.2 の証明におけるように，コンパクト集合の列

$$A_1, A_2, \cdots;\ M^n = \bigcup_{i=1}^{\infty} A_i, \qquad A_i \subset \operatorname{int} A_{i+1},$$

をとる．そして，M^n の開被覆 $\{U_\alpha\}$ に対して，局所有限な細分をつくるのであるが，次のことに注意する：1) $h_j(V_j)=C^n(3)$ となるようにする；2) $A_{i+1}-\operatorname{int} A_i \subset \bigcup_j h_j^{-1}(C^n(1))$ となるようにする．▌

補題 2.4. 次のような C^∞-函数 $\varphi: \boldsymbol{R}^n \to \boldsymbol{R}^1$ が存在する：

(i)　$\varphi(x)=1, \quad x \in \overline{C^n(1)}$,

(ii)　$0<\varphi(x)<1, \quad x \in C^n(2)-\overline{C^n(1)}$,

(iii)　$\varphi(x)=0, \quad x \in \boldsymbol{R}^n-C^n(2)$.

証明. これは次のように作ればよい：

$$\lambda(x)=\begin{cases} e^{-1/x}, & x>0, \\ 0, & x \leqq 0 \end{cases}$$

とする．さらに，

$$\psi(x)=\frac{\lambda(2+x)\lambda(2-x)}{\lambda(2+x)\lambda(2-x)+\lambda(x-1)+\lambda(-x-1)}$$

とおく．そこで

$$\varphi(x_1, \cdots, x_n)=\prod_{i=1}^{n} \psi(x_i)$$

とすればよい．▌

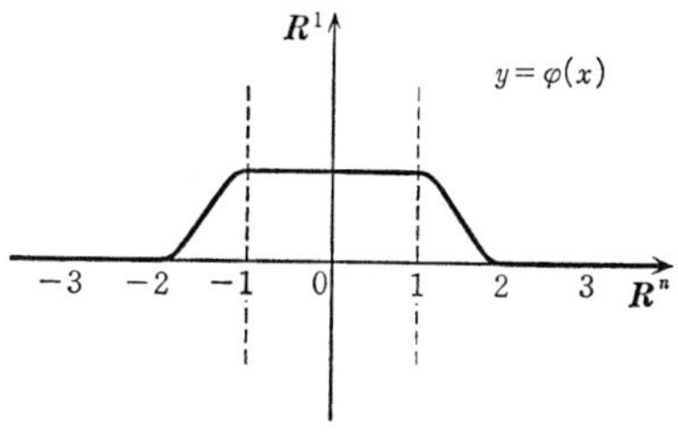

図 2.3

上のような φ を**つりがね函数**という．

定理 2.5 の証明. f を N の上で階数 n であると仮定する．すなわち，N の開近傍 U が存在して，f は U の上で階数 n である．このとき，$\{U, M-N\}$ は M の 1 つの開被覆を与える．この開被覆に対して，補題 2.3 により与えられるその局所有限な細分である微分可能座標系 $\mathscr{D}_0=\{(V_j, h_j); j \in J\}$ をとる．このとき，$h_i(W_i)=C^n(1)$, $h_i(V_i)=C^n(3)$. そこで，$h_i(U_i)=C^n(2)$ とおく．また，$\{(V_i, h_i); i \in J\}$ の添数をつけかえて，

$$i \leqq 0 \Longleftrightarrow V_i \subset U,$$
$$i > 0 \Longleftrightarrow V_i \subset M-N$$

となるようにする．$\overline{U}_i$ はコンパクトだから，

$$\varepsilon_i = \min_{x \in \overline{U}_i} \delta(x)$$

とおく．さて，求める g を帰納的に構成しよう．$f_0=f$ とおく．このとき，f_0 は U の上で階数 n，よって $\bigcup_{j\leqq 0} \overline{W}_j$ の上で階数 n である．次に $f_{k-1}:M^n\to \boldsymbol{R}^p$ を C^∞-写像で，$N_{k-1}=\bigcup_{j<k} \overline{W}_j$ の上で階数 n であるとする．このとき，f_{k-1} の $\delta/2^k$-近似で，N_k の上で階数 n となるような C^∞-写像 $f_k:M^n\to \boldsymbol{R}^p$ を次のように作る．いま $f_{k-1}\circ h_k^{-1}:C^n(3)\to \boldsymbol{R}^p$ なる写像を考える．補題2.4により，$C^n(1)\subset C^n(2)$ に対して，つりがね函数 $\varphi_k:\boldsymbol{R}^n\to \boldsymbol{R}^1$ が存在する．A を (p, n)-型行列として，$F_A;C^n(3)\to \boldsymbol{R}^p$ を次の式で定義する：

$$F_A(x) = f_{k-1}\circ h_k^{-1}(x)+\varphi_k(x)Ax,$$

ただし，A は以下に述べるようにうまくとる．

(i) F_A は $K=h_k(N_{k-1}\cap \overline{U}_k)$ の上で階数 n となる．仮定より，$f_{k-1}\circ h_k^{-1}$ は K の上で階数 n である．F_A の Jacobi 行列を考えると，

$$DF_A(x) = D(f_{k-1}\circ h_k^{-1}(x))+D\varphi_k(x)Ax+\varphi(x)A$$

となる．(x, A) に $DF_A(x)$ を対応させる写像

$$\Phi : K\times M(p, n;\boldsymbol{R}) \longrightarrow M(p, n;\boldsymbol{R})$$

は明らかに連続であり，階数 n のつくる部分集合 $M(p, n;n)$ は $M(p, n;\boldsymbol{R})$ の中の開集合である．ところが，$\Phi(K\times 0)\subset M(p, n;n)$ であるから，A を十分小

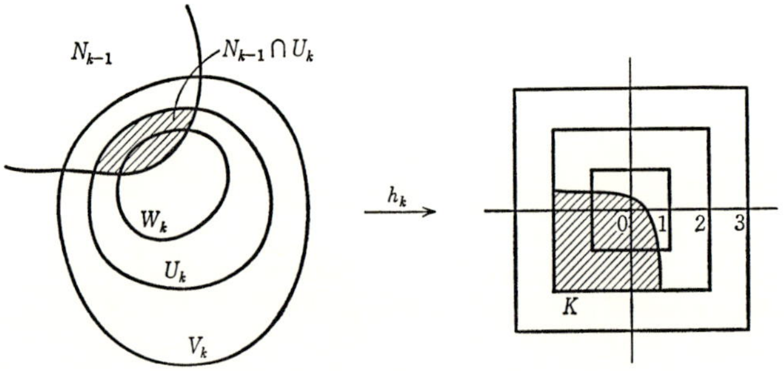

図2.4

さくとれば(0の近くにとれば)，$\Phi(K\times A)\in M(p,n;n)$ となる．

(ii)　次に

$$\|Ax\|<\frac{\varepsilon_k}{2^k},\qquad x\in C^n(3)$$

となるように A を小さくとる．

(iii)　さらに，定理2.5により，$f_{k-1}\circ h_k{}^{-1}(x)+Ax$ が $C^n(2)$ の上で階数 n となるようにする．

さて，上のように A をとったとして，$f_k\colon M^n\to \boldsymbol{R}^p$ を次のように定義する：

$$f_k(x)=\begin{cases} f_{k-1}(x)+\varphi(h_k(x))Ah_k(x), & x\in V_k,\\ f_{k-1}(x), & x\in M-\bar{U}_k.\end{cases}$$

この定義は矛盾がない(well-defined)，すなわち，$V_k-\bar{U}_k$ の点 x に対して，

$$f_{k-1}(x)+\varphi(h_k(x))Ah_k(x)=f_{k-1}(x).$$

また，(i)より f_k は N_{k-1} の上で階数 n であり，(iii)により f_k は U_k の上で階数 n である．したがって f_k は $N_k=\bigcup_{j<k+1}\overline{W}_j$ の上で階数 n をもつ．さらに，(ii)により f_k は f_{k-1} の $\delta/2^k$-近似となっている．

そこで，$g\colon M^n\to \boldsymbol{R}^p$ を

$$g(x)=\lim_{k\to\infty}f_k(x)$$

と定義する．この意味は，

$$M^n=\bigcup_i W_i,$$
$$N_0\subset N_1\subset N_2,\ \cdots,\qquad N_{k-1}=\bigcup_{j<k}\overline{W}_j,$$
$$M^n=\bigcup_k N_k,$$

となっているが，$\{V_i\}$ は局所有限だから，M^n の任意の点 x に対して，x の近傍 $U(x)$ が存在して，$U(x)\cap V_j\neq\phi$ となる j は有限個である．その中の最大のものを k とすると

$$g(x)=f_k(x)=f_{k+1}(x)=\cdots.$$

上のように g を定義すれば，g は明らかに C^∞-写像であり，しかも M^n の上で階数 n となる．さらに，g は f の δ-近似である．さらに，$g|N=f|N$ はつくり方から明らかである．また，上の f_k の構成をにらめば，f_k は N を固定して f_{k-1} とホモトープとなる．したがって，g は N を固定して f とホモトープとなる．したがって定理は示された．▌

§4 Whitney の埋め込み定理(I)：$M^n \subset \boldsymbol{R}^{2n+1}$

この節では，n 次元 C^∞-多様体 M^n は $(2n+1)$-次元 Euclid 空間 $\boldsymbol{R}^{2n+1}$ へ埋め込むことができることを示す.

定義 2.6. M, V を C^∞-多様体としたとき，$f: M \to V$ がはめ込みであり，かつ V の中への1対1写像のとき，f を **1-1 はめ込み** という. ——

1-1 はめ込みは必ずしも埋め込みではない.

例. 次の図をみて考えよ：$f: \boldsymbol{R}^1 \to \boldsymbol{R}^2$

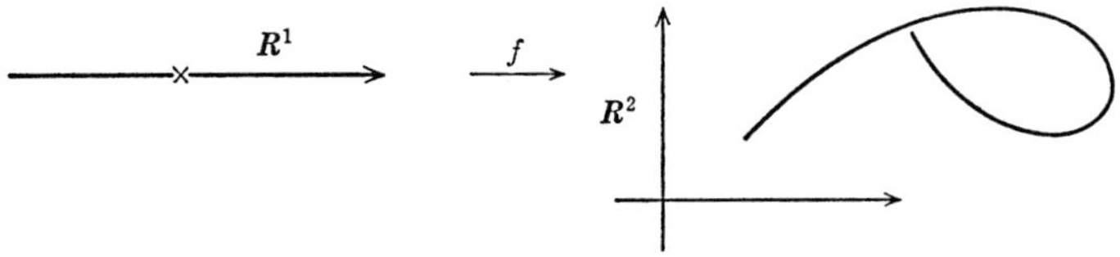

図 2.5

ここで，第0章でも用いたはめ込みの"正則ホモトピー"を定義しておく. これについては，第2章で詳しく論ずる.

定義 2.7. M^n, V^p をそれぞれ n 次元，p 次元の C^∞-多様体，$f, g: M^n \to V^p$ をはめ込みとする. C^∞-写像 $F: M^n \times I \to V^p$ が存在して，$f_t(x) = F(x, t)$ とおいたとき，

(i) $f_0 = f$, $f_1 = g$,

(ii) 各 $t \in I$ に対して，f_t ははめ込み

であるとき，f と g とは**正則ホモトープ**(regularly homotopic)であるといい，$f \underset{r}{\simeq} g$ と書く. また，F, あるいは $\{f_t\}$ を f と g とを結ぶ**正則ホモトピー**とよぶ. ——

$\underset{r}{\simeq}$ は同値関係となる.

補題 2.5. M^n を n 次元 C^∞-多様体，$2n < p$, $f; M^n \to \boldsymbol{R}^p$ をはめ込みとする. このとき，任意の連続函数 $\delta: M^n \to \boldsymbol{R}_+$ に対して，f の δ-近似である 1-1 はめ込み g が存在する. さらに，f が M^n の閉集合 N の開近傍 U で1対1ならば，

(i) $g|N = f|N$,

(ii) gは(Nを固定して)fと正則ホモトープ，

ととることができる.

証明. fははめ込みであるから，M^nの開被覆$\{U_\alpha\}$が存在して，各αに対して$f|U_\alpha$は埋め込みとなる．一方，$\{U, M^n-N\}$もM^nの開被覆となる．この2つの開被覆を合併した開被覆に対して，補題2.3により局所有限な細分である微分可能座標系$\{(V_i, h_i); i\in \boldsymbol{Z}\}$が存在する．さらに，補題2.4により存在するつりがね函数$\varphi:\boldsymbol{R}^n\to\boldsymbol{R}$を考え，

$$\varphi_i(y) = \begin{cases} \varphi\circ h_i(y), & y\in V_i, \\ 0, & y\in V_i \end{cases}$$

とおく．このとき，明らかに$\varphi_i:M^n\to\boldsymbol{R}$は$C^\infty$-函数である．ここで，便宜上次のようにとる:

$$V_i\subset U \Longleftrightarrow i\leqq 0.$$

さて，求めるgを帰納的に構成しよう．まず，$f_0=f$とおく．次に，はめ込み$f_{k-1}:M^n\to\boldsymbol{R}^p$で，$\bigcup_{j<k} V_j$の上では1-1はめ込みとなっているものが与えられていると仮定して，$f_k:M^n\to\boldsymbol{R}^p$を次のように定義する:

$$f_k(x) = f_{k-1}(x)+\varphi_k(x)b_k,$$

ここで，b_kは$\boldsymbol{R}^p$の点であるが，これは以下に述べるようにうまくとる(次の(i), (ii), (iii)を満足するように十分小さくとる):

(i) b_kを十分小さくとって，f_kはやはりはめ込みであるようにする;

(ii) b_kを十分小さくとって，f_kはf_{k-1}の$\delta/2^k$-近似であるようにする;

(iii) N^{2n}を$M^n\times M^n$の次のような部分空間とする:

$$N^{2n} = \{(x,y)\in M^n\times M^n \mid \varphi_k(x)\neq\varphi_k(y)\}.$$

明らかに，N^{2n}は$M^n\times M^n$の開集合となる．そこで，いま次のようなC^∞-写像$\Phi:N^{2n}\to\boldsymbol{R}^p$を考える:

$$\Phi(x,y) = \frac{-\{f_{k-1}(x)-f_{k-1}(y)\}}{\varphi_k(x)-\varphi_k(y)}.$$

仮定より$2n<p$であるから，$\Phi(N^{2n})$は$\boldsymbol{R}^p$において測度0である．よって，b_kを$\Phi(N^{2n})$に入らない点ととる((i), (ii)を満足するような十分小さいb_kで上のようにとりうる).

$f_k:M^n\to\boldsymbol{R}^p$を上のように定義すれば，

$$f_k(x)-f_k(y)=0 \Longleftrightarrow \begin{cases} \varphi_k(x)-\varphi_k(y)=0, \\ f_{k-1}(x)-f_{k-1}(y)=0 \end{cases}$$

となる．$\Leftarrow$ は明らか．$\Rightarrow$ は，

$$0=f_k(x)-f_k(y)=(f_{k-1}(x)-f_{k-1}(y))+(\varphi_k(x)-\varphi_k(y))b_k.$$

$\varphi_k(x)-\varphi_k(y)\neq 0$ とすると $b_k\in\Phi(N^{2n})$ となり，矛盾である．よって，$\varphi_k(x)-\varphi_k(y)=0$．したがって，$f_{k-1}(x)-f_{k-1}(y)=0$ もえられる．

さて，上のように定義された f_k に対して，$g:M^n\to \boldsymbol{R}^p$ を次のように定義する：

$$g(x)=\lim_{k\to\infty} f_k(x).$$

この意味は，$f_k(x)=f_{k-1}(x)+\varphi_k(x)b_k$ であるから，$f_k|V_k{}^c=f_{k-1}|V_k{}^c$．ところが，$\{V_j\}$ は局所有限だから，M^n の任意の点 x に対して，x の近傍 $U(x)$ が存在して，$U(x)\cap V_j\neq\phi$ となる j は有限個．そのような j の最大なものを $j_0(x)$ としたとき，$g(x)=f_{j_0(x)}(x)$ の意味である．

上の $g(x)$ の定義より，明らかに g は C^∞-写像，かつはめ込みである．また $g|N=f|N$ となっている．そこで，g が1対1であることを示そう．いま，$g(x)=g(x_0)$, $x\neq x_0$ とする．そのとき，上に述べたことから，$f_{k-1}(x)=f_{k-1}(x_0)$, $\varphi_k(x)=\varphi_k(x_0)$ がすべての $k>0$ に対して成り立つ．よって，前の式より，$f(x)=f(x_0)$．したがって，x, x_0 は同一の V_j には入らない．ところが後の式より，$x\in V_k$, $k>0$ ならば，$k>0$ のときには x と x_0 とは同じ V_k に入らなくてはならないから，上に述べたことに反す．よって，x, x_0 とも U に入る(V_j の添数のつけ方より)．ところが，U の上では f は1対1であるから矛盾である．

さらに，f_k の定義をにらめば，f_k は f_{k-1} と正則ホモトープ(N を固定して)である．したがって，g は f と正則ホモトープ(N を固定して)である．∎

定義 2.8. M^n を n 次元位相多様体，$f:M^n\to\boldsymbol{R}^p$ を連続写像とする．このとき，

$$L(f)=\left\{ y\in\boldsymbol{R}^p \;\middle|\; \begin{array}{l} y=\lim f(x_n), \\ \text{ここで}\{x_1, x_2, \cdots\},\ x_i\in M^n \\ \text{は極限点をもたない} \end{array} \right\}$$

を f の**極限集合**(limit set)という．

補題 2.6. M^n を n 次元位相多様体，$f:M^n\to\boldsymbol{R}^p$ を連続写像とする．

(i)　$f(M^n)$が$\boldsymbol{R}^p$の閉集合であるための必要十分条件は，$L(f) \subset f(M^n)$となることである；

(ii)　fが位相的埋め込み，すなわち$\boldsymbol{R}^p$の中への位相写像であるための必要十分条件は，fが1対1，かつ$L(f) \cap f(M) = \phi$となることである．

証明. (i)　$\Rightarrow$を示す．$L(f)$の任意の点yをとると，$y = \lim f(x_n)$．ところが，$f(x_n) \in f(M^n)$．$f(M^n)$は閉集合だから，$y \in f(M)$．

$\Leftarrow$を示そう．$f(M^n)$の閉包の点をyとする．各自然数nに対して，$C^p(y, 1/n)$の中に$f(M^n)$の点$f(x_n)$が存在する．いまM^nにおける点列$x_1, x_2, \cdots$を考える．$\lim x_n$が存在するとき，$x = \lim x_n$とおくと，

$$f(x) = f(\lim x_n) = \lim f(x_n) = y.$$

よって，$y \in f(M)$となる．また，$\lim x_n$が存在しないときは，$y \in L(f) \subset f(M)$.

(ii)　$\Rightarrow$を示そう．fが1対1であることは明らか．$L(f) \cap f(M) \neq \phi$とすると，$L(f) \cap f(M)$の点yが存在して，$y = \lim x_n$，ここで$\{x_1, x_2, \cdots\}$は極限点をもたない．ところが一方$y = f(x)$と書ける．fは位相写像だから，f^{-1}は連続，よって$\{x_1, x_2, \cdots\}$は極限点xをもつ．したがって矛盾である．

$\Leftarrow$を示そう．fが位相写像でないとする．すなわち，$f^{-1}: f(M^n) \to M^n$が連続でないとする．このとき，M^nの点xで，$f(x)$は$L(f)$に入るものが存在する．よって，$f(M^n) \cap L(f) = \phi$に反する．▌

補題 2.7. M^nをn次元C^∞–多様体とする．このとき，C^∞–写像$f: M^n \to \boldsymbol{R}$で，$L(f) = \phi$となるものが存在する．

証明. $\{(V_j, h_j)\}$をM^nの開被覆$\{M^n\}$に対する補題2.3のC^∞–座標系，φを補題2.5のC^∞–函数とする．$j > 0$とする．そして，$\varphi_j: M^n \to \boldsymbol{R}$を補題2.5の証明における$C^\infty$–函数とする．そして，

$$f(x) = \sum_{j>0} j\varphi_j(x)$$

とおく．$\{V_j\}$は局所有限であるから，上の右辺は意味をもつ．そして，fはC^∞–写像となる．

$L(f) = \phi$を示そう．$\{x_1, x_2, \cdots\}$を極限点をもたないM^nの点列とする．このとき，任意の$m > 0$に対して，自然数$i > 0$が存在して，$x_i \notin \overline{W}_1 \cup \cdots \cup \overline{W}_m$．この$x_i$はある$j > m$に対して，$x_i \in \overline{W}_j$．よって，$f(x_i) > m$．したがって，$\{f(x_1), f(x_2), \cdots\}$は極限点をもたない．▌

これだけ準備をして，次の形の Whitney の埋め込み定理を示そう．

定理 2.6(Whitney の埋め込み定理)． M^n を n 次元 C^∞-多様体とする．M^n は $\boldsymbol{R}^{2n+1}$ へ閉集合として埋め込まれる．

証明． $f: M^n \to \boldsymbol{R}^1 \subset \boldsymbol{R}^{2n+1}$ を補題2.7により存在する C^∞-写像とする；$L(f)=\phi$．$\delta: M^n \to \boldsymbol{R}_+$ を $\delta(x) \equiv \varepsilon > 0$ とする．このとき定理2.5により f の δ-近似であるはめ込み $g: M^n \to \boldsymbol{R}^{2n+1}$ が存在する．さらに，補題2.5により，g の δ-近似である1-1はめ込み $h: M^n \to \boldsymbol{R}^{2n+1}$ が存在する．上の $\varepsilon>0$ を十分小さくとれば，$L(h)=\phi$ となる．よって，補題2.6により，h は埋め込みとなり，$h(M^n)$ は $\boldsymbol{R}^{2n+1}$ の閉集合となる．▌

この Whitney の埋め込み定理により，n 次元 C^∞-多様体 M^n は $\boldsymbol{R}^{2n+1}$ の部分多様体と考えてもよい．

上の定理は1936年 H. Whitney により証明された．

我々は，以下の節で，n 次元 C^∞-多様体は実は $2n$ 次元の Euclid 空間 $\boldsymbol{R}^{2n}$ へ埋め込むことができることを示す．

§5　Sard の定理

この節で，次の節における Whitney の完全はめ込み定理の証明の準備として，Sard の定理を証明する．これは微分位相幾何学において最も基本的な定理の1つである．一般に C^∞-写像の臨界値の集合はやせている．すなわち次の定理が成り立つ．

定理 2.7(Sard の定理)． U を n 次元 Euclid 空間 $\boldsymbol{R}^n$ の開集合，$f: U \to \boldsymbol{R}^p$ を C^∞-写像，

$$C = \{x \in U \mid f \text{ の } x \text{ における階数} < p\}$$

とする．このとき，$f(C)$ は $\boldsymbol{R}^p$ において測度0である．

証明． n に関する帰納法で行なう．

まず，$n=0$ のときは明らか．

次に $n \geqq 1$ として，$n-1$ まで上の主張が成り立っているとする．

$$C_i=\left\{x\in U\left|\frac{\partial^k f_j}{\partial x_{r_1}\partial x_{r_2}\cdots\partial x_{r_k}}\right|_x=0,\ \begin{array}{l} j=1,2,\cdots,p,\\ 1\leqq k\leqq i,\\ 1\leqq r_1\leqq\cdots\leqq r_k\leqq n\end{array}\right\}$$

とおく $(i=1,2,\cdots)$. このとき，明らかに

$$C\supset C_1\supset C_2\supset\cdots\supset C_k\supset C_{k+1}\supset\cdots$$

となる．そこで，証明を次の3つの段階に分ける:

第1段: $f(C-C_1)$ は測度0,

第2段: $f(C_i-C_{i+1})$ は測度0, $i=1,2,\cdots$,

第3段: 十分大きな k に対して，$f(C_k)$ は測度0.

上の第1段，第2段，第3段をあわせれば，Sardの定理がえられる.

第1段の証明: $p=1$ のとき，$C=C_1$ である．したがって，$C-C_1=\phi$, よって $f(C-C_1)$ は測度0である．$p\geqq 2$ のときは次のFubiniの定理を使う.

Fubiniの定理*). A を $\boldsymbol{R}^p=\boldsymbol{R}^1\times\boldsymbol{R}^{p-1}$ の可測集合とする．$\boldsymbol{R}^1$ の任意の t に対して，$A\cap\{t\}\times\boldsymbol{R}^{p-1}$ が $\{t\}\times\boldsymbol{R}^{p-1}$ の中で測度0ならば，A は $\boldsymbol{R}^p$ の中で測度0である．——

$C-C_1$ の任意の点 x に対して，x の U における近傍 $V(x)$ が存在して，$f(V(x)\cap C)$ が測度0となることをいえばよい．何となれば，$\boldsymbol{R}^n$ は局所コンパクト，かつパラコンパクトであるからLindelöf性をもつ.（すなわち，任意の開被覆が与えられると，その中の可算個ですでに覆われている.）よって，

$$C-C_i\subset\bigcup_{i=1}^{\infty}V_i,$$
$$f(V_i\cap C)\ \text{は測度}\ 0$$

とできる．したがって，

$$C-C_1=\bigcup_{i=1}^{\infty}[V_i\cap(C-C_1)],$$

よって，

$$f(C-C_1)=\bigcup_{i=1}^{\infty}f[V_i\cap(C-C_1)]$$

となる．したがって，$f(C-C_1)$ は測度0のものの可算個の和として表わされたから，測度0となる.

さて，上のことを示そう．$C-C_1\ni x$ に対し，$\left.\dfrac{\partial f_1}{\partial x_1}\right|_x\neq 0$ としても一般性を失

---

*) 溝畑茂，ルベーグ積分，岩波全書，を参照.

わない．

$$h : U \longrightarrow \boldsymbol{R}^n,$$
$$h(x) = (f_1(x), x_2, \cdots, x_n)$$

とおく．このとき，

$$\left(\left.\frac{\partial h_i}{\partial x_j}\right|_x\right) = \begin{bmatrix} \left.\frac{\partial f_1}{\partial x_1}\right|_x & \left.\frac{\partial f_1}{\partial x_2}\right|_x & \cdots & \left.\frac{\partial f_1}{\partial x_n}\right|_x \\ 0 & 1 & & 0 \\ \vdots & & \ddots & \\ 0 & 0 & & 1 \end{bmatrix}$$

であるから，h は x で正則である．よって，h は x のある近傍 V を $h(x)$ の近傍 V' へ微分同相に写す．$g=f\circ h^{-1}$ を V' の上で考えると，これは V' から $\boldsymbol{R}^p$ への写像である．このとき，g の臨界点の集合 C' は $h(V\cap C)$ となる．よって，

$$g(C') = g\circ h(V\cap C) = (f\circ h^{-1})\circ h(V\cap C) = f(V\cap C).$$

一方，V' の各点 $(t, x_2, \cdots, x_n)$ に対して $g(t, x_2, \cdots, x_n)$ は超平面 $\{t\}\times\boldsymbol{R}^{p-1}\subset\boldsymbol{R}^p$ へ入る．よって

$$g^t : \{t\}\times\boldsymbol{R}^{n-1}\times V' \longrightarrow \{t\}\times\boldsymbol{R}^{p-1},$$
$$g^t = g\,|\,\{t\}\times\boldsymbol{R}^{n-1}$$

を得る．ところが，

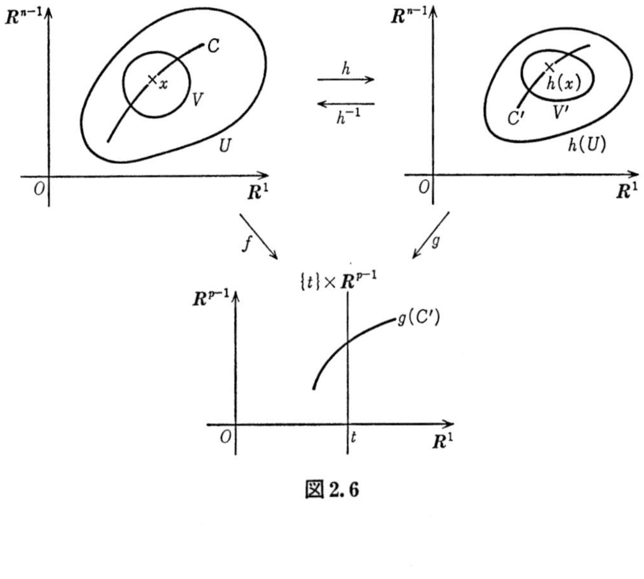

図2.6

$$\left(\frac{\partial g_i}{\partial x_j}\right)=\begin{bmatrix}1 & 0\\ * & \dfrac{\partial g_i{}^t}{\partial x_j}\end{bmatrix}$$

である．しかるに，帰納法の仮定より，g^t の臨界点の集合を $C^t\subset\{t\}\times\boldsymbol{R}^{n-1}$ とおくと，$g^t(C^t)$ は $\{t\}\times\boldsymbol{R}^{p-1}$ で測度0である．ところが，g の臨界点の集合 C' に対して

$$g(C')\cap\{t\}\times\boldsymbol{R}^{p-1}=g^t(C^t).$$

よって，Fubiniの定理より $g(C')$ は測度0である．したがって，$f(V\cap C)$ は測度0である．これで第1段は示された．

第2段の証明: $C_k-C_{k+1}\ni x_0$ とする．いま，

$$\left.\frac{\partial^{k+1}f_r}{\partial x_{s1}\cdots\partial x_{s_{k+1}}}\right|_{x_0}\neq 0$$

とする．このとき，

$$w(x)=\frac{\partial^k f_r(x)}{\partial x_{s_2}\cdots\partial x_{s_{k+1}}}$$

とおく．このとき，

$$w:U\longrightarrow\boldsymbol{R}^1,\qquad C^\infty\text{–写像},$$

$$\left.\frac{\partial w}{\partial x_{s_1}}\right|_{x_0}\neq 0$$

となる．ここで，$s_1=1$ としても一般性を失わない．

$$h:U\longrightarrow\boldsymbol{R}^n,$$

$$h(x_1,\cdots,x_n)=(w(x),x_2,\cdots,x_n)$$

とおくと，これは C^∞-写像であり，しかも

$$\left(\frac{\partial h_i}{\partial x_j}\right)=\begin{bmatrix}\dfrac{\partial w}{\partial x_1} & \dfrac{\partial w}{\partial x_2} & \cdots & \dfrac{\partial w}{\partial x_n}\\ 0 & 1 & & 0\\ \vdots & & \ddots & \\ 0 & 0 & & 1\end{bmatrix}$$

であるから，h は x_0 の近傍で微分同相である．よって，第1段の方法で $f(C_k-C_{k+1})$ が測度0であることを示すことができる．

第3段の証明: $k>\dfrac{n}{p}-1$ ならば，$f(C_k\cap I^n)$ は $\boldsymbol{R}^p$ で測度0であることを示す．ここで，I^n は $\boldsymbol{R}^n$ における1辺の長さが δ である n 次元立方体である．そ

うすれば，第1段のときのように，

$$f(C_k)=\bigcup_{i=1}^{\infty} f(C_k\cap I_i^n)$$

と表わされることより，第3段の証明は終る．

$x\in C_k$ とする．このとき，f の x における Taylor 展開を考える：

$$\begin{aligned} f(x+h) &= f(x)+\frac{h^{k+1}}{(k+1)!}D^{k+1}f(x+\theta h) \qquad (0<\theta<1)\\ &= f(x)+R(x,h). \end{aligned}$$

このとき，$x\in C_k\cap I^n$，$x+h\in I^n$，に対して，定数 C が存在して

$$\|R(x,h)\|\leqq C\|h\|^{k+1}$$

となる．さて，I^n を1辺が δ/r である r^n 個の n 次元小立方体に分割する．そして，I_1 を C_k の点 x を含む小立方体とする．そのとき，I_1 の各点は

$$x+h, \qquad \|h\|\leqq\sqrt{n}\left(\frac{\delta}{r}\right)$$

と書ける．そこで，上の式より

$$\begin{aligned} \|f(x+h)-f(x)\| &= \|R(x,h)\|\leqq c\|h\|^{k+1}\\ &\leqq c\left(\sqrt{n}\left(\frac{\delta}{r}\right)\right)^{k+1}=c\frac{(\sqrt{n}\,\delta)^{k+1}}{r^{k+1}}=\frac{a}{r^{k+1}},\\ a &= c(\sqrt{n}\,\delta)^{k+1}. \end{aligned}$$

よって，$f(C_k\cap I^n)$ は全体積が次の V となるような小立方体の族で覆われる：

$$V\leqq r^n\left(\frac{2a}{r^{k+1}}\right)^p=2a^pr^{n-p(k+1)}.$$

しかし，$k>\dfrac{n}{p}-1$ であったから，$n-p(k+1)<0$．よって，第3段は示された．∎

ノート：定理 2.4 はこの Sard の定理を用いて示すこともできる．

系 2.3. M^n, V^p をそれぞれ n 次元，p 次元の C^∞-多様体，$f:M^n\to V^p$ を C^∞-写像とする．

$$C=\{x\in M^n\,|\,f \text{ の } x \text{ における階数}<p\}$$

とする．このとき，$f(C)$ は V^p において測度0である．——

これは Sard の定理から容易にえられる．

§6 Whitneyの完全はめ込み定理

この節ではWhitneyの完全はめ込み定理を示す．これは，“n次元C^∞-多様体は$\boldsymbol{R}^{2n}$へ埋め込むことができる”というWhitneyの埋め込み定理を示すための1つのステップにもなる．

定義 2.9. M^nをn次元C^∞-多様体，$f:M^n\to\boldsymbol{R}^{2n}$をはめ込みとする．$f$が次の条件を満足するとき，$f$は**完全はめ込み**(completely regular)という：

(i) fは3重点をもたない，

(ii) $f(p_1)=f(p_2)=q$，$p_1\neq p_2$とすると，

$$(df)_{p_1}(T_{p_1}(M^n))\oplus(df)_{p_2}(T_{p_2}(M^n)) = T_q(\boldsymbol{R}^{2n}).$$

(ii)の条件が成り立っているとき，fはqで**横断的に交わる**という．

ここで，“fは3重点をもたない”とは，4重点，5重点，… ももたないことを意味する．

定理 2.8. M^nをn次元C^∞-多様体，$f:M^n\to\boldsymbol{R}^{2n}$を$C^\infty$-写像とする．任意の連続函数$\delta:M^n\to\boldsymbol{R}_+$に対して，$f$の$\delta$-近似である完全はめ込み$g:M^n\to\boldsymbol{R}^{2n}$が存在する．

さらに，もしfがM^nのコンパクト集合Nのある開近傍の上で完全はめ込みであれば，$g|N=f|N$ととりうる．

その上，もしfがはめ込みであるならば，gは(Nを固定して)fと正則ホモトープであるようにとりうる．

証明. 定理2.5により，fに対して，fの$\delta/2$-近似であるはめ込み$\bar{f}$が存在して，$\bar{f}|N=f|N$となる．$\bar{f}$はNのある開近傍Uの上で完全はめ込みとなっている．$\boldsymbol{R}^{2n}$のC^∞-座標系$\mathscr{S}'=\{(C^{2n}(x_i,1),\psi_i);i=1,2,\cdots\}$，ここで$\psi_i$: $C^{2n}(x_i,1)\to C^{2n}(1)$，をとる．$\mathscr{U}=\{U,(M^n-N)\cap\bar{f}^{-1}(C^{2n}(x_i,1));i=1,2,\cdots\}$は$M^n$の開被覆となる．この$\mathscr{U}$に対して補題2.3により存在する$M^n$の$C^\infty$-座標系$\{(V_j,h_j\};j\in J\}$を，各$V_j$に対して次の(*)，(**)が成り立つようにとる：

(*) $\bar{f}|V_j:V_j\to\boldsymbol{R}^{2n}$は埋め込みである，

(**) あるλ_jが存在して，$\bar{f}(V_j)\subset C^{2n}(x_{\lambda_j},1)$であるが，微分同相$\varphi_j:C^{2n}(1)\to\boldsymbol{R}^{2n}$が存在して，$\varphi_\lambda\circ\psi_{\lambda_j}\circ\bar{f}(V_j)\subset C^{2n}(1)\cap\boldsymbol{R}^n$.

(ここで，$\boldsymbol{R}^n=\{(x_1,\cdots,x_n,0,\cdots,0)\in\boldsymbol{R}^{2n}\}\subset\boldsymbol{R}^{2n}$と考える.)

次に定理2.5の証明におけるように，$\{(V_i, h_i); i\in J\}$ の添数をつけかえて，次のようにしておく：

$$i \leqq 0 \Longleftrightarrow V_i \subset U,$$
$$i > 0 \Longleftrightarrow V_i \subset M^n - N.$$

以下 $\varphi_j' = \varphi_j \circ \psi_{\lambda_j}$ と書く．

そして，求める g を帰納的に構成しよう．まず $g_0 = \bar{f}$ とおく．$g_j: M^n \to \boldsymbol{R}^{2n}$ が定義されていて，$g_j | N = \bar{f} | N$.

a)　φ_i をとりかえることにより，g_j は(*), (**)において $\bar{f}$ を g_j でおきかえた条件を満足している，

b)　$N_j = N \cup (\bigcup_{i \leqq j} \overline{W}_i)$

とおくとき，$g_j(N_j)$ の任意の点 p に対して，$(g_j | N_j)^{-1}(p)$ は高々2点からなり，$(g_j|N_j)^{-1}(p)$ が2点である p では $g_j | N_j$ は横断的に交わっているとする．

さて，$g_{j+1}: M^n \to \boldsymbol{R}^{2n}$ を構成しよう．

$$\varphi'_{j+1} \circ g_j \circ (h_{j+1})^{-1} : C^n(3) \longrightarrow C^{2n}(1)$$

を考える．射影 $\pi: \boldsymbol{R}^{2n} \to \boldsymbol{R}^n$ を $\pi(x_1, \cdots, x_{2n}) = (x_{n+1}, \cdots, x_{2n})$ で定義すると，φ'_{j+1} のとり方から，

$$\varphi'_{j+1} \circ g_j \circ (h_{j+1})^{-1}(C^n(3)) \subset \pi^{-1}(0, 0, \cdots, 0)$$

である，Sardの定理より C^∞-写像

$$\pi \circ \varphi'_{j+1} \circ g_j : [U \cup (\bigcup_{i \leqq j} W_i)] \cap g_j^{-1}(U_{\lambda_j}) \longrightarrow C^n(1) \subset \boldsymbol{R}^n$$

の臨界値全体の集合の測度は0である．よって，$c_q \in \boldsymbol{R}^n$ を次の条件を満足するようにとることができる：

(i)　c_q は $(0, 0, \cdots, 0)$ に十分近い，

(ii)　c_q は $\pi \circ \varphi'_{j+1} \circ g_j$ の正則値である，

(iii)　$p_1, p_2 \in N_j'$, $p_1 \neq p_2$, が $g_j(p_1) = g_j(p_2) \in C^{2n}(x_{\lambda_j}, 1)$

であるとき，

$$\varphi'_{j+1} \circ g_j(p_1) = \varphi'_{j+1} \circ g_j(p_2) \notin \pi^{-1}(c_q).$$

この c_q を使って，C^∞-写像

$$g_{j+1} : M^n \longrightarrow \boldsymbol{R}^{2n}$$

を

$$g_{j+1}(x)=\begin{cases} g_j(x), & x\in M^n-h_{j+1}{}^{-1}(C^n(2)),\\ (\varphi'_{j+1})^{-1}\{\varphi'_{j+1}\circ g_j(x)+c_q\phi(|h_{j+1}(x)|)\}, & x\in V_j,\end{cases}$$

と定義する，ここで ϕ はつりがね函数である．このとき，c_q に関する条件(i), (ii), (iii)から g_{j+1} ははめ込みであり，g_{j+1} は g_j の $\delta/2^{q+1}$ 近似と考えられる．また，$N_{j+1}'=N_j'\cup\overline{W}_j$ とおくとき，N_{j+1}' がコンパクトであることに注意すれば，$g_{j+1}(N_{j+1}')$ の任意の点 p に対して，$(g_{j+1}|N_{j+1}')^{-1}(p)$ は高々2点からなり，$(g_{j+1}|N_{j+1}')^{-1}(p)$ が2点である p では g_{j+1} は横断的に交わる．また明らかに，$g_{j+1}|N=\bar{f}|N$ である．さらに，φ_i を補正することにより，g_{j+1} は(*), (**)において，$\bar{f}$ を g_{j+1} でおきかえた条件を満たす．

また，g_{j+1} の定義をにらむと，g_{j+1} は g_j と正則ホモトープ(N を固定して)であることがわかる．

したがって，$g:M^n\to\boldsymbol{R}^{2n}$ を今までのように

$$g(x)=\lim_{i\to\infty}g_i(x)$$

と定義すると，g は求めるものである．∎

§7　特別な自己交叉

前節の完全はめ込み定理を使って，コンパクト n 次元 C^∞-多様体 M^n は $\boldsymbol{R}^{2n}$ へ埋め込むことが出来ることを次に証明するが，その準備として**自己交叉**(＝横断的に交わる2重点)のモデルを作る．

$n=1$ のとき考える．$\alpha:\boldsymbol{R}^1\to\boldsymbol{R}^2$ を

$$y=x-\frac{x}{1+x^2},\qquad z=\frac{1}{1+x^2}$$

で定義する．これは図2.7のような C^∞-はめ込みであり，ただ1つの自己交叉をもつ．これより，はめ込み $\beta:\boldsymbol{R}^1\to\boldsymbol{R}^2$ が存在して，自己交叉はただ1つであ

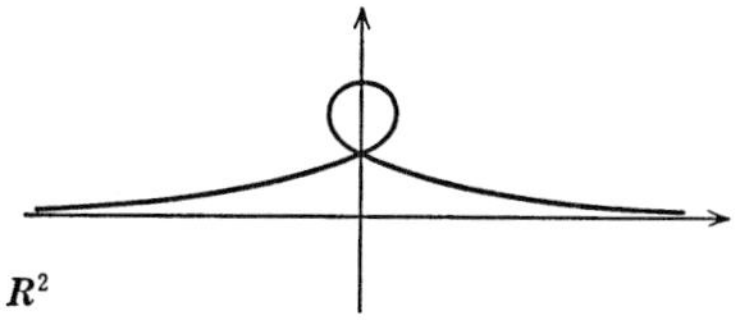

図2.7

る．十分大きな$r>0$に対して，βは$D'(0,r)$の外では恒等写像となる．ここで$D'(0,r)$は0を中心とした半径rの1-円板である．

一般のnに対して$(n\geqq 2)$，$\boldsymbol{R}^n$から$\boldsymbol{R}^{2n}$へのC^∞-写像

$$\alpha:\boldsymbol{R}^n\longrightarrow\boldsymbol{R}^{2n}$$

を

$$(x_1,x_2,\cdots,x_n)\in\boldsymbol{R}^n,$$
$$\alpha(x_1,x_2,\cdots,x_n)=(y_1,y_2,\cdots,y_{2n})$$

と書くことにし，$u=(1+{x_1}^2)(1+{x_2}^2)\cdots(1+{x_n}^2)$とおいて，

$$y_1=x_1-\frac{2x_1}{u},$$
$$y_i=x_i,\qquad i=2,\cdots,n,$$
$$y_{n+1}=\frac{1}{u},\qquad y_{n+i}=\frac{x_1x_i}{u},\qquad i=2,\cdots,n$$

によって定義する．次にαがはめ込みであることを示そう．αのJacobi行列$(D\alpha)(x)$は

$$\begin{bmatrix}
1-\dfrac{2(1-{x_1}^2)}{u(1+{x_1}^2)} & \dfrac{4x_1x_2}{u(1+{x_2}^2)} & \cdots\cdots & \dfrac{4x_1x_n}{u(1+{x_n}^2)}\\
0 & 1 & 0\ \cdots\cdots & 0\\
0 & 0 & \cdots\cdots & 0\\
\vdots & \vdots & & \\
0 & 0 & \cdots\cdots & 0\\
\dfrac{-2x_1}{u(1+{x_1}^2)} & \dfrac{-2x_2}{u(1+{x_2}^2)} & \cdots\cdots & \dfrac{-2x_n}{u(1+{x_n}^2)}\\
\dfrac{x_2(1-{x_1}^2)}{u(1+{x_1}^2)} & \dfrac{x_1(1-{x_2}^2)}{u(1+{x_2}^2)} & \cdots\cdots & \dfrac{-2x_1x_2x_n}{u(1+{x_n}^2)}\\
\vdots & \vdots & & \vdots\\
\dfrac{x_n(1-{x_1}^2)}{u(1+{x_1}^2)} & \dfrac{-2x_1x_2x_n}{u(1+{x_2}^2)} & \cdots\cdots & \dfrac{x_1(1-{x_n}^2)}{u(1+{x_n}^2)}
\end{bmatrix}$$

である．この第1列の要素がすべて0になることはない．なぜならば，$\dfrac{-2x_1}{u(1+{x_1}^2)}$が0であるとすると，$x_1=0$でなければならないから，$1-\dfrac{2(1-{x_1}^2)}{u(1+{x_1}^2)}$$=1-\dfrac{2}{u}$となるが，これが0となるためには$u=2$でなければならず，$x_2,x_3,\cdots,x_n$のうちに0でないものがあることになり，$\dfrac{x_i(1-{x_1}^2)}{u(1+{x_1}^2)}$，$i=2,3,\cdots,n$，の

うちどれかは0ではない．したがって，$D(\alpha)(x)$ の階数は n であり，α ははめ込みとなる．

次に，α の重複点，すなわち $x=(x_1, x_2, \cdots, x_n)$，$x'=(x_1', x_2', \cdots, x_n')\in \boldsymbol{R}^n$ であって，$\alpha(x)=\alpha(x')$，$x\neq x'$，となる x, x' を求めよう．

$$u' = (1+(x_1')^2)(1+(x_2')^2)\cdots(1+(x_n')^2),$$

$$\alpha(x) = (y_1, y_2, \cdots, y_{2n}), \qquad \alpha(x') = (y_1', y_2', \cdots, y_{2n}')$$

とおく．$y_i'=y_i$，$i=2, 3, \cdots, n$，であるから，$x_i'=x_i$，$i=2, 3, \cdots, n$，でなければならない．また，$y_{n+1}'=y_{n+1}$ から $u'=u$ であって，$(x_1')^2=x_1^2$ すなわち，$x_1'=-x_1$，したがって，$y_{n+i}'=y_{n+i}$，$i=2, 3, \cdots, n$，から，$x_i=0$，$i=2, 3, \cdots, n$，である．さらに，$y_1'=y_1$ より

$$x_1-\frac{2x_1}{u} = -x_1+\frac{2x_1}{u}, \qquad u = 1+x_1^2 = 2$$

であって，$x_1=\pm 1$ をうる．よって，α の像で交叉する点は

$$\alpha(1, 0, \cdots, 0) = \alpha(-1, 0, \cdots, 0)$$

だけである．

Jacobi 行列 $D(\alpha)(x)$ は $x=(\pm 1, 0, \cdots, 0)$ において，

$$\begin{bmatrix} 1 & 0 & \cdots\cdots & & 0 \\ 0 & 1 & 0 & \cdots\cdots & 0 \\ \vdots & & \ddots & & \\ 0 & 0 & \cdots\cdots & & 1 \\ \mp\frac{1}{2} & 0 & \cdots\cdots & & 0 \\ 0 & \pm\frac{1}{2} & 0 & \cdots\cdots & 0 \\ \vdots & \vdots & & \ddots & \\ 0 & 0 & \cdots\cdots & 0 & \pm\frac{1}{2} \end{bmatrix}$$

となっている．第 i 番目の列が $(\pm 1, 0, \cdots, 0)$ におけるベクトル $(d\alpha)\left(\dfrac{\partial}{\partial x_i}\right)=\dfrac{\partial\alpha}{\partial x_i}$ の成分である．上の行列から±の符号を分けた2つの $(2n, n)$-型行列から $(2n, 2n)$-型行列

$$
\left[\begin{array}{cccc:cccc}
1 & & & & 1 & & & \\
 & 1 & & & & \ddots & & \\
 & & \ddots & & & & & \\
 & & & 1 & & & & 1 \\
-\frac{1}{2} & & & & \frac{1}{2} & & & \\
 & \frac{1}{2} & & & & -\frac{1}{2} & & \\
 & & \ddots & & & & \ddots & \\
 & & & \frac{1}{2} & & & & -\frac{1}{2}
\end{array}\right]
$$

を作ると，明らかにこの行列は正則行列であって，このことはαが$\alpha(\pm 1, 0, \cdots, 0)$で横断的に交わることを示している．

このことより，はめ込み$\beta: \boldsymbol{R}^n \to \boldsymbol{R}^{2n}$が存在して，$\beta$は自己交叉をただ1つもち，十分大きな$r>0$に対して，$\beta$は$D^n(0, r)$の外では恒等写像となることがわかる．

§8　完全はめ込みの交叉数

この節ではn次元多様体M^nの$\boldsymbol{R}^{2n}$への完全はめ込みfに対して，交叉数I_fを定義し，前節のモデルを用いて，任意の交叉数をもつ完全はめ込みの存在を示す．

定義 2.10. M^nをコンパクトn次元C^∞-多様体，$f: M^n \to \boldsymbol{R}^{2n}$を完全はめ込みとする．

(i)　M^nが向きづけ可能で，nが偶数のとき．

M^nへ向きづけを入れる．$f(p)=f(q)$, $p \neq q$, とする．$u_1, \cdots, u_n \in T_p(M^n)$, $v_1, \cdots, v_n \in T_q(M^n)$を，それぞれ，1次独立なベクトルの組で，それぞれ，上の順序で$T_p(M^n)$, $T_q(M^n)$の向きづけを定義しているとする．このとき，この自己交叉は

$$(df)_p(u_1), \cdots, (df)_p(u_n), \quad (df)_q(v_1), \cdots, (df)_q(v_n) \in T_{f(p)}(\boldsymbol{R}^{2n})$$

が(順序を考えて)$\boldsymbol{R}^{2n}$の正の向きづけを表わすか負の向きづけを表わすかに従って，**正型**あるいは**負型**であるという(これはM^nの向きづけにはよらない)．そして，この自己交叉の交叉数は$+1$あるいは-1と定義する．そして，fの

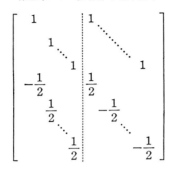

交叉数 I_f は自己交叉の交叉数の和と定義する: $I_f \in \boldsymbol{Z}$.

(ii) M^n が向きづけ可能でないかあるいは n が奇数のとき.

このとき, 上と同様にして, f の**交叉数** $I_f \in \boldsymbol{Z}_2$ が定義される.

注意. $n=1$ のとき, ここの I_f と第0章の I_f とをくらべてみよ.

定理 2.9. M^n をコンパクト, n 次元 C^∞-多様体とする.

(i) M^n が向きづけ可能で n が偶数のとき, 任意の整数 m に対して, 完全はめ込み $f: M^n \to \boldsymbol{R}^{2n}$ が存在して, $I_f = m$.

(ii) M^n が向きづけ不可能あるいは n が奇数のとき, 任意の $m \in \boldsymbol{Z}_2$ に対して, 完全はめ込み $f: M^n \to \boldsymbol{R}^{2n}$ が存在して, $I_f = m$.

証明. 定理2.8により, M^n から $\boldsymbol{R}^{2n}$ への完全はめ込み f_0 が存在する. M^n の1点 x_0 の近傍 U をとり, それを§7で定義したただ1つの自己交叉をもつものと置き換える, あるいはそれにさらに次の折り返しをつづけたものと置き換える:

$$r: \boldsymbol{R}^{2n} \longrightarrow \boldsymbol{R}^{2n}$$
$$(x_1, x_2, \cdots, x_n) \longmapsto (-x_1, x_2, \cdots, x_n).$$

このとき, I_{f_0} は1ふえるか, あるいは1減少する. よって, 上のようにして得られる完全はめ込み f に対する交叉数 I_f は $I_{f_0}+1$ あるいは $I_{f_0}-1$ である. これをくり返せば, 求める完全はめ込みはえられる. ▌

§9 Whitneyの埋め込み定理(II): $M^n \subset \boldsymbol{R}^{2n}$

この節では, "コンパクト n 次元多様体 M^n は $\boldsymbol{R}^{2n}$ へ埋め込むことができる", というWhitneyの定理を証明する.

定理 2.10. $n \geqq 3$ とする. $f_0: M^n \to \boldsymbol{R}^{2n}$ をはめ込みとする. このとき, f の正則ホモトピー $\{f_t; t \in [0,1]\}$ が存在して

0) $f_0 = f$, f_1 は完全はめ込み,

1) f_1 の自己交叉の個数は f の自己交叉の個数より2だけ多い.

(i) もし, M^n が向きづけ可能で n が偶数のとき, f の自己交叉の個数 $> |I_f|$

(ii) もし, M^n が向きづけ不可能であるかあるいは n が奇数のとき, f の自己交叉の個数 >0, ならば, f の正則ホモトピー $\{f_t\}$ が存在して, f_1 の自己交

叉の個数は $f=f_0$ の自己交叉の個数より2だけ少ない.（正則ホモトピーについては，詳しくは第3章，§1をみよ.）

前半の証明. まず，定理2.8により，f は完全はめ込みと考えてもよい. $f(M^n)$ の十分小さい n 次元円板 $D^n\subset f(M^n)\subset \boldsymbol{R}^{2n}$ をとる. D^n から2点 p, q をとる，$p\neq q$.

(a)　まず，$n=1$ のときでだいたいの感じをつかむ: すなわち，D^1 が $\boldsymbol{R}^2$ へ図のように埋め込まれているとして，これを正則ホモトープで動かして，自己交叉を2つ作ることができる. $q=0$, $p\in D^1\subset \boldsymbol{R}^1\subset \boldsymbol{R}^2$.

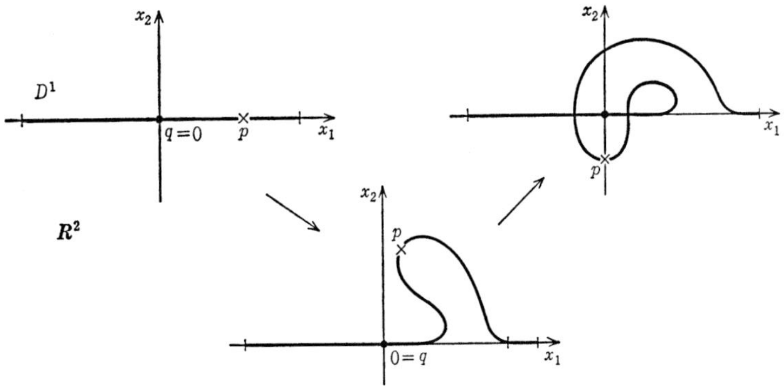

図 2.8

(b)　D^n は $\boldsymbol{R}^n\subset \boldsymbol{R}^{2n}$ へ埋め込まれているとする. $q=0$, $p\in D^n$, $p\neq q$. p は x_1-軸上にあるとする. まず p を (x_1, x_{n+1})-平面上で x_{n+1} の正の方向へ引張り上げる. 次に p の近傍を $(x_1, x_{n+2}, \cdots, x_{2n})$-平面に平行にする. そして，$(x_1, x_{n+2}, \cdots, x_{2n})$-平面の中で，他の部分とは交わらないようにして，図2.8のように，p の近傍を0を通過させる（このとき，自分自身と交わる）. このとき交点は x_1-軸上のみにあり，2点だけである. そしてこれらは自己交叉となっている. したがって，新しい自己交叉が2つできた.

定理の後半の証明（の一部）の概略. すなわち，(ii) M^n が向きづけ不可能であるかあるいは n が奇数のときの任意の2つの自己交叉と，(i) M^n が向きづけ可能で n が偶数であり，2つの自己交叉の型が異なる場合に，これら2つの自己交叉を正則ホモトープによる変形で除去するすじ道をのべる.

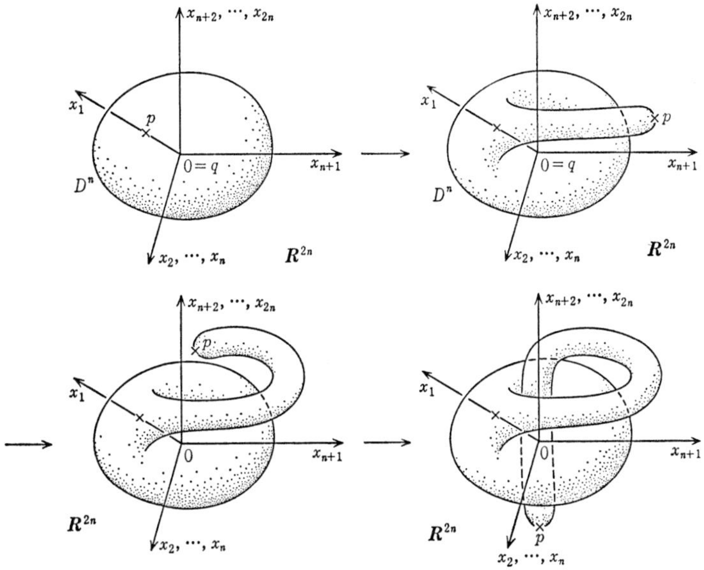

図 2.9

$$f(p_1) = f(p_2) = q, \quad f(p_1') = f(p_2') = q'$$

とし，これらは型の異なる自己交叉とする．C_1, C_2 を M^n の中の互いに交わらない曲線で，C_i は p_i と p_i' を結んでいるものとする$(i=1,2)$．これらは他の自己交叉とは交わらないようにとる．このとき，$B_i=f(C_i)$ は q と q' とを結ぶ曲線である．そして $B=B_1\cup B_2$ は $f(M^n)$ の中の単純閉曲線である．ここで B を境界とする滑らかな 2-胞体 σ^2 で $M^n\cap\sigma^2=B$ となるものをとる(補題 2.9)．

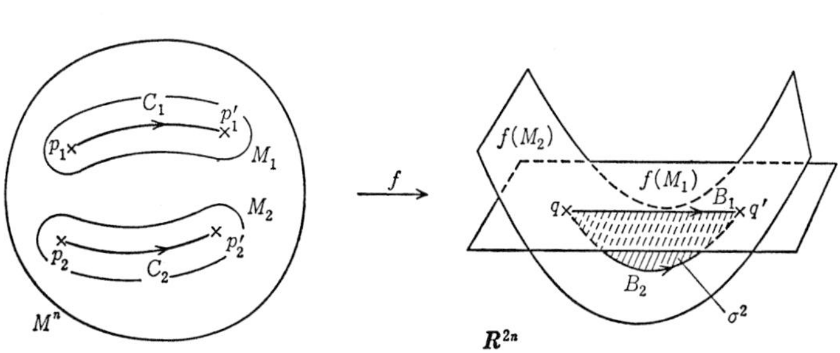

図 2.10

次に M^n における C_2 の近傍において，f を σ^2 に沿って変形して，B_1 と交わらないようにする．このようにして2つの自己交叉を除去する．

この部分の証明はあとで述べることにして，上の定理2.9を仮定して，Whitney の埋め込み定理を示そう．

定理 2.11(**Whitney の埋め込み定理**)．M^n を閉 n 次元 C^∞-多様体とする．このとき，M^n は $\boldsymbol{R}^{2n}$ へ埋め込むことができる．

証明． $n=1$ のとき，M^1 は S^1 の有限個の和であるから，定理は明らかである．

$n=2$ のとき，球面 S^2，射影平面 $\boldsymbol{R}P^2$，Klein の壺 K^2 は $\boldsymbol{R}^4$ へ埋め込むことができる．閉曲面の分類定理より，M^2 はこれらの連結和で表わされるから，M^2 は $\boldsymbol{R}^4$ へ埋め込むことができる(閉曲面の分類定理については，田村[A7]を参照)．

$n\geqq 3$ とする．定理2.9により完全はめ込み $f_0\colon M^n\to\boldsymbol{R}^{2n}$ が存在して，$I_{f_0}=0$ となる．次に定理2.10により，すべての自己交叉をとり除くことができる．よって，埋め込み $f_1\colon M^n\to\boldsymbol{R}^{2n}$ をうる．▌

以下，定理2.9の後半の証明をする．そのために補題を3つ準備する．

補題 2.8. $\mathcal{B}=\{B, p, |K|; \boldsymbol{R}^m, O(m)\}$ を多面体 $|K|$ の上の m 次ベクトル束とする．K' を K の部分複体とする．i) $\zeta_1, \cdots, \zeta_{i-1}$ を $|K|$ の上の断面で，各点 $p\in|K|$ に対して，$\zeta_1(p), \cdots, \zeta_{i-1}(p)$ は正規直交系，ii) ζ_i を $|K'|$ の上の $\mathcal{B}$ の断面で，$|K'|$ の各点 p に対して，$\zeta_1(p), \cdots, \zeta_{i-1}(p), \zeta_i(p)$ は正規直交系，と仮定する．

このとき，$\dim K\leqq m-i$ ならば，ζ_i は $|K|$ の上へ拡張できて，$|K|$ の各点 p に対して，$\zeta_1(p), \cdots, \zeta_{i-1}(p), \zeta_i(p)$ は正規直交系である．

証明． $|K|$ の点 p を固定して考える．p の上のファイバーを $\boldsymbol{R}_p{}^m$ とする．このとき，求める $\zeta_i(p)$ は $\boldsymbol{R}_p{}^m$ において，$\zeta_1(p), \cdots, \zeta_{i-1}(p)$ により張られる $(i-1)$ 次元部分空間の直交補空間の単位ベクトルであればよい，すなわち，$\zeta_i(p)\in S_p{}^{m-i}\subset\{\{\zeta_1(p), \cdots, \zeta_{i-1}(p)\}\}^\perp\subset\boldsymbol{R}_p{}^m$，ここで $S_p{}^{m-i}$ は $\zeta_1(p), \cdots, \zeta_{i-1}(p)$ により張られる空間 $\{\{\zeta_1(p), \cdots, \zeta_{i-1}(p)\}\}$ の直交補空間の単位球面．したがって，問題はファイバーが $(m-i)$ 次元球面である $|K|$ の上のファイバー束において，$|K'|$ の上の断面を $|K|$ 全体の上へ拡張する問題に帰着される．ところが，このため

の障害は

$$H^j(K, K'; \pi_{j-1}(S^{m-i}))$$

にある(例えば田村[A9]を参照せよ)．いま $\dim K \leqq m-i$ だから，上の障害はいつも0となり断面を拡張できる．▌

以下，$n\geqq 3$ とする．C_i，$i=1,2$，を上(図2.10)に述べたようなものとする．M_1, M_2 を M^n における，それぞれ，C_1, C_2 の近傍とする．さらに，

$$C_i = \{p_{it}; 0\leqq t\leqq 1\}, \quad p_{i0}=p_i, p_{i1}=p_i'$$

とする．$p_i:[0,1]\to M^n$，$p_i(t)=p_{it}$ を埋め込みと考える．このとき，$q_{it}=f(p_{it})$，$q_i(t)=q_{it}$，とおくと，$q_i:[0,1]\to \boldsymbol{R}^{2n}$ も埋め込みとなる．

補題 2.9. $\boldsymbol{R}^2=\{(x,y); x, y\in \boldsymbol{R}\}$ とする．$A_1=\{(x,y)\in\boldsymbol{R}^2 | 0\leqq x\leqq 1, y=0\}$ とする．A_2 を $\left(\dfrac{1}{2}, -\dfrac{\sqrt{3}}{2}\right)$ を中心とする半径1の円の円弧で，A_1 の端 r, r' を上半平面 $y\geqq 0$ 内で結ぶものとする．$A=A_1\cup A_2$ とする．そして，τ' を A の $\boldsymbol{R}^2$ における小さい近傍，τ を τ' と A の内部 τ'' の和集合とする．

このとき，埋め込み $\psi:\tau\to\boldsymbol{R}^{2n}$ が存在して，

(i) $\psi(r)=q, \quad \psi(r')=q', \quad \psi(A_i)=B_i, \quad i=1,2,$

(ii) $\psi(\tau)\cap f(M^n)=B,$

(iii) $T_{q^*}(\psi(\tau))\not\subset T_{q^*}(f(M^n)), \quad \forall q^*\in B.$

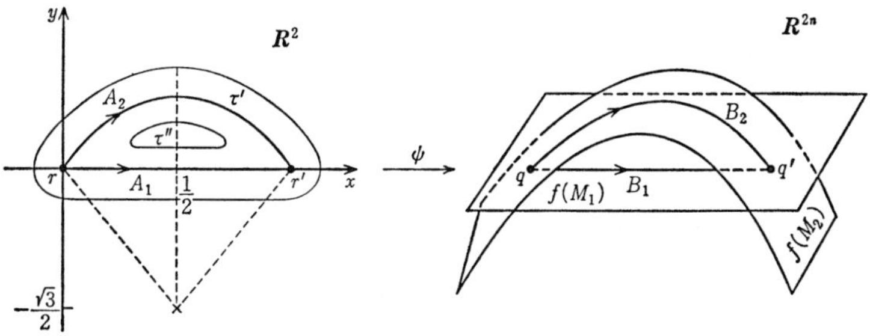

図 2.11

証明. まず上のような埋め込み ψ が τ' に対しては存在することを示そう．

$$T_1{}^n = T_q(f(M_1)), \qquad T_2{}^n = T_q(f(M_2)),$$
$$T^2 = T_q(B_1)\oplus T_q(B_2)\subset T_q(\boldsymbol{R}^{2n})$$

とする．T^2 は $T_1{}^n, T_2{}^n$ と直線で交わる：

$$T_1^{\,1}=T^2\cap T_1^{\,n}, \qquad T_2^{\,1}=T^2\cap T_2^{\,n}.$$

f を一寸変形することにより，f は M_i における p_i の近傍を $\exp(T_i^{\,n}$ における原点の近傍$)\subset f(M_i)$ の上へ写すと考えてもよい．さらに f は M_i における C_i の近傍を $\exp(T_i^{\,n}$ における $T_i^{\,1}$ の近傍$)$ の上へ写すと考えてもよい$(i=1,2)$（ただし，q の近くだけで）．

そこで，τ における r の閉近傍 $\overline{V(r)}$ が存在して，また，これを T^2 における q の閉近傍へ写す線型写像 $\phi\colon \overline{V(r)}\to T^2$ が存在して，この ϕ により A_i における r の閉近傍は $T_i^{\,1}$ における 0 の閉近傍へ写される．点 r' においても同様の線型写像 ϕ を定義することができる．

$$r_i : [0,1] \longrightarrow A_i\subset \boldsymbol{R}^2, \qquad i=1,2,$$

を曲線 A_i の 1 つの径数表示で，上の ϕ が定義されているところでは $\phi(r_i(t))=q_i(t)$ となっているものとする．

$u_i(t)$ を τ の接バンドル $T(\tau)$ の A_i の上への制限 $T(\tau)|A_i$ の滑らかな断面とする，$t\in[0,1]$．ただし，次のようになっているものとする：

(0)　$\exp(u_i(t))\subset\tau, \qquad i=1,2,$

(i)　$\begin{cases} u_1(0)\in T_r(A_2), & u_1(0) \text{ は } A_2 \text{ に沿って前向き}, \\ u_1(1)\in T_{r'}(A_2), & u_1(1) \text{ は } A_2 \text{ に沿って後向き}, \end{cases}$

$$\begin{cases} u_2(0)\in T_r(A_1), & \text{前向き}, \\ u_2(1)\in T_{r'}(A_1), & \text{後向き}, \end{cases}$$

(ii)　$u_i(t)\in T_{r_i(t)}(\tau), \qquad u_i(t)\notin T_{r_i(t)}(A_i), \qquad i=1,2.$

(iii)　$u_1(t)$ は t が 0 から 1 へ動くとき正の方向へ回る；$u_2(t)$ は t が 0 から 1 へ動くとき負の方向へ回る(図 2.12)．

$R_i(t)$ を $r_i(t)$ を中心とし，方向が $u_i(t)$ である長さ ρ の線分とする．ここで $\overline{V(r)}$ と $\overline{V'(r')}$ とをそれらの境界の一部が $R_i(t)$ からなるようにとり直す．そして，ρ を小さくとって，$r_1(t)$，$r_2(t)\notin\overline{V(r)}\cup\overline{V'(r')}$ のとき，

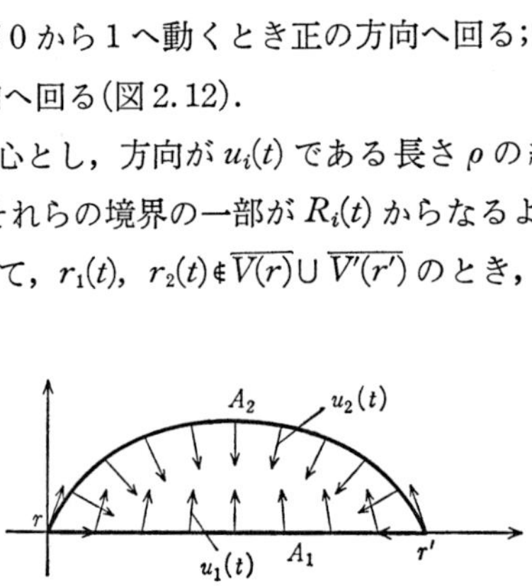

図 2.12

$R_1(t_1) \cap R_2(t_2) = \phi$ となるようにしておく(上のようにとることができる).

$$r_i(t) \in [\overline{V(r)} \cup \overline{V'(r')}] \cap A_i \quad \text{に対して} \quad v_i(t) = (d\phi)_{r_i(t)}(u_i(t))$$

とおく．このとき，$v_i(t)$ は $f(\overline{V(r)} \cup \overline{V'(r')})$ の上のベクトル場である．これを，B_i の上へ，$q_i(t)$ で $f(M_i)$ に接しないように拡張したい．しかし，このことは上の補題 2.8 より可能である．

ϕ は $\overline{V(r)} \cup \overline{V'(r')}$ の上では線型写像であったから，

$$\phi(r_i(t) + \alpha u_i(t)) = q_i(t) + \alpha v_i(t),$$

$$r_i(t) \in \overline{V(r)} \cup \overline{V'(r')}, \qquad |\alpha| \leqq \rho.$$

これを用いて，ϕ を A の閉近傍 $\overline{\tau'}$ の上へ拡張できる．

ψ' を ϕ の τ の上への連続な拡張とする．これの滑らかな近似をとることにより，ψ' は滑らかな写像と考えてもよい．$2n \geqq 5$ であるから，ψ' の C'-近似である埋め込み ψ が存在する(定理 2.6 より)．したがって，ψ は埋め込みであり，$r^* \in A$ に対して

$$T_{\psi(r^*)}(\psi(\tau)) \not\subset T_{\psi(r^*)}(f(M)).$$

さらに，$n+2 < 2n$ であるから，$\psi(\tau) \cap f(M) = B$ ととれる．よって，$\sigma = \psi(\tau)$ が求める 2-胞体である．▌

補題 2.10. 2つの f の自己交叉 q, q' が型が異なるとする．このとき，$\boldsymbol{R}^{2n}$ の接バンドル $T(\boldsymbol{R}^{2n})$ の σ の上への制限 $T(\boldsymbol{R}^{2n})|\sigma$ の断面 $w_1, \cdots, w_{2n}$ が存在して，

(0)　$\sigma \ni \forall q^*$ に対して，$w_1(q^*), \cdots, w_{2n}(q^*)$ は1次独立；

(i)　$q^* = \psi(r^*)$，$r^* \in A$ に対して，

$$w_1(q^*) = (d\psi)_{r^*}(e_1), \qquad w_2(q^*) = (d\psi)_{r^*}(e_2);$$

(ii)　$B_1 \ni q^*$ に対して，

$$w_3(q^*), \cdots, w_{n+1}(q^*) \in T_{q^*}(f(M_1));$$

(iii)　$B_2 \ni q^*$ に対して，

$$w_{n+1}(q^*), \cdots, w_{2n}(q^*) \in T_{q^*}(f(M_2)).$$

この補題により，$\boldsymbol{R}^{2n}$ の中での σ，$f(M_1), f(M_2)$ の位置関係がはっきりする．

証明. ψ は埋め込みであるから，$w_1(q^*), w_2(q^*)$ は1次独立である．

$$V_1^{n-1} = \{\{e_3, \cdots, e_{n+1}\}\}, \qquad V_2^{n-1} = \{\{e_{n+2}, \cdots, e_{2n}\}\}$$

とする，ここで $\{\{\cdots\}\}$ は $\{\cdots\}$ により張られる $\boldsymbol{R}^{2n}$ のベクトル部分空間を表わす．

B_1 の各点 q^* に対して,

$$V_1{}^{n-1}(q^*) = \{v \in T_{q^*}(f(M_1)) \mid v \perp T_{q^*}(B_1)\}$$

とする. このとき, $\mathcal{B}_1 = \bigcup_{q^* \in B_1} V_1{}^{n-1}(q^*)$ と考えると, $\mathcal{B}_1 = \{\mathcal{B}_1, \pi_1, B_1\}$ という B_1 の上の $(n-1)$ 次ベクトル・バンドルをうる. ここで底空間 B_1 は可縮であるから, $\mathcal{B}_1$ は自明である. よって, $\mathcal{B}_1$ の上の1次独立なベクトル場

$$w_1,\ w_3,\ \cdots,\ w_{n+1}$$

で, B_1 の各点 q^* で $f(M_1)$ の向きづけを与えるものが存在する.

同様にして, $q^* \in B_2$ に対して

$$V_2{}^{n-1}(q^*) = \{v \in T_{q^*}(f(M)) \mid v \perp T_{q^*}(B_2)\}$$

とおき, $\mathcal{B}_2 = \bigcup_{q^* \in B_2} V_2{}^{n-1}(q^*)$ と考えると, $(n-1)$ 次ベクトル・バンドル $\mathcal{B}_2 = \{\mathcal{B}_2, \pi_2, B_2\}$ をうる. そして, B_2 の上の1次独立なベクトル場

$$w_2',\ w_{n+2},\ \cdots,\ w_{2n}$$

で, 各点 $q^* \in B_2$ で $f(M_2)$ の向きづけを与えるものが存在する. ここで $w_2'(q^*)$ は $T_{q^*}(B_2)$ の元で B_2 に沿って正の向きに向いているものとする.

さて, $\mathcal{B} = \{\sigma \times \boldsymbol{R}^{2n}, p_1, \sigma\}$ を σ の上の自明な $2n$ 次ベクトル・バンドルとする. $\mathcal{B}$ の B_2 の上への制限 $\mathcal{B}|B^2$ は1次独立な $(n+1)$ 個の断面 $w_1, w_2, w_{n+2}, \cdots, w_{2n}$ をもつ. さらに, $q^* = q$ あるいは q' のとき, $w_1(q^*), \cdots, w_{2n}(q^*)$ は1次独立である. 補題2.8により, $w_3, \cdots, w_n$ は B_2 の上へ拡張できて, 各点 $q^* \in B_1$ に対して $(2n-1)$ 個のベクトル, $w_1(q^*), w_2(q^*), w_3(q^*), \cdots, w_n(q^*), w_{n+q}(q^*), \cdots, w_{2n}(q^*)$ は1次独立となる.

ここで仮定により2つの自己交叉 q, q' は互いに異なる型であったことを思い出そう. B_1 の上の $w_1, w_3, \cdots, w_{n+1}$, B_2 の上の $w_2', w_{n+2}, \cdots, w_{2n}$ のとり方より, $q^* = q$ あるいは $q^* = q'$ に対して

$$w_1(q^*),\ w_3(q^*),\ \cdots,\ w_{n+1}(q^*),\ w_2'(q^*),\ w_{n+2}(q^*),\ \cdots,\ w_{2n}(q^*)$$

は $\boldsymbol{R}^{2n}$ のはじめに与えられたものと逆の向きづけを定義する.

さて, $w_2(q), w_2(q')$ は $T(\sigma)$ に入り, $T(B_1)$ に入らない状態を保って, それぞれ, $w_2'(q), w_2'(q')$ へ変形できる. それ故, これらは上の行の他のベクトルと独立のままである. よって,

$$w_1(q^*),\ w_2(q^*),\ \cdots,\ w_{2n}(q^*)$$

は $q^* = q$ あるいは $q^* = q'$ において $\boldsymbol{R}^{2n}$ の正の向きづけを定義する. したがっ

て，断面 w_{n+1} を B_2 の上で，他のベクトルと1次独立となるように定義(拡張)できる．

再び補題2.8を用いれば，断面 $w_3, \cdots, w_{n+1}$ を σ の上へ拡張できて，$w_1, \cdots, w_{n+1}$ は σ の各点で1次独立となる．

最後に，B_2 の上で定義されている断面 $w_{n+2}, \cdots, w_{2n}$ をその性質を保ったままで σ の上へ拡張する．これは，B_2 が σ の滑らかな変形レトラクトと考えられるからできる．これで補題は示された．▌

上の断面 w_i により $\boldsymbol{R}^{2n}$ における σ の近傍の様子がはっきりした．

定理2.10の証明． $\boldsymbol{R}^{2n} \supset \boldsymbol{R}^2 \supset \tau$ と考える．$\boldsymbol{R}^{2n}$ の各点 $r=(a_1, a_2, \cdots, a_{2n})$ に対して，$r^*=(a_1, a_2, 0, \cdots, 0)$ とおく．そして

$$\begin{aligned}\phi(r) &= \phi(r^* + \sum_{i=3}^{2n} a_i e_i) \\ &= \phi(r^*) + \sum_{i=3}^{2n} a_i w_i(\phi(r^*))\end{aligned}$$

とおく．σ の各点 q^* に対して，$w_1(q^*), \cdots, w_{2n}(q^*)$ は1次独立であり，またこれらは q^* に関して C^∞ である．したがって，ϕ は σ の近傍から $\boldsymbol{R}^{2n}$ への写像と考えたとき，各点でJacobi行列式が0ではない．よって，ϕ^{-1} を考えることができる．

$$N_1 = \phi^{-1}(f(M_1)), \qquad N_2 = \phi^{-1}(f(M_2))$$

とおくと，N_1, N_2 は τ の $\boldsymbol{R}^{2n}$ における近傍 U に入る．もし，U の中で N_2 を変形して N_1 と交わらないようにできたとしたら(すなわち，包含写像 $i: N_2 \to U$ のイソトピー $\{i_t, t \in [0, 1]\}$ が存在して，$i_0=i$，$i_1(N_2) \cap N_1=\phi$)，$\{\phi \circ i_t\}$ は f の変形を定義して，f は自己交叉が2つ減っている．よって，上のことを示せば定理の証明はおわる．

$$\pi(x_1, x_2, \cdots, x_{2n}) = (x_1, 0, x_3, \cdots, x_{2n})$$

とおく．補題2.10の(i),(ii),(iii)と上の $\phi(r)$ の定義式より，$A_1 \ni r^*$ に対して，$T_{r^*}(N_1)$ は $(x_1, x_3, \cdots, x_{n+1})$-平面内にある．したがって，$T_{r^*}(\pi(N_1))$ も $(x_1, x_3, \cdots, x_{n+1})$-平面内にある．同じく，$T_{r^*}(\pi(N_2))$ は $(x_1, x_{n+2}, \cdots, x_{2n})$-平面内にある．したがって，$\pi(N_1) \cap \pi(N_2)$ は x_1-軸上にある．

$\mu(x_1)$ を C^∞-函数で，そのグラフ $x_2=\mu(x_1)$ は，A_2 と A_1 の外の x_1-軸の部分

からなる区分的に滑らかな曲線を2点 r, r' で滑らかにしたものとする(図2.13と田村[A9]を参照せよ).

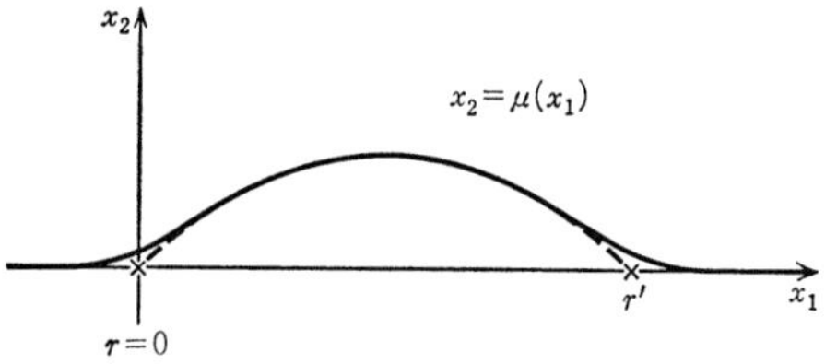

図2.13

$\varepsilon>0$ を, (x_1, x_2)-平面 E^2 からの距離が ε より小さい点が N_2 の内部をなすようにとる. $\nu: \boldsymbol{R}^1 \to \boldsymbol{R}$ を次のような C^∞-函数とする:

$$|\nu(\lambda)| \leqq 1, \quad \nu(0)=1,$$
$$|\lambda| \geqq \varepsilon^2 \quad \text{のとき} \quad \nu(\lambda)=0.$$

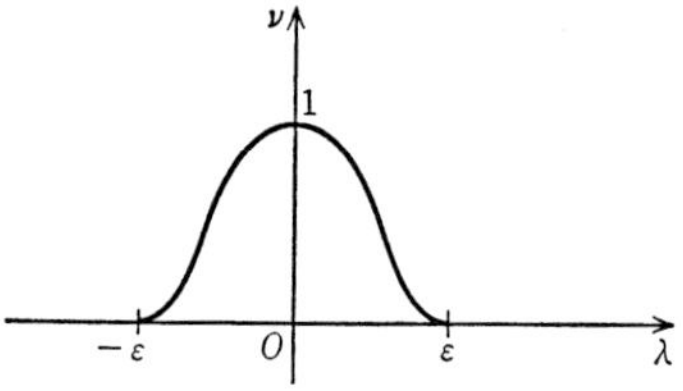

図2.14

さて, $r=(x_1, \cdots, x_{2n}) \in \boldsymbol{R}^{2n}$ に対して,

$$\theta_t(r) = r - t\nu(x_3{}^2 + \cdots + x_{2n}{}^2)\mu(x_1)e_2$$

とおく. ν の定義より, θ_t は N_2 の外では恒等写像である. 明らかに, $\theta_t: \boldsymbol{R}^{2n} \to \boldsymbol{R}^{2n}$ は $\theta_0=1$ の正則ホモトピーである. $t=1$ のとき, θ_1 は N_2 の A_2 の上にある部分を $x_1<0$ へ移す. ところが, $\pi(\theta_t(N_2))=\pi(N_2)$ であり, 上に述べたように, $\pi(N_1)\cap\pi(N_2)$ は x_1 軸上にあるから, $N_1\cap\theta_1(N_2)$ は x_1 軸上になければならない. しかるに, $\theta_1(N_2)$ は x_1 軸とは交わらないのだから, $\theta_1(N_2)=\phi$ でなければならない.

さらに, $\psi(\tau)\cap f(M)=B$ であるから, ε を十分小さくとれば, 新しい自己交叉は発生しない. これで M が向きづけ可能で, n が偶数のときは証明できた.

他の場合も, 上とほぼ同様にして, 正則ホモトピーにより, 自己交叉の組を除去できる．これを示すのには，上のC_1, C_2が，M_1とM_2が異なる型で交わるようにとりうることを示せばよい．

$\boldsymbol{M}$が向きづけ可能でないとき

C_1, C_2をとれ．q, q'が異なる型ならば上のようにやる．同じ型のとき，p_2からp_2'への曲線C_2'を，$C_2 \cup C_2'$がMにおいて向きづけを逆にするようにとる．このとき，C_1, C_2'に対して，q, q'は異なる型をもつ．

$\boldsymbol{n}$が奇数で，$\boldsymbol{M}$が向きづけ可能のとき

C_1, C_2に関して，q, q'が同じ型であるとする．このとき，p_1からp_2'への曲線C_1'，p_2からp_1'への曲線C_2'を次のようにとる．C_i'は出発点の近くではC_iと一致し，終点の近くではC_jと一致する$(i \neq j)$．M_iはp_iの近くではM_i'と一致し，p_i'の近くではM_j'と一致する$(j \neq i)$．M_i, M_i'へp_i, p_i'の近くからきまる向きづけを入れる．このとき，q, q'は(M_1', M_2')に関して，異なる向きづけをもつ．∎

第3章　C^∞–多様体のはめ込み

この章では埋め込みのイソトピーによる分類の1つの弱い形であるはめ込みの正則ホモトピーによる分類に関するSmale–Hirschの理論を中心にのべる．この理論ははめ込みの問題をホモトピー論に帰着させて論ずるものである．

§1　はめ込みと正則ホモトピー

M^n, V^p をそれぞれ n 次元，p 次元の C^∞–多様体とする．$C^\infty(M^n, V^p)$ を M^n から V^p への C^∞–写像全体の集合に C^∞–位相を入れた空間とする．$\mathrm{Imm}(M^n, V^p)$ を M^n から V^p へのはめ込み全体からなる集合とする．$\mathrm{Imm}(M^n, V^p) \subset C^\infty(M^n, V^p)$ となるから相対位相を入れる．

定義 3.1. f, g を M^n から V^p へのはめ込みとする．f と g が $\mathrm{Imm}(M^n, V^p)$ の同じ弧状連結成分に入るとき f と g とは**正則ホモトープ**(regularly homotopic)であるといい，$f \underset{r}{\simeq} g$ と書く．

明らかに $\underset{r}{\simeq}$ は同値関係となる．

注意 1. いま，$\mathrm{Imm}(M^n, V^p)$ へ $C^\infty(M^n, V^p)$ の C^1–位相から誘導される位相を入れた空間を $\mathrm{Imm}^1(M^n, V^p)$ と表わす．このとき，恒等写像

$$1 : \mathrm{Imm}(M, V) \longrightarrow \mathrm{Imm}^1(M, V)$$

は連続写像となり，全単射

$$1_* : \pi_0(\mathrm{Imm}(M, V)) \longrightarrow \pi_0(\mathrm{Imm}^1(M, V))$$

を導く．(全射であることは定義より明らか．単射であることは近似定理よりわかる．) よって，正則ホモトープの定義は“$f, g \in \mathrm{Imm}(M, V)$ が $\mathrm{Imm}^1(M, V)$ の中の曲線で結ぶことができる”といってもよい．これが第2章の定義である．

注意 2. 上の近似定理とは次の意味である：

定理 3.1. M, V を C^s–多様体，$1 \leqq s \leqq \infty$，$f: M \to V$ を C^r–写像，$0 \leqq r < s$，とする．$M \supset A$ の上で f は C^s–写像であるとする（すなわち，A の開近傍 U が存在して，f は U の上では C^s–写像）．このとき，f の C^r–位相での近似である C^s–写像 $g: M \to V$ が存在して，$g | W = f$，$A \subset W \subset U$．——

証明は次の節でする．

注意 3. 上の注意 1 は，C^1–位相の意味での正則ホモトピー $F: M \times I \to V$ へ，$A = M \times \partial I$ として上の近似定理を適用すればよい，$I = [0, 1]$．

上の注意より次の命題をうる．

命題 3.1. f, g を M^n から V^p へのはめ込みとする．f と g が正則ホモトープであるための必要十分条件は，次のような f と g とを結ぶホモトピー $\{f_t\}$，$f_0 = f$，$f_1 = g$ が存在することである：

(i)　各 $t \in [0, 1]$ に対して，$f_t : M^n \to V^p$ ははめ込みである，

(ii)　$F_t = d(f_t) : T(M) \longrightarrow T(M)$,

$$F : T(M) \times [0, 1] \longrightarrow T(M),$$
$$F(v, t) = F_t(v)$$

とおくと，F は連続写像である．

例. 次の図のような 3 つのはめ込み f, g, h，$S^1 \to \boldsymbol{R}^2$ を考える：

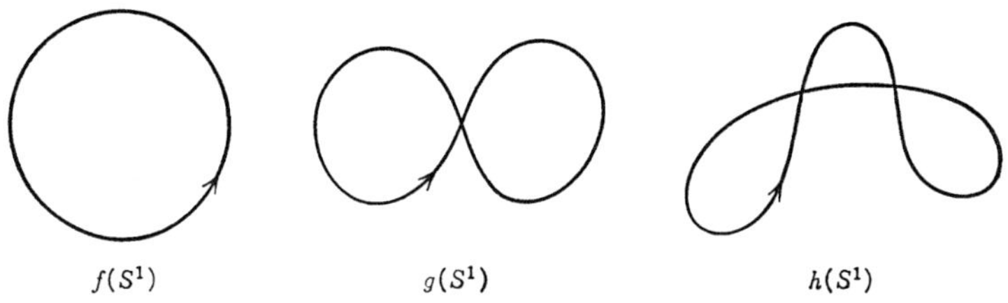

図 3.1

このとき，f と h は正則ホモトープであるが，f と g は正則ホモトープではない．

命題 3.2. f, g を M^n の V^p への埋め込みとする．f と g がイソトープならば，f と g は正則ホモトープである．——

証明は読者にゆずる．

はめ込みの理論における最も基本的な問題は C^∞–多様体 M, V が与えられた

とき，M から V へのはめ込み全体を正則ホモトピーで分類することである．この問題は特別の場合として，M は V へはめ込むことができるかどうかという問題も含んでいる．これに対して，すでに第2章でのべた Smale-Hirsch の定理がホモトピー論の言葉で完全に答えている．これについては§3でのべる．

§2　写像空間，近似定理

ここで写像空間，近似定理についてまとめておく．

M, N を C^r-多様体，$C^r(M, N)$ を M から N への C^r-写像全体の集合とする．第1章，§3, D において定義された $C^r(M, N)$ の上の C^r-位相を**弱い位相**，あるいは，**コンパクト-開 C^r-位相**ともいう．この位相をもつ位相空間を $C_W{}^r(M, N)$ と書く．

$C_W{}^r(M, N)$ は完備な距離空間で第2可算公理を満足する．もし，M がコンパクトならば，$C_W{}^r(M, N)$ は局所可縮であり，$C_W{}^r(M, \boldsymbol{R}^m)$ は Banach 空間となる．

M がコンパクトでないときは，弱い位相は写像の“遠い所”での様子を規定しない．このため，強い位相が有用である．以下で定義される強い位相は，**Whitney 位相**，あるいは**細かい**(コマカイ)**位相**ともよばれる．$\Phi=\{(U_i, \varphi_i); i\in\Lambda\}$ を局所有限な M の C^r-座標系とする．すなわち，M の各点 x に対して近傍 $U(x)$ が存在して，$U(x)$ と交わる U_i は有限個しかない．$K=\{K_i; i\in\Lambda\}$ を M のコンパクト集合の族で，$K_i\subset U_i$ となるものとする．$\Psi=\{(V_i, \psi_i); i\in\Lambda\}$ を N の C^r-座標系 $\varepsilon=\{\varepsilon_i; i\in\Lambda\}$ を正の数の族とする．$f\in C^r(M, N)$ が $f(K_i)\subset V_i$ であるとき，

$$\mathcal{N}^r(f;\Phi,\Psi,K,\varepsilon)=\{g\in C^r(M,N)\,|\,(\mathrm{i}),(\mathrm{ii})\},$$

(i)　$g(K_i)\subset V_i,\ \ \forall i\in\Lambda,$

(ii)　$\|D^k(\psi_i\circ f\circ\varphi_i{}^{-1})(x)-D^k(\psi_i\circ f\circ\varphi_i{}^{-1})(x)\|<\varepsilon_i,$

$$\forall x\in\varphi_i(K_i),\qquad k=0,1,\cdots,r,$$

とおく．$C^r(M, N)$ の上の**強い位相**とは，上のような形のすべての集合($f, \Phi, \Psi, K, \varepsilon$ を動かしたときの)の族を基とする位相のことである．そしてこの位相

を入れた位相空間を $C_S{}^r(M,N)$ と書く．

M がコンパクトならば，$C_S{}^r(M,N)$ は $C_W{}^r(M,N)$ と同一の空間である．M がコンパクトでないときは，$\dim N>0$ ならば，$C_S{}^r(M,N)$ は第2可算公理を満足しない．

$C^\infty(M,N)$ へも，包含写像，$C^\infty(M,N)\to C_W{}^r(M,N)$，$C^\infty(M,N)\to C_S{}^r(M,N)$ により2つの位相を定義する．

強い位相は微分位相幾何学において重要な部分空間が開集合になるという便利さがある．

定理 3.2. M から N への C^r-はめ込み全体 $\mathrm{Imm}^r(M,N)$ は $C_S{}^r(M,N)$ の中で開集合である $(r\geqq 1)$．

証明. $$\mathrm{Imm}^r(M,N)=\mathrm{Imm}^r(M,N)\cap C^r(M,N)$$
であるから，$r=1$ のときを示せば十分である．$f:M\to N$ が C^1-はめ込みならば，f の近傍 $N^1(f;\Phi,\Psi,K,\varepsilon)$ を次のようにとることができる．$\psi^0=\{(V_\beta,\psi_\beta);\beta\in B\}$ を N の C^r-座標系とする．M の C^r-座標系 $\Phi=\{(U_i,\varphi_i);i\in\Lambda\}$ で次のようなものをとる：

(i) $\overline{U}_i$: コンパクト，

(ii) 各 $i\in N$ に対して，$\beta(i)\in B$ が存在して，
$$f(U_i)\subset V_{\beta(i)}.$$

そこで，$V_i=V_{\beta(i)}$，$\psi_i=\psi_{\beta(i)}$，$\psi=\{(V_i,\psi_i);i\in\Lambda\}$ とおく．$K=\{K_i;i\in\Lambda\}$ を M のコンパクト被覆で，$K_i\subset U_i$ となるものとする．

このとき，
$$A_i=\{D(\psi_i\circ f\circ\varphi_i{}^{-1})(x)\,|\,x\in\varphi_i(K_i)\}$$
は，$\boldsymbol{R}^m$ から $\boldsymbol{R}^n$ への1対1線型写像の空間の中のコンパクト集合である．$\boldsymbol{R}^m$ から $\boldsymbol{R}^n$ への線型写像全体 $L(\boldsymbol{R}^m,\boldsymbol{R}^n)$ の中で1対1線型写像全体は開集合である．よって，$\varepsilon_i>0$ が存在して，$S\in A_i$，$\|T-S\|<\varepsilon_i$ ならば $T\in L(\boldsymbol{R}^m,\boldsymbol{R}^n)$ は1対1である．$\varepsilon=\{\varepsilon_i;i\in\Lambda\}$ とおく．このとき，$N^1(f;\Phi,\Psi,K,\varepsilon)$ の各元は C^1-はめ込みとなる．▌

次の定理も上の定理とほぼ同様に示すことができる．

定理 3.3. M から N への C^r-埋め込み全体 $\mathrm{Emb}^r(M,N)$ は $C_S{}^r(M,N)$ の中で開集合である $(r\geqq 1)$．——

さて，近似定理へすすもう．

定理 3.4. $U\subset \boldsymbol{R}^m$，$V\subset \boldsymbol{R}^n$ を開集合とする．このとき，$0\leqq r<\infty$ となる r に対して，$C^\infty(U,V)$ は $C_S{}^r(U,V)$ の中で稠密である．

証明. $C_S{}^r(U,V)$ は $C_S{}^r(U,\boldsymbol{R}^n)$ の中の開集合であるから，定理は $V=\boldsymbol{R}^n$ のときに示せばよい．

$f\in C^r(U,\boldsymbol{R}^n)$ とする．f の $C_S{}^r(U,\boldsymbol{R}^n)$ における近傍の基は次の形の集合 $N(f,K,\varepsilon)$ からなる．$K=\{K_i;i\in\Lambda\}$ を U を覆うコンパクト集合の局所有限な族とする；$\varepsilon=\{\varepsilon_i;i\in\Lambda\}$ を正の数の族とする，そして $N(f,K,\varepsilon)$ を

$$N(f,K,\varepsilon)=\left\{g:U\longrightarrow \boldsymbol{R}^n,\ C^r\text{-写像}\,\middle|\,\begin{array}{l}\|g-f\|_{r,K_i}<\varepsilon_i,\\ \forall i\in\Lambda\end{array}\right\}$$

とする．f,K,ε を固定したとき，

$$C^\infty(U,\boldsymbol{R}^n)\cap N(f,K,\varepsilon)\neq\phi$$

を示さなくてはならない．

$\{\lambda_i;i\in\Lambda\}$ を U の上の1の分割(C^∞-級)，$\mathrm{Supp}(\lambda_i)$ がコンパクトで，$\mathrm{Supp}(\lambda_i)\supset K_i$ となるものとする．

正の数の族 $\{\alpha_i;i\in\Lambda\}$ が与えられたとき，C^∞-写像 $g_i:U_i\to\boldsymbol{R}$ が存在して，

$$\|g_i-f\|_{r,K_i}<\alpha_i$$

となる．そこで，

$$g:U\longrightarrow\boldsymbol{R},$$
$$g(x)=\sum_i\lambda_i(x)g_i(x)$$

とおく．このとき，g は C^∞-写像となる．$\|D^kg(x)-D^kf(x)\|$ を評価するために，$\lambda:U\to\boldsymbol{R}$，$\varphi:U\to\boldsymbol{R}$ が C^k-函数，$\phi(x)=\lambda(x)\varphi(x)$ のとき，$D^k\phi(x)$ は $D^p\lambda(x)$，$D^q\varphi(x)$，$p,q=0,1,\cdots,k$ の1次函数であることに注意する．この函数は，x,λ,φ によらない．よって，定数 $A_k>0$ が存在して，

$$\|D^k(\lambda\varphi)(x)\|\leqq A_k\max_{0\leqq p\leqq k}\|D^p\lambda(x)\|\cdot\max_{0\leqq q\leqq k}\|D^q\varphi(x)\|$$

となる．そこで，

$$A=\max\{A_0,\cdots,A_r\}$$

とおく．$i\in\Lambda$ を固定して，

$$\Lambda_i=\{j\in\Lambda\,|\,K_i\cap K_j\neq\phi\}$$

とおく．これは有限集合である．Λ_i の元の個数を m_i とする．そして，

$$\mu_i = \max\{\|\lambda_j\|_{r, K_i}; j\in \Lambda_i\},$$
$$\beta_i = \max\{\alpha_j; j\in \Lambda_i\}$$

とおく．このとき，$x\in K_i$，$0\leqq k\leqq r$ に対して，

$$\begin{aligned}\|D^k g(x)-D^k f(x)\| &= \|\sum_{j\in\Lambda_i} D^k(\lambda_j g_j-\lambda_j f)(x)\| \\ &\leqq \sum_{j\in\Lambda_i}\|D^k(\lambda_j(g_j-f))\| \\ &\leqq m_i A\mu_i\beta_i.\end{aligned}$$

明らかに，α_i は

$$m_i A\mu_i\beta_i < \varepsilon_i$$

となるようにとりうる．そのように α_i をとれば，すべての $i\in\Lambda$ に対して

$$\|g-f\|_{r, K_i} < \varepsilon_i$$

となる．❙

上の定理から次の近似定理を導くのはそう難しくはない．

定理 3.5. M, N を C^s-多様体，$1\leqq s\leqq\infty$ とする．このとき，$0\leqq r<s$ に対して，$C^s(M, N)$ は $C_S{}^r(M, N)$ の中で稠密である．

§3 特 性 類

この節で，以下の準備として，特性類について簡単に解説する(詳しくは，田村[A9], Milnor-Stasheff[A5]を参照せよ)．

A. Grassmann 多様体の胞体分割

$\boldsymbol{R}^{n+m}$ を $(n+m)$ 次元の Euclid 空間とする．$\boldsymbol{R}^{n+m}$ の m 次元ベクトル部分空間全体の集合を $\boldsymbol{R}_{n,m}$ と書く．$\boldsymbol{R}^{n+m}$ の向きづけられた m 次元ベクトル部分空間全体の集合を $\hat{\boldsymbol{R}}_{n,m}$ と書く．上において，$\boldsymbol{R}$ の代りに $\boldsymbol{C}$ をとったとき，$\boldsymbol{C}_{n,m}$ が同様に定義される．

定義 3.2. $\boldsymbol{R}_{n,m}$，$\hat{\boldsymbol{R}}_{n,m}$，$\boldsymbol{C}_{n,m}$ を**Grassmann 多様体**という．——

これらの集合へ次のように位相を入れる．$\boldsymbol{R}_{n,m}$ についてやる．あとは同様である．

$V_{n+m,m}$ を $\boldsymbol{R}^{n+m}$ の中の正規直交 m-枠全体のつくる Stiefel 多様体とする．よく知られているように

$$V_{n+m,m} \approx O(n+m)/O(n).$$

$V_{n+m,m}$ の元 $\{\mathfrak{x}_1, \cdots, \mathfrak{x}_m\}$ にそれらにより張られる $\boldsymbol{R}^{n+m}$ の部分空間 $\{\{\mathfrak{x}_1, \cdots, \mathfrak{x}_m\}\}$ を対応させれば，全射

$$\pi : V_{n+m,m} \longrightarrow \boldsymbol{R}_{n,m}$$

をうる．この写像により $V_{n+m,m}$ の位相から導かれる位相を $\boldsymbol{R}_{n,m}$ へ入れる．そうすると，

$$\boldsymbol{R}_{n,m} \approx O(n+m)/O(n) \times O'(m)$$

となることは容易にわかる．ここで $O'(m)$ は

$$O'(m) = \left\{ \left[\begin{array}{cc|c} 1 & & \\ & \ddots & 0 \\ 0 & 1 & \\ \hline \multicolumn{2}{c|}{0} & A \end{array} \right] \in O(n+m) \;\middle|\; A \in O(m) \right\}$$

という形の $O(n+m)$ の部分群である．

定義 3.3. 自然数 m, n に対して，写像

$$\omega : \{1, 2, \cdots, m\} \longrightarrow \{0, 1, 2, \cdots, n\}$$

で，弱い意味の単調増加，すなわち

$$0 \leqq \omega(1) \leqq \omega(2) \leqq \cdots \leqq \omega(m) \leqq n$$

となるものを，$(m, n; \omega)$-函数，あるいは (m, n)-型の **Schubert** 函数という．そして，$(m, n; \omega)$-函数全体の集合を $\Omega(n, m)$ で表わす．

定義 3.4. $\Omega(n, m)$ の元 ω に対して，

$$d(\omega) = \sum_{i=1}^{m} \omega(i)$$

を **$\boldsymbol{\omega}$ の次元**という．——

次の特別な Schubert 函数の記号を用意する．これらは重要である．$\Omega(n, m)$ の元 ω を

$$\omega = (\omega(1), \omega(2), \cdots, \omega(m))$$

と並べて書くこともある．

$$\omega_k{}^m = (0, 0, \cdots, 0, \underbrace{1, \cdots, 1}_{k}), \qquad 0 \leqq k \leqq m,$$

$$\bar{\omega}_k{}^m = (0, 0, \cdots, 0, k), \qquad 0 \leqq k \leqq n,$$

$$\omega^m{}_{2k,2k} = (0, \cdots, 0, \underbrace{2, \cdots, 2}_{2k}), \qquad 0 \leqq 2k \leqq m,$$

$$\bar{\omega}^m{}_{2k,2k}=(0,\cdots,0,2k,2k),\qquad 0\leqq 2k\leqq n.$$

以下，便宜上 $\omega(0)=0$，$\omega(m+1)=n$ とおく．

定義 3.5. $\Omega(n,m)$ の元 ω に対して，$\omega(i)<\omega(i+1)$ となるような i を**跳躍点** (point sautant) とよぶ．

$\Omega(n,m)$ の元 ω に対して，次のような新しい Schubert 函数を定義する：

$$\omega_{(i)}=(\omega(1),\cdots,\omega(i-1),\omega(i)-1,\omega(i+1),\cdots,\omega(m)),$$

（ただし，$i-1$ は ω の跳躍点），

$$\omega^{(i)}=(\omega(1),\cdots,\omega(i-1),\omega(i)+1,\omega(i+1),\cdots,\omega(m)),$$

（ただし，i は ω の跳躍点），

$$\omega^*=(n-\omega(m),n-\omega(m-1),\cdots,n-\omega(m-i+1),\cdots,n-\omega(1)),$$

すなわち，$\omega(i)=n-\omega(m-i+1)$．——

これだけ記号の用意をして，Grassmann 多様体 $\hat{\boldsymbol{R}}_{n,m}$ の胞体分割をしよう．

$\boldsymbol{R}^{n+m}=\{(x_1,\cdots,x_{n+m});x_i\in\boldsymbol{R}\}$ の部分空間

$$\boldsymbol{R}^k=\{x_{k+1}=\cdots=x_{n+m}=0\}$$

とする．

定義 3.6. $\Omega(n,m)$ の元 ω に対して，

$$\overline{U_\omega}=\left\{X\in\boldsymbol{R}_{n,m}\,\middle|\,\begin{matrix}\dim(X\cap\boldsymbol{R}^{\omega(i)+i})\geqq i\\ i=1,2,\cdots,m\end{matrix}\right\}$$

とおく．これを ω に対する **Schubert 多様体** (Schubert variety) という．——

この $\overline{U_\omega}$ の内包 U_ω は $d(\omega)$ 次元の胞体となる．$\omega\in\Omega(n,m)$ に対して，

$$\{\bar{i}(\omega)\}=\{\omega(1)+1,\omega(2)+2,\cdots,\omega(m)+m\}$$

とする．すなわち，$\bar{i}(\omega)=\omega(i)+i$．このとき，

(1)
$$X_\omega=\{\{e_{\bar{1}(\omega)},e_{\bar{2}(\omega)},\cdots,e_{\bar{m}(\omega)}\}\}$$

とする，ここで $\{\{\cdots\}\}$ は $\{\cdots\}$ により張られる $\boldsymbol{R}^{m+n}$ の部分空間を表わす．

$$\{\bar{\bar{j}}(\omega)\}=\{1,\cdots,\omega(1),\omega(1)+2,\cdots,\omega(1)+m,\omega(2)+1,\omega(2)+3,$$
$$\cdots,\omega(m)+m+1,\cdots,n+m\},$$

とおく．すなわち，

$$\{\bar{\bar{j}}(\omega)\}=\{1,2,\cdots,m+n\}-\{\bar{i}(\omega)\}\qquad(\text{順序も考えて}).$$

このとき，X_ω は次の方程式で表わされる：

$$x_{\tilde{j}(\omega)}=0, \quad j=1,\cdots,n.$$

X_ω へ(1)の基の順序で向きづけを入れたものを $\overset{+}{X}_\omega$ と書く．この逆の向きづけをもったものを $\overset{-}{X}_\omega$ と書く．

$\hat{\boldsymbol{R}}_{n,m}$ の元で $\overset{+}{X}_\omega$ への正射影が非退化で，向きづけを保つものの全体の集合を $\overset{+}{N}_\omega$ と書く．同様に $\overset{-}{N}_\omega$ も定義する．このとき

$$\overset{+}{U}_\omega=\overset{+}{N}_\omega\cap\overline{U_\omega}, \qquad \overset{-}{U}_\omega=\overset{-}{N}_\omega\cap\overline{U_\omega}$$

は $d(\omega)$ 次元の開胞体となる．そして

$$(\overset{+}{U}_\omega\cup\overset{-}{U}_\omega)^a=\overline{U_\omega}$$

となる．

このことは，$\overset{+}{N}_\omega, \overset{-}{N}_\omega$ は向きづけを考えなければ

$$(2) \qquad x_{\tilde{j}}=\sum_{i=1}^m \xi_{ji}x_{\bar{i}}, \quad j=1,\cdots,n,$$

$$\tilde{j}=\tilde{j}(\omega), \quad \bar{i}=\bar{i}(\omega)$$

と表わされ，$\overline{U_\omega}$ に入ることから，

$$(3) \qquad \xi_{ji}=0, \quad j>\omega(i)$$

をうる．(2), (3) より上のことがわかる．

定理 3.6 (Pontrjagin)．$\{\overset{+}{U}_\omega, \overset{-}{U}_\omega; \omega\in\Omega(n,m)\}$ は $\hat{\boldsymbol{R}}_{n,m}$ の胞体分割を与える．

——

これを $\hat{K}_{(x)}$ と書く．

上と同様に $\boldsymbol{R}_{n,m}$ の胞体分割がえられる．すなわち，$\boldsymbol{R}_{n,m}$ の元で X_ω への正射影が非退化なもの全体の集合を N_ω,

$$U_\omega=N_\omega\cap\overline{U_\omega}$$

とする．このとき，U_ω は $d(\omega)$ 次元の開胞体となる．

定理 3.6′ (Pontrjagin)．$\{U_\omega;\omega\in\Omega(n,m)\}$ は $\boldsymbol{R}_{n,m}$ の胞体分割を与える．——

これを $K_{(x)}$ と書く．

以下，簡単のため $\boldsymbol{R}_{n,m}$ について述べる．$\boldsymbol{C}_{n,m}$ についても同様である．$\hat{\boldsymbol{R}}_{n,m}$ に対してもほぼ同様であるが符号がやや複雑である(詳しくは秋月-滝沢，射影幾何学，共立出版，1957 をみよ)．

命題 3.3. 胞体 U_ω のコバンダリーは，

$$\delta U_\omega=\sum\eta_{\omega,i}(1+(-1)^{\omega(i)+i+m+1})U_{\omega(i)},$$

ここで，$\sum$ は $\omega^{(i)} \in \Omega(n,m)$ となるようなすべての i に関する和，$\eta_{\omega,i}$ は ω, i に依存する $+1$ あるいは -1 である．

さて，上の $\delta U_\omega=0$ となるような ω に対して，U_ω が表わす $K_{(x)}$ のコホモロジー類を $\{\omega\}$ と書く．

$\delta U_\omega \equiv 0\,(2)$ となるような ω に対して，U_ω が表わす mod 2 コホモロジー類を $\{\omega\}_2$ と書く．

B. 特 性 類

ここで，ベクトル束の特性類，C^∞-多様体の特性類の定義をする．

はじめに Grassmann 多様体 $\boldsymbol{R}_{n,m}, \hat{\boldsymbol{R}}_{n,m}$ の特性類を定義する．

定義 3.7.

$$W^k = \{\omega_k{}^m\}_2 \in H^k(\boldsymbol{R}_{n,m}, \boldsymbol{Z}_2),\ \text{あるいは}\ \in H^k(\hat{\boldsymbol{R}}_{n,m}, \boldsymbol{Z}_2),$$

$$\overline{W}^k = \{\bar{\omega}_k{}^m\}_2 \in H^k(\boldsymbol{R}_{n,m}, \boldsymbol{Z}_2),\ \text{あるいは}\ \in H^k(\hat{\boldsymbol{R}}_{n,m}, \boldsymbol{Z}_2)$$

を，それぞれ k 次 **Stiefel-Whitney** 類，k 次双対 **Stiefel-Whitney** 類という．

また，$X^m=\{\omega_m{}^m\} \in H^m(\boldsymbol{R}_{n,m}, \boldsymbol{Z})$，あるいは $H^m(\hat{\boldsymbol{R}}_{n,m}, \boldsymbol{Z}_2)$ を **Euler-Poincaré** 類という．

$$P^{4k} = \{\omega^m{}_{2k,2k}\} \in H^{4k}(\boldsymbol{R}_{n,m}, \boldsymbol{Z}),\ \text{あるいは}\ \in H^{4k}(\hat{\boldsymbol{R}}_{n,m}, \boldsymbol{Z}),$$

$$\overline{P}^{4k} = \{\bar{\omega}^m{}_{2k,2k}\} \in H^{4k}(\boldsymbol{R}_{n,m}, \boldsymbol{Z}),\ \text{あるいは}\ \in H^{4k}(\hat{\boldsymbol{R}}_{n,m}, \boldsymbol{Z})$$

をそれぞれ，$4k$ 次元 **Pontrjagin** 類，$4k$ 次元双対 **Pontrjagin** 類という．さらに $C^{2i} = \{\omega_i{}^m\} \in H^{2i}(\boldsymbol{C}_{n,m}, \boldsymbol{Z})$ を i 次 **Chern** 類という．

ノート．これらは，普通の定義，例えば，Milnor-Stasheff[A5] のものと一致する．ただし，Pontrjagin 類については，2 成分だけ異なる．このことは，Stiefel-Whitney 類に対しては，ここで定義された Stiefel-Whitney 類が，Milnor-Stasheff の本の Stiefel-Whitney 類の公理を満足することからわかる．(公理を満足するものの一意性より.) Pontrjagin 類に対しては，Chern 類に対して，上と同様に，ここの定義と Milnor-Stasheff の本の定義と一致するから，そのことより，わかる．

さて，ベクトル束 ξ の特性類を定義しよう．その前に次の命題を用意する．

命題 3.4. K を k 次元局所有限な複体，$P=|K|$ をその多面体とする．第1章で述べた自然な写像

$$i_n : \boldsymbol{R}_{n,m} \longrightarrow B_{O(m)} = \varinjlim_{n} O(n+m)/O(m)\times O'(n)$$

を考えると，$(i_n)_*:[P,\boldsymbol{R}_{n,m}]\to[P,B_{O(m)}]$ が導かれる．このとき，$k<n$ ならば，上の $(i_n)_*$ は全単射となる．

証明． これは，Stiefel 多様体 $O(n+1)/O(n)$ は n 次元球面 S^n と同相であることからわかる．∎

系 3.1. K を k 次元局所有限な複体，$P=|K|$ をその多面体とする．$k<n$ のとき，P の上の m 次ベクトル束 ξ の同値類全体と，$[P,\boldsymbol{R}_{n,m}]$ とは1対1に対応する．——

上の対応は次のようにして与えられる．$\boldsymbol{R}^{n+m}$ の中の m 次ベクトル部分空間全体が $\boldsymbol{R}_{n,m}$ であった．$E_{n,m}$ を

$$E_{n,m}=\{(X,u)\,|\,X\in\boldsymbol{R}_{n,m},u\in X\}\subset\boldsymbol{R}_{n,m}\times\boldsymbol{R}^{n+m}$$

と定義する．このとき，$p:E_{n,m}\to\boldsymbol{R}_{n,m}$ を $p(X,u)=X$ とおくと，これは m 次ベクトル束となる．これを $\gamma_{n,m}$ と書く．上の対応は $\{f\}\in[P,\boldsymbol{R}_{n,m}]$ に $f^*\gamma_{n,m}$ の同値類を対応させるものである．

$P=|K|$，K を k 次局所有限な複体とする．ξ を P の上の m 次ベクトル束とする．

定義 3.8. ξ は上の系より，十分大きな n に対して，$f:P\to\boldsymbol{R}_{n,m}$ により導かれる: $\xi\sim f^*\gamma_{n,m}$．このとき，

$$W^k(\xi)=f^*W^k\in H^k(P,\boldsymbol{Z}_2),\qquad \overline{W}^k(\xi)=f^*\overline{W}^k\in H^k(P,\boldsymbol{Z}_2),$$
$$X^m(\xi)=f^*X^m\in H^m(P,\boldsymbol{Z}),\qquad P^{4k}(\xi)=f^*P^{4k}\in H^{4k}(P,\boldsymbol{Z})$$

を，それぞれ，ξ の k 次 **Stiefel-Whitney** 類，k 次双対 **Stiefel-Whitney** 類，**Euler-Poincaré** 類，$4k$ 次元 **Pontrjagin** 類という．これらを ξ の特性類という．——

この定義は n のとり方によらないことは容易にわかる．(すなわち，例えば，

$$i_{n,n+1}:\boldsymbol{R}_{n,m}\longrightarrow\boldsymbol{R}_{n+1,m}$$

を自然な埋め込みとすると，$(i_{n,n+1})^*\{\omega_k{}^m\}_2=\{\omega_k{}^m\}_2$ となるからである．)

次に，C^∞-多様体の特性類を定義しよう．

定義 3.9. M を m 次元 C^∞-多様体とする．このとき M の接バンドル $\tau(M)$ の特性類を **M の特性類**という：

$$W^k(M)=W^k(\tau(M)),\qquad \overline{W}^k(M)=\overline{W}^k(\tau(M)),$$
$$X^m(M)=X^m(\tau(M)),\qquad P^{4k}(M)=P^{4k}(\tau(M)).\qquad ——$$

特性類は次のような性質をもつ.

命題 3.5. K を k 次元局所有限複体, $P=|K|$ とする. ξ,η を P の上のベクトル束とする.

1. $\xi\sim\eta \Rightarrow W^k(\xi)=W^k(\eta),\quad \overline{W}^k(\xi)=\overline{W}^k(\eta),$

$$P^{4k}(\xi)=P^{4k}(\eta),\quad X(\xi)=X(\eta).$$

2. ε を自明なベクトル・バンドルとすると,

$$W^i(\varepsilon)=0,\quad i>0,$$

$$P^{4k}(\varepsilon)=0,\quad k>0,$$

$$X(\varepsilon)=0,\quad \dim\varepsilon>0.$$

3. ξ を m 次ベクトル束とすると,

$$W^i(\xi)=0,\quad i>m,$$

$$P^{4k}(\xi)=0,\quad 4k>m.$$

4. ξ を m 次ベクトル束としたとき,

$$W(\xi)=1+W^1(\xi)+\cdots+W^m(\xi)\in H^*(P,\boldsymbol{Z}_2)$$

を全 **Stiefel-Whitney 類**という. $\xi\oplus\eta$ を ξ と η の Whitney 和としたとき,

$$W(\xi\oplus\eta)=W(\xi)W(\eta).$$

(これを **Whitney の双対性定理**という.)

5. ξ は k-枠場が存在すれば(すなわち, 各点で1次独立な k 個の断面をもつ),

$$W^{m-k+1}(\xi)=W^{m-k+2}(\xi)=\cdots=W^m(\xi)=0. \qquad ——$$

1-3 の証明は定義よりすぐわかる. 4, 5 の証明は省略する. 例えば, Milnor-Stasheff [A5], 田村[A9]をみよ.

上の 5 が Stiefel-Whitney 類の幾何学的意味を表わしている. 特性類は, C^∞-多様体の幾何学的性質をある意味で, 代数的に表わすものと考えられる.

§4　はめ込みと特性類

この節では, m 次元 C^∞-多様体 M^m が $(m+k)$ 次元 Euclid 空間 $\boldsymbol{R}^{m+k}$ にはめ込むことができるための必要条件を特性類を用いて表わす.

定理 3.7. m 次元 C^∞-多様体 M^m が, $\boldsymbol{R}^{m+k}$ へはめ込まれるならば,

$$\overline{W}^i(M^m) = 0, \qquad i > k,$$
$$\overline{P}^{4j}(M^m) = 0, \qquad 2j > k.$$

証明. M^m が $\boldsymbol{R}^{m+k}$ へはめ込まれたとする．M^m の接束 $\tau(M^m)$ の分類写像を $f\colon M\to BO(m)$ とする，ここで $BO(m)$ は直交群 $O(m)$ に対する分類空間である：

$$BO(m) = \varinjlim O(m+n)/O(m)\times O(n).$$

(第1章§5参照)．$\boldsymbol{R}^{m+k}$ における m 次元ベクトル部分空間全体のつくる Grassmann 多様体を $\boldsymbol{R}_{k,m}$ とする．このとき

$$\boldsymbol{R}_{k,m} = O(m+k)/O(m)\times O(k)$$

と考えられる．$\boldsymbol{R}_{k,m}$ から $BO(m)$ への自然な写像を ι_k とする．M^m の各点 x に対して，x における M^m の接空間 $T_x(M^m)$ を対応させる写像を $g\colon M^m\to \boldsymbol{R}_{k,m}$ とすると，次のホモトピー可換な図式をうる：

$$\begin{array}{ccc} M^m & \xrightarrow{\ f\ } & BO(m) \\ & {\scriptstyle g}\searrow \quad \nearrow{\scriptstyle \iota_k} & \\ & \boldsymbol{R}_{k,m}. & \end{array}$$

(命題3.4参照)．

そして，

$$\overline{W}^i(M^m) = f^*\{\bar{\omega}_i{}^m\}_2,$$
$$\overline{P}^{4j}(M^m) = f^*\{\bar{\omega}^m{}_{2j,2j}\}_0.$$

(ここで $\{\omega_i{}^m\}_2$，$\{\omega^m{}_{2j,2j}\}_0$ については前節をみよ．) ところが，$\boldsymbol{R}_{k,m}$ においては，

$$\{\bar{\omega}_i{}^m\}_2 = 0, \qquad i > k,$$
$$\{\bar{\omega}^m{}_{2j,2j}\}_0 = 0, \qquad 2j > k.$$

よって定理をうる．∎

系 3.2. $\boldsymbol{R}P^n$ を n 次元実射影空間とする．$n=2^s$ ならば，$\boldsymbol{R}P^n$ は $\boldsymbol{R}^{2n-2}$ へはめ込むことはできない．

証明. $\boldsymbol{R}P^n$ が $\boldsymbol{R}^{2n-2}$ へはめ込むことができたとする．このとき，上の定理より $\overline{W}^i(\boldsymbol{R}P^n)=0$，$i>n-2$．ところが $\boldsymbol{R}P^n$ の Stiefel-Whitney 類は次のようになることが知られている．

$$H^*(\boldsymbol{R}P^n, \boldsymbol{Z}_2) = \boldsymbol{Z}_2[x], \qquad \deg x = 1,\ x^{n+1} = 0,$$
$$W(\boldsymbol{R}P^n) = (1+x)^{n+1}.$$

(例えば，Milnor-Stasheff[A5] 参照)．よって

$$\overline{W}(\boldsymbol{R}P^n) = (1+x)^{-n-1}.$$

$n=2^s$ より $\overline{W}^{n-1}(\boldsymbol{R}P^n) \neq 0$ となり矛盾である．▎

この系 3.2 をはじめて指摘したのは R. Thom がその Thèse (1952) においてである (Thom[17] 参照)．

一方，H. Whitney は 1930 年頃から C^∞-写像およびその特異点集合の研究を行なっていた．そして，その研究の応用として，次の定理をえた．

定理 3.8 (Whitney のはめ込み定理)． $2 \leqq n$ とする．n 次元 C^∞-多様体 M^n は $\boldsymbol{R}^{2n-1}$ へはめ込むことができる．——

この定理の証明は次の節で与える．

上の系 3.2 より，この H. Whitney の定理は一般論としては最良の結果であることがわかる．

§5 Smale-Hirsch の定理とその応用

この節では，はめ込みの理論において，最も基本的ないわゆる Smale-Hirsch の定理およびその応用を述べる．Smale-Hirsch の定理の証明は後の節で行なう．

定義 3.10. X, Y を位相空間，$f: X \to Y$ を連続写像とする．

(i) f により X の弧状連結成分は Y の弧状連結成分と 1 対 1 に対応する，

(ii) X の任意の点 x_0 に対して，f により導かれる準同型写像

$$f_* : \pi_i(X, x_0) \longrightarrow \pi_i(Y, f(x_0))$$

はすべての $i \geqq 1$ に対して同型写像であるとき，f を**弱ホモトピー同値である** (weak homotopy equivalence) といい，w. h. e. と略記する．

M, V をそれぞれ n 次元，p 次元の C^∞-多様体とする．Imm(M, V) を M から V へのはめ込み全体の集合へ C^∞-位相を入れた空間とする．Mon$(T(M), T(V))$ を M の接束 $T(M)$ から V の接束 $T(V)$ への単射全体の集合へコンパクト-開位相を入れた空間とする．

ここで，$T(M)$ から $T(V)$ への単射 $\phi: T(M) \to T(V)$ とは，ベクトル束の間の準同型であって，各ファイバー $T_x(M)$ の上では単射であるものをいう(第1章，§2参照).

定理 3.9. $n<p$ とする．このとき，C^∞-写像の微分をとる写像

$$d: \mathrm{Imm}(M, V) \longrightarrow \mathrm{Mon}(T(M), T(V)),$$
$$f \longmapsto df$$

は弱ホモトピー同値である．——

これを**Smale-Hirschの定理**という．この定理は，はじめ1959年に，S. Smaleが $M=S^n$，$V=\boldsymbol{R}^p$ の場合を証明し，次に1960年M. Hirschが一般の場合に拡張した．M. HirschはSmaleの仕事を基に C^∞-多様体の C^∞-三角形分割(これについては次節で解説する)を用いて，切片(skeleton)毎に，単体毎に帰納的に上の定理を示した．

この定理の証明は後の節にゆずって，ここではこの定理の応用，系についてのべる．

定義 3.11. M を n 次元 C^∞-多様体，V を p 次元 C^∞-多様体，$n<p$ とする．$f: M \to V$ をはめ込みとしたとき，$f(M)$ の V における法束の，ファイバーがStiefel多様体 $V_{p-n,r}$ である同伴束の断面を f の(あるいは $f(M)$ の)**法 $\boldsymbol{r}$-枠場**(normal r-frame field)という．

定理 3.10. $n<p$ とする．

(i) M^n が $\boldsymbol{R}^{p+r}$ へ法 r-枠場をもつようにはめ込まれるならば，M^n は $\boldsymbol{R}^p$ へはめ込まれる．

(ii) 逆に M^n が $\boldsymbol{R}^p$ へはめ込まれるならば，M^n は法 r-枠場をもつように $\boldsymbol{R}^{p+r}$ へはめ込まれる．

証明. (ii)は明らか．

(i) M^n が法 r-枠場をもつように $\boldsymbol{R}^{p+r}$ へはめ込まれたとする: $f: M^n \to \boldsymbol{R}^{p+r}$. そのとき，$f(M^n)$ の $\boldsymbol{R}^{p+r}$ における法束を ν^{p+r-n} とすると，

$$f^*T(\boldsymbol{R}^{p+r}) \sim T(M^n) \oplus f^*\nu^{p+r-n}.$$

ところが，法 r-枠場の存在から

$$\nu^{p+r-n} \sim \xi^{p-n} \oplus \varepsilon_{f(M)}{}^r,$$

ここで $\varepsilon_{f(M)}{}^r$ は $f(M)$ の上の r 次の自明なベクトル束である．一方，$n<p$ よ

り，自然な写像

$$[M^n, BO(p)] \longrightarrow [M^n, BO(p+r)]$$

は全単射である．よって，

$$T(M^n) \oplus f^* \xi^{p-n} \sim \varepsilon_M{}^p$$

をうる．したがって，Mon $(T(M^n), T(\boldsymbol{R}^p))$ は ϕ ではない．よって，Smale-Hirsch の定理によって，Imm $(M^n, \boldsymbol{R}^p)$ は ϕ ではない．∎

これらの定理よりいろいろ具体的な結果がえられる．

定義 3.12. M^n の接束 $T(M^n)$ が自明のとき，M^n は**平行性をもつ** (parallelizable) という．

系 3.3. M^n が平行性をもつならば，M^n は $\boldsymbol{R}^{n+1}$ へはめ込むことができる．

―――

これは上の定理から明らか．

系 3.4. 3 次元閉多様体は $\boldsymbol{R}^4$ へはめ込むことができる．

証明. M^3 を 3 次元閉多様体とする．これは Whitney の埋め込み定理より，$\boldsymbol{R}^6$ へ埋め込むことができる．このとき，法 2-枠場がとれることを示せばよい．ところが，その法 2-枠場の存在のための障害は $H^i(M^3, \pi_{i-1}(V_{3,2}))$ にある，第 1 障害は M^3 の双対 Stiefel-Whitney 類 $\overline{W}^2(M^3)$ である．しかるにこれは 0 であることが知られている (次の注意 1 をみよ)．$\pi_2(V_{3,2})=0$ (注意 2) より，第 2 障害は 0．よって，法 2-枠場が存在する．∎

注意 1. 3 次元閉多様体 M^3 の 2 次元双対 Stiefel-Whitney 類 $\overline{W}^2(M^3)$ は 0 である．このことは次のようにしてわかる．M^3 は $\boldsymbol{R}^6$ へ埋め込むことができる．このときの法束を ν と書く．このとき

$$\tau(M^3) \oplus \nu \sim \varepsilon^6.$$

Whitney の双対定理より，$W(\tau(M^3))W(\nu) = W(\varepsilon^6) = 1$.

ところが

$$W^i(\nu) = \overline{W}^i(M^3)$$

である．よって

$$\overline{W}^2(M^3) = W^2(M^3) + (W^1(M^3)^2.$$

しかるに，3 次元多様体では $(W^1)^2 = W^2$ である．よって $\overline{W}^2(M^3)=0$ をうる．

注意 2. $V_{3,2} \approx SO(3) \approx \boldsymbol{R}P^3$ よりわかる．

注意 3. 3次元開多様体は $\boldsymbol{R}^3$ へはめ込むことができることが知られている:

J. H. C. Whitehead, The immersion of an open 3-manifold in Euclidean 3-space, Proc. London Math. Soc., **11** (1961), 81–90.

このことは，後で述べる Phillips の定理より容易にわかる.

定義 3.13. 多様体 M は，その各連結成分がコンパクトでないとき，**開多様体** (open manifold) とよぶ.

系 3.5. M^n を n 次元閉多様体とする．$n\equiv 1\,(4)$ とする．このとき M^n は $\boldsymbol{R}^{2n-2}$ へはめ込むことができる.

証明. M^n を $\boldsymbol{R}^{2n}$ へ埋め込む．法 2-枠場をつくることを考える．第1障害は $\overline{W}^{n-1}(M^n)$ であるが，これは上の注意より 0．$n\equiv 1\,(4)$ のとき $\pi_{n-1}(V_{n,2})=0$ (下の注意をみよ)．よって第2障害は 0 となり，2-枠場ができる．∎

注意. これは，ファイバー束 $p:O(n)/O(n-2)\to O(n)/O(n-1)=S^{n-1}$ のホモトピーの完全系列を考察することによりえられる.

さて，ここで前の節で述べた H. Whitney の定理の証明をしよう.

定理 3.8 の証明. (1)　M^n が開多様体のとき: Smale–Hirsch の定理により，$\mathrm{Mon}\,(T(M^n), T(\boldsymbol{R}^{2n-1}))\neq\phi$ を示せばよい．それには，$T(M^n)$ のファイバーが $V_{2n-1,n}$ である同伴束に断面があることを示せばよい (下の注意を参照)．ところがそのための障害は

$$H^i(M^n, \pi_{i-1}(V_{2n-1,n}))$$

にある．しかるに，$\pi_{i-1}(V_{2n-1,n})=0$, $i<n$, よって，上のような断面が存在する.

(2)　M^n がコンパクトで，n が奇数のとき: 上と同様にして，M^n は $\boldsymbol{R}^{2n}$ へはめ込むことができる．このとき，M^n の法 Stiefel–Whitney 類 $\overline{W}^n(M^n)$ は 0 である．よって，法線場が存在する．よって，定理 3.10 より M^n は $\boldsymbol{R}^{2n-1}$ へはめ込むことができる.

(3)　M^n がコンパクトで，n が偶数のとき: このとき，法 Stiefel–Whitney 類 $\overline{W}^n(M^n)$ が 0 となるように M^n を $\boldsymbol{R}^{2n}$ へはめ込むことができる (Hirsch[12], 定理 8.2 参照)．よって，M^n は $\boldsymbol{R}^{2n-1}$ へはめ込むことができる．∎

注意. $O(n)$ は次のように $V_{2n-1,n}$ へ作用していると考える．$O(n)\ni g=(a_{ij})$, $V_{2n-1,n}\ni\{X_1, \cdots, X_n\}$ に対して，

$$g\cdot\{X_1, \cdots, X_n\} = \{Y_1, \cdots, Y_n\}$$

$$Y_i=\sum_{j=1}^{n}a_{ji}X_j,\qquad i=1,\cdots,n.$$

［付記］ A. Phillips は“球面を裏返す”という題で，S^2 を $\boldsymbol{R}^3$ の中で，自分自身と切り合うことは許すが，滑らかに変形して，裏返すことができることを具体的に示している(A. Phillips[14] 参照).

また，最近このことを映画にしたものがある.（N. L. Max, Turning a sphere inside out, International Film Bureau Inc., Chicago)

これらのことは，“S^2 から $\boldsymbol{R}^3$ へのはめ込みはすべて正則ホモトープである”ことの 1 つの特別な場合の具体的な表示である．この“　”の部分は，Smale-Hirsch の定理と

$$\pi_2(V_{3,2})=\pi_2(SO(3))=0$$

よりわかる.

§6 C^r-多様体の C^r-三角形分割

ここで，前節で述べた，Hirsch が Smale の球面のはめ込みに関する定理を一般化したときに用いた道具，C^r-多様体の C^r-三角形分割について説明しておこう.

定義 3.14. K を局所有限な複体，$|K|$ を K の多面体とする．X を位相空間とする．(K,f) が X の**三角形分割**(triangulation)とは，$f:|K|\to X$ が同相であるときにいう.

(K,f)，(K_1,f_1) を X の三角形分割とする.

$$f^{-1}\circ f_1:|K_1|\longrightarrow|K|$$

が K_1 の単体を K の単体の中へ線形にうつすとき，(K_1,f_1) は (K,f) の**細分**(subdivision)であるという．あるいは，**三角形分割された空間**(triangulated space) $(X;K_1,f_1)$ は三角形分割された空間 $(X;K,f)$ の**細分**であるという.

定義 3.15. 2 つの三角形分割された空間 $(X_1;K_1,f_1)$，$(X_2;K_2,f_2)$ は K_1 と K_2 とが同型のとき，**同型**(isomorphic)であるという．そして，$(X_1;K_1,f_1)\cong(X_2;K_2,f_2)$ と書く.

$(X_1;K_1,f_1)$ と $(X_2;K_2,f_2)$ は，それらが互いに同型な細分をもつとき，**組合**

せ同値(combinatorially equivalent)と呼ばれる.

定義 3.16. 三角形分割された空間$(X;K,f)$がn次元単体に組合せ同値のとき，**組合せ n-胞体**(combinatorial n-cell)という.

定義 3.17. 三角形分割された空間$(X;K,f)$は，Kの各頂点の星状複体(star)が組合せn-胞体のとき，n次元**組合せ多様体**(combinatorial n-manifold)という. ——

これだけ準備をして，C^r-三角形分割の定義をしよう.

定義 3.18. M^nをn次元C^r-多様体，(K,f)をM^nの三角形分割とする. Kの各n次元単体σに対して，$f|\sigma:\sigma\to M^n$はC^r-写像で(この意味は，Kは十分高い Euclid 空間$\boldsymbol{R}^N$の中の複体であると考えて，fは$\boldsymbol{R}^N$におけるσの近傍$U(\sigma)$の上のC^r-写像へ拡張できるということである)，各点での階数がnとなるとき，(K,f)をM^nの **C^r-三角形分割**(C^r-triangulation)という.

また，(K,f)が$M^n=(M^n,\mathcal{D})$のC^r-三角形分割であるとき，M^nのC^r-構造$\mathcal{D}$は三角形分割(K,f)と**両立する**(compatible)という.

J. H. C. Whitehead は 1941 年，次のことを示した.

定理 3.11. $1\leqq r\leqq\infty$ とする.

(i) 閉C^r-多様体はC^r-三角形分割(K,f)をもつ.

(ii) (K,f)をC^r-多様体M^nのC^r-三角形分割とすると，三角形分割された空間$(M^n;K,f)$はn次元組合せ多様体である.

(iii) (K_1,f_1), (K_2,f_2)を閉C^r-多様体のC^r-三角形分割とする. このとき，三角形分割された空間$(M^n;K_1,f_1)$と$(M^n;K_2,f_2)$とは組合せ同値である.

証明は省略する. (例えば Munkres, Elementary Differential Topology, Princeton Univ. Press を参照.)

§7 Gromov の定理

1969 年 Gromov は Thesis において，Smale-Hirsch の定理および，沈め込みに関する Phillips の定理をふくむ一般的な定理を証明した. 証明のアイデアは，Smale-Hirsch の定理の Poénaru による証明，すなわち把手体分解を用いる方法，と本質的には同じである(Poénaru, Harvard 大学講義録).

まず，この§7ではGromovの定理をのべる．そして，つづく節において，系として，Phillipsの定理，Gromov-Phillipsの定理などをのべる．その次の節でGromovの定理を証明する．

M を C^∞-多様体とする．M の**局所微分同相**(local diffeomorphism)とは，X の開集合 U, V の間の微分同相 $f: U \to V$ のことである．2つの局所微分同相 $f: U \to V$, $g: W \to T$ は $f(U) \subset W$ のときだけ合成できる．M の局所微分同相全体の集合 $\mathcal{D}(M)$ を M の**局所微分同相の擬群**という．これは擬群となる(擬群の定義は第4章をみよ)．

定義 3.19. (E, p, M) を滑らかなファイバー束とする．このとき，次の条件を満足する写像 $\Phi: \mathcal{D}(M) \to \mathcal{D}(E)$ を $\mathcal{D}(M)$ の $\mathcal{D}(E)$ への**拡張**(extension)という：

1) $\mathcal{D}(M) \ni f$, $f: U \to V$ とすると，$\Phi(f)$ は微分同相 $p^{-1}(U) \to p^{-1}(V)$ で，次の図式は可換：

$$\begin{CD} p^{-1}(U) @>{\Phi(f)}>> p^{-1}(V) \\ @V{p}VV @VV{p}V \\ U @>>{f}> V, \end{CD}$$

2) $\Phi(1_U) = 1_{p^{-1}(U)}$,

3) $\Phi(f \circ g) = \Phi(f) \circ \Phi(g)$ ($f \circ g$ が定義できるとき).

例1. $(E, p, M) = (T(M), p, M)$ のとき．$\Phi: \mathcal{D}(M) \to \mathcal{D}(T(M))$, $\Phi(f) = df$ は拡張となっている．

例2. 滑らかなファイバー束 (E, p, M) に対して，(E^r, p^r, M) を E の局所断面の芽の r-ジェットのつくるファイバー束とする．このとき，$\Phi^r: \mathcal{D}(M) \to \mathcal{D}(E^r)$ を次のように定義する．$\mathcal{D}(M) \ni f$, $f: U \to V$ とする．$x \in U$ とする：

$$\begin{CD} (p^r)^{-1}(U) @>{\Phi^r(f)}>> (p^r)^{-1}(V) \\ @A{p^r}A{J^r(g)}A @VV{p^r}V \\ U @>>{f}> V \end{CD} \qquad \begin{CD} p^{-1}(U) @>{\tilde f}>> p^{-1}(V) \\ @A{}A{g}A @VVV \\ U @>>{f}> V. \end{CD}$$

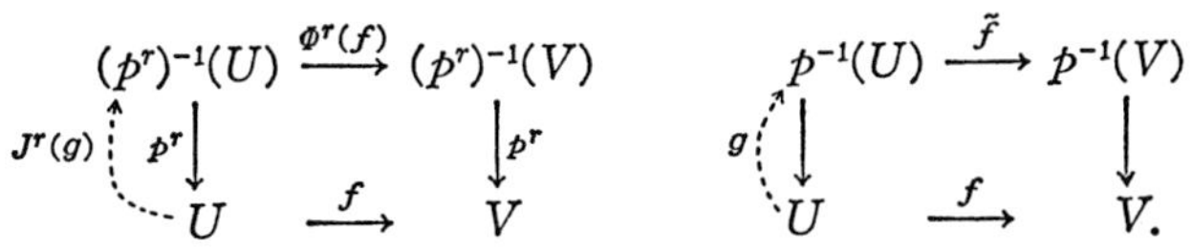

このとき
$$\Phi^r(f)(J_x^r(g)) = J_{f(x)}^r(\tilde f \circ g \circ f^{-1}),$$
ここで $\tilde f$ は f から導かれる束写像である．このとき Φ^r は拡張となる．

定義 3.20. M の開集合 U に対して，$\mathrm{Diff}^\infty(U)$ を U から U への微分同相全体とし，ここへコンパクト-開位相を入れる．

X の任意の開集合 U に対して，上の位相に関して，拡張

$$\Phi : \mathrm{Diff}^\infty(U) \longrightarrow \mathrm{Diff}^\infty(p^{-1}(U))$$

が連続のとき，Φ を**連続な拡張**という．——

上の2つの例は連続な拡張となっている．以下，連続な拡張ばかり考える．

$E^r \supset E_\omega{}^r$ を (E^r, p^r, M) の部分束とする．$p_\omega{}^r = p^r | E_\omega{}^r$ とする．このとき，$\Gamma_\omega{}^\infty(p)$（あるいは $\Gamma_\omega{}^\infty(E)$ とも書く）を (E, p, M) の C^∞-断面で，各点 $x \in M$ に対して $J^r f(x) \in E_\omega{}^r$ となるものの全体がつくる集合とする．(E, p, M) の C^∞-断面全体 $\Gamma^\infty(p)$（$\Gamma^\infty(E)$ とも書く）へ C^∞-位相を入れる．$\Gamma^\infty(p) \supset \Gamma_\omega{}^\infty(p)$ は部分集合となるから相対位相を入れる．このとき，

$$J^r : \Gamma_\omega{}^\infty(p) \longrightarrow \Gamma^0(p_\omega{}^r),$$

は連続写像となる．ここで，$\Gamma^0(p_\omega{}^r)$（$\Gamma^0(E_\omega{}^r)$ とも書く）は $(E_\omega{}^r, p_\omega{}^r, X)$ の C^0-断面全体へコンパクト-開位相を入れた空間である．▍

定理 3.12（Gromov の定理）． (E, p, M) を滑らかなファイバー束，(E^r, p^r, M) をその局所 C^∞-断面の芽の r-ジェットのつくるファイバー束とする．

a)　M は開多様体である，

b)　$E_\omega{}^r$ は E^r の開集合である，

c)　$E_\omega{}^r$ は，$\mathcal{D}(M)$ の Φ^r による拡張による作用に関して不変である．すなわち，$\mathcal{D}(M) \ni f$ に対して，

$$\Phi^r(f)(E_\omega{}^r) \subset E_\omega{}^r.$$

このとき，

$$J^r : \Gamma_\omega{}^\infty(p) \longrightarrow \Gamma^0(p_\omega{}^r)$$

は，弱ホモトピー同値である．

注意. この定理は M が閉多様体のときには，一般には成り立たない．

例えば，$M = S^1$，$E = T(S^1) = S^1 \times \boldsymbol{R}^1$ とする．このとき，$E^1 = J^1(S^1, \boldsymbol{R}^1)$ で，E^1 のファイバーは $J^1(1,1) = M(1,1;\boldsymbol{R}) = \boldsymbol{R}$ である．そこで，$E_0{}^1$ を E^1 のファイバーが $GL(1, \boldsymbol{R})$ である同伴束とすると，$E_0{}^1$ は E^1 の開集合である．さらに $\mathcal{D}(S^1)$ の作用により不変である．

このとき，$\Gamma_0{}^\infty(E) = \mathrm{Imm}(S^1, \boldsymbol{R}^1) = \phi$ であるが，$\Gamma^0(E_0{}^1) \neq \phi$.

§8　しずめ込み，Phillips の定理

ここで Phillips の定理を示す．

M, V をそれぞれ n 次元，p 次元の C^∞-多様体とする．

$\mathrm{Sub}(M, V)$ を M から V へのしずめ込み全体のつくる $C^\infty(M, V)$ の部分空間とする．

$\mathrm{Epi}(T(M), T(V))$ を M の接束 $T(M)$ から V の接束 $T(V)$ への全射全体の集合へコンパクト-開位相を入れた空間とする．ここで，$\phi: T(M)\to T(V)$ が全射とは，ϕ がベクトル束の間の準同型であって，各ファイバー $T_x(M)$ の上では全射であるものである(第1章，§2参照)．$f: M\to V$ をしずめ込みとすると，f の微分 $df: T(M)\to T(V)$ は全射である．

定理 3.13 (Phillips の定理)． M を開多様体とする．このとき，微分をとる写像

$$d: \mathrm{Sub}(M, V) \longrightarrow \mathrm{Epi}(T(M), T(V)),$$
$$f \longmapsto df$$

は弱ホモトピー同値である．

証明． M の次元を n，V の次元を p，$n\geqq p$ とする．また $E=M\times V$，$\pi=p_1$ とする．このとき，$E^1=J^1(M, V)$ となる．この 1-ジェット束のファイバーは $J^1(n,p)\times V=M(p,n;\boldsymbol{R})\times V$ である．$M(p,n;\boldsymbol{R})$ の中の階数が $(p-1)$ 以下の行列のつくる部分空間を Σ とすると，これは閉集合となる．

$$\Omega = M(p,n;\boldsymbol{R})-\Sigma$$

とする．$\Omega\times V$ に対応する E^1 の開部分束を $E_0{}^1$ とする．これは $\mathcal{D}(M)$ の作用により不変である．ここで，$\Phi^1: \mathcal{D}(M)\to\mathcal{D}(E^1)$ は，$\Phi^1(f)=df$ととって考える．よって，Gromov の定理により，

$$j^1 : \Gamma_0{}^\infty(E) \longrightarrow \Gamma^0(E_0{}^1)$$

は弱ホモトピー同値である．これは意味をよく考えると

$$\begin{array}{ccc} \Gamma_0{}^\infty(E) & \xrightarrow{j^1} & \Gamma^0(E_0{}^1) \\ {\scriptstyle\varphi}\big\downarrow \wr & & \wr \big\downarrow{\scriptstyle\phi} \\ \mathrm{Sub}(M, V) & \xrightarrow{d} & \mathrm{Epi}(T(M), T(V)) \end{array}$$

が可換となるような自然な同相写像φ,ψが存在する．$n<p$のときは明らかである．よって定理をうる．∎

§9　Smale–Hirsch の定理の証明

Mをn次元C^∞-多様体，Vをp次元C^∞-多様体とし，$n<p$とする．$f:M\to V$をはめ込みとすると，これに法束νが対応する．2つのはめ込み，$f_0,f_1:M\to V$が正則ホモトープならば，それらに対応する法束を，それぞれν_0,ν_1とすると，ν_0とν_1とは同値である．今Mの上の$(p-n)$次ベクトル束νを固定して，$\mathrm{Imm}_\nu(M,V)$を法束がν同値なはめ込み全体のつくる空間とする．$\mathrm{Mon}_\nu(T(M),T(V))$を$T(M)$から$T(V)$への単射$\phi$で，$\bar{\phi}^*(T(V)|\bar{\phi}(M)/\phi(T(M)))$が$\nu$と同値となるものの全体とする．ここで$\bar{\phi}$は$\phi$が導く写像である．

νの束空間を$E(\nu)$としたとき，次の可換図式をうる：

$$\begin{array}{ccc}
\mathrm{Sub}(E(\nu),V) & \xrightarrow{d} & \mathrm{Epi}(T(M)\oplus\nu,T(V)) \\
\downarrow & & \downarrow \\
\mathrm{Imm}_\nu(M,V) & \xrightarrow{d} & \mathrm{Mon}_\nu(T(M),T(V)),
\end{array}$$

ここで，縦の写像は自然に定義される写像である．第1行はPhillipsの定理により弱ホモトピー同値である．縦の矢は，ホモトピー同値となる．よって，第2行もホモトピー同値となる．

このことが各νに対して成り立つから，Smale–Hirschの定理は示された．∎

第4章で，Phillipsの定理を用いないSmale–Hirschの定理のもう1つの証明をのべる．

§10　Gromov–Phillips の定理

ここでGromov-Phillipsの定理を示す．これは，GromovとPhillipsが殆んど同じ頃それぞれ独立に示した．第5章で示すようにHaefligerが開多様体の上の葉層構造の分類定理の証明にこれを用いたので人々の注目をひいた．

Mをm次元，Nをn次元のC^∞-多様体とする．そしてNの上にk-平面場，

すなわち N の接束 $T(N)$ の k-次元部分束 η を考える．ν を商束 $T(N)/\eta$,

$$\pi : T(N) \longrightarrow \nu$$

を自然な射影とする．

Epi$(T(M),\nu)$ を $T(M)$ から ν への全射全体のつくる集合へコンパクト-開位相を入れた空間とする．そして，$Tr(M,\eta)$ を C^1-写像 $f:M\to N$ で $\pi\circ df$ が Epi$(T(M),\nu)$ へ入るものの全体の集合へ C^1-位相を入れた空間とする．このとき，次の定理が成り立つ．

定理 3.14 (Gromov-Phillips の定理)． M を開多様体とする．このとき

$$\pi\circ d : Tr(M,\eta) \longrightarrow \mathrm{Epi}\,(T(M),\nu),$$
$$f \longmapsto \pi\circ df$$

は弱ホモトピー同値である．

証明． $E=M\times N$, $\pi=p_1$ (第 1 成分への射影) とする．このとき $E^1=J^1(M,N)$ となる．そこで，$E_0{}^1$ を与えられた k-平面場 η に横断的な 1-ジェットのつくる部分束とする．このとき，$E_0{}^1$ は開部分束であり，さらに $\mathcal{D}(M)$ の作用で不変である．ここで，$\Phi':\mathcal{D}(M)\to\mathcal{D}(E^1)$ は §4 の例 2 のものを考える．そして，$\Gamma^0(E_0{}^1)$ はちょうど Epi$(T(M),\nu)$ に対応している．これを図式で示すと，

$$
\begin{array}{ccccc}
C^\infty(M,N) & & \xrightarrow{\qquad d \qquad} & & \mathrm{Hom}\,(T(M),T(N)) \\
 & \cup & & \cup & \\
 & Tr(M,\eta) & \xrightarrow{\pi\circ d} & \mathrm{Epi}\,(T(M),\nu) & \\
\wr\big\updownarrow\varphi & \wr\big\updownarrow & & \big\updownarrow\wr & \phi\big\updownarrow\wr \\
 & \Gamma_0{}^\infty(E) & \xrightarrow{\ j^1\ } & \Gamma^0(E_0{}^1) & \\
 & \cap & & \cap & \\
\Gamma^\infty(E) & & \xrightarrow{\qquad j^1 \qquad} & & \Gamma^0(E^1).
\end{array}
$$

よって，Gromov の定理から，この定理をうる．▎

§11　C^∞-多様体のハンドル分解

この節で，Gromov の定理の証明の準備として，C^∞-多様体のハンドル分解について簡単に解説する．詳しくは田村[A9]，第 5 章を参照されたい．

M^n をコンパクト n 次元 C^∞-多様体，Q を M^n の境界 ∂M^n の 1 つの連結成分とする．

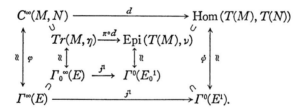

$$f_i:\partial D_i{}^s\times D_i{}^{n-s}\longrightarrow Q,\qquad i=1,\cdots,k,\ n\geqq s\geqq 0$$

を埋め込みで，それらの像は互いに交わらないとする．新しいコンパクト n 次元 C^∞-多様体

$$V=\chi(M,Q;f_1,\cdots,f_k;s)$$

を次のように定義する：V の下に横たわる位相多様体は

$$M^n\cup\left(\bigcup_{i=1}^{k}D_i{}^s\times D_i{}^{n-s}\right)\Big/\sim,$$

$$\partial D_i{}^s\times D_i{}^{n-s}\ni(x,y)\sim f(x,y)\in Q\subset M^n.$$

この位相多様体は，$\partial D_i{}^s\times D_i{}^{n-s}$ 以外のところでは自然な C^∞-構造をもつ(図3.2)．この $\partial D_i{}^s\times D_i{}^{n-s}$ に沿った“角”を“まっすぐにする”ことにより上の位相多様体へ C^∞-構造を入れることができる．これを V とする(図3.2)．

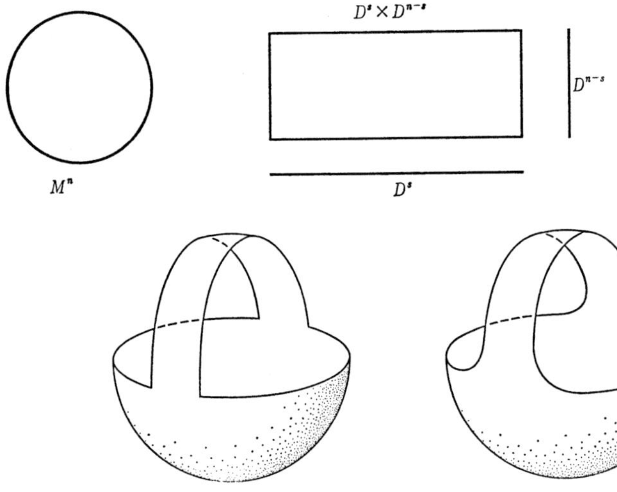

図3.2

$\partial M^n=Q$ のときは，単に $V=\chi(M;f_1,\cdots,f_k;s)$ と書くこともある．V へ埋め込まれた $D_i{}^s\times D_i{}^{n-s}$ を s-ハンドル(あるいは s-把手)という．

定義 3.21. $V=\chi(M,Q;f_1,\cdots,f_k;s)$ のとき，$\sigma=(M,Q;f_1,\cdots,f_k,s)$ を V の**表象**(presentation)という．$(D^n;f_1,\cdots,f_k;s)$ の形の表象をもつ多様体を**ハンドル体**(**あるいは把手体**)(handlebody)という．

また，$V=\chi(M, Q; f_1, \cdots, f_k; s)$ を M へ **s**-ハンドル $D_1{}^s\times D_1{}^{n-s}, \cdots, D_k{}^s\times D_k{}^{n-s}$ を**接着**(attach)した**多様体**という．

もっと一般に，M をハンドル体としたとき，$V=\chi(M,Q;f_1,\cdots,f_k;s)$ を**ハンドル体**という．

定理 3.15. W をコンパクト多様体，$f: W\to \boldsymbol{R}^1$ を C^∞-函数で，$f^{-1}[-\varepsilon,\varepsilon]=N$ の上では，特異点は $f^{-1}(0)$ の上の指数 λ の非退化なもののみとする．さらに $N\cap\partial W=\phi$，$f^{-1}(-\varepsilon)$ は連結とする．このとき，$f^{-1}[-\infty,\varepsilon]$ は，

$$(f^{-1}[-\infty, -\varepsilon],\ f^{-1}(-\varepsilon); f_1, \cdots, f_k; \lambda)$$

の形の表象をもつ．

証明の概略. $\beta_1, \cdots, \beta_k$ を f の $f^{-1}(0)$ の上での特異点とする．β_i の互いに交わらない近傍を V_i とする $(i=1, \cdots, k)$．このとき，f は V_i の上では局所座標系 $x=(x_1, \cdots, x_n)$，$\|x\|<\delta$，$\delta>0$，に関して，

$$f(x) = -\sum_{i=1}^{\lambda} x_i{}^2+\sum_{i=\lambda+1}^{n} x_i{}^2,$$

と表わされる．E_1 を V_i の $(x_1, \cdots, x_\lambda)$-平面，E_2 を $(x_{\lambda+1}, \cdots, x_n)$-平面とする．このとき，十分小さな $\varepsilon_1>0$ に対して，$E_1\cap f^{-1}[-\varepsilon_1, \varepsilon_1]$ は D^λ と微分同相である(図 3.3)．E_1 の十分小さな管状近傍 T をとれば，微分同相

$$\phi : T' = T\cap f^{-1}[-\varepsilon_1, \varepsilon_1] \longrightarrow D^\lambda\times D^{n-\lambda},$$
$$\phi(T\cap f^{-1}(-\varepsilon_1)) = \partial D^\lambda\times D^{n-\lambda}$$

が存在する．

そこで，$f^{-1}[-\infty, -\varepsilon_1]$ と $f^{-1}[-\infty, \varepsilon_1]$ とをくらべてみると，$f^{-1}[-\infty, \varepsilon_1]$ は，各 i に対して，λ-ハンドルが $f^{-1}[-\infty, -\varepsilon_1]$ へ接着されていることがわかる．これで定理は示された．❙

定義 3.22. M^n を n 次元 C^∞-多様体，$f: M^n\to \boldsymbol{R}$ を C^∞-函数とする．f の臨界点はすべて非退化であり，各臨界点 β に対して，$f(\beta)=\beta$ の指数であるとき，f を**好適函数**(nice function)という．

定理 3.16. M^n を n 次元 C^∞-多様体とすると，M^n の上に好適函数が存在する．——

証明は略す．

上の定理 3.15 と 3.16 より，境界のない n 次元 C^∞-多様体は，n 次元円板 D^n

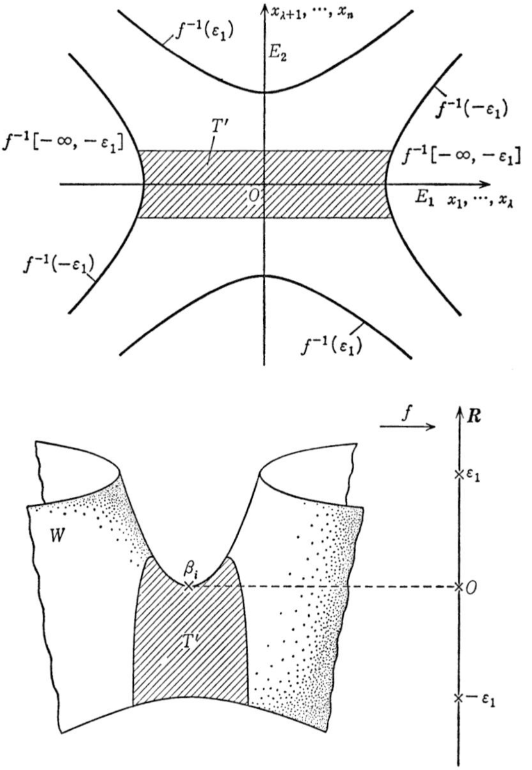

図 3.3

ヘハンドルを順次接着してえられることがわかる.

§12 Gromov の定理の証明

この節で Gromov の定理を証明する. 基礎となるのは C^∞-多様体の把手体分解である.

M を m 次元 C^∞-多様体とする. M が開多様体ならば, M の上に固有な Morse 函数 $f: M \to [0, \infty)$ が存在して, f の臨界点の指数はすべて m より小さい(第1章参照). f の臨界点を次のように並べる:

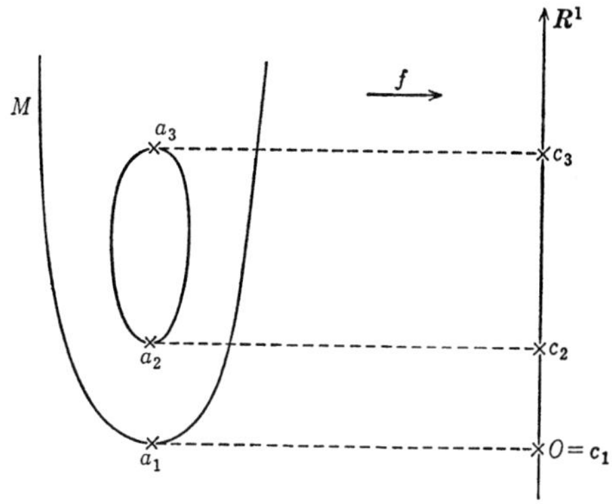

図 3.4

$a_1,\ a_2,\ \cdots,$

$c_i = f(a_i), \quad i = 1, 2, \cdots$ とおくと

$c_1,\ c_2,\ \cdots$ は単調増大.

各 a_i の周りで，局所座標系 $(x_1, \cdots, x_m)$ が存在して，(すなわち，局所座標系 $(U_\alpha, \varphi_\alpha)$ が存在して，$a_i \in U_\alpha$，$U_\alpha \ni x$ に対して $\varphi_\alpha(x)=(x_1, \cdots, x_m) \varphi_\alpha(a_i)=0)$，$f$ は局所的には次の形で書ける：

$$f = c_i - x_1{}^2 - \cdots - x_k{}^2 + x_{k+1}{}^2 + \cdots + x_m{}^2,$$

ここで k は a_i の指数である．(すなわち，$\varphi_\alpha(U_\alpha)$ の元 x に対して，$f \circ \varphi_\alpha{}^{-1}(x)$ が上の形に書けるという意味，以下上のような書き方をすることがある.) ここで $k<m$ であることに注意する(第1章§4参照).

各 i に対して，

$$M_i = f^{-1}([0, c_i + \varepsilon_i])$$

とおく，ここで

$$0 < \varepsilon_i < c_{i+1} - c_i, \quad \varepsilon_i \text{ は十分小さい}$$

とする．a_i の近傍 $U(a_i) \subset U_\alpha$ をとり，十分小さい $\delta_i > 0$ に対して

$$W_i = \left\{ x \in U(a_i) \,|\, \varphi_\alpha(x) = (x_1, \cdots, x_m),\ x_1{}^2 + \cdots + x_k{}^2 < \frac{\delta_i}{2} \right\}$$

とおく．そうして，

$$M_{i-1}{}^{\urcorner} = M_i - W_i$$

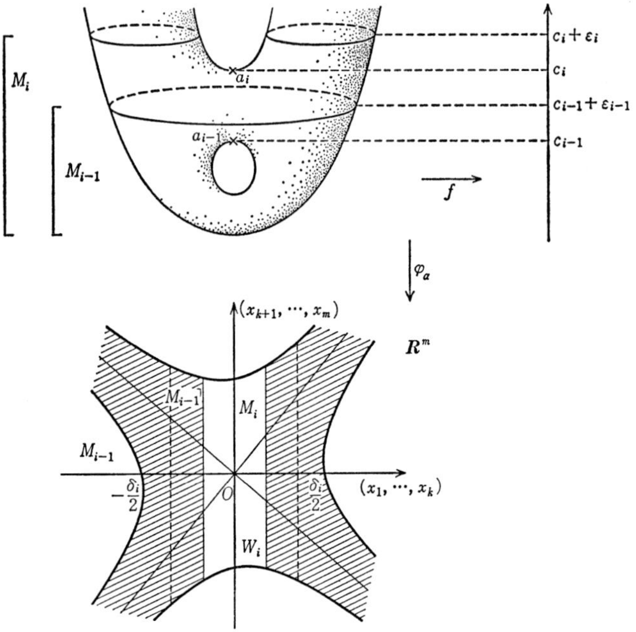

図 3.5

とおく．上の図は φ_α で $U(a_i)$ と $\varphi_\alpha(U(a_i))\subset \boldsymbol{R}^m$ とを同一視している．

このとき，$M_{i-1}{}^\urcorner$ は角をもつ，境界をもつ多様体である．そして，その角は $S^{k-1}\times S^{m-k-1}$ と微分同相である．よって，$M_{i-1}{}^\urcorner$ は M_{i-1} にその境界 $\partial M_{i-1}=f^{-1}(c_{i-1}+\varepsilon_{i-1})$ にそって帯状の近傍をつけ加えることによりえられる(図 3.5)．ここで上の帯状の近傍とは，$\partial M_{i-1}\times[0,1]$ の部分空間で次のように表わされるものである:

$$\{(x,t)\,|\,t\leqq g_i(x)\},$$

ここで，$g_i:\partial M_{i-1}\to(0,1]$ はある C^∞-函数．よって，M_i は $M_{i-1}{}^\urcorner$ と A_k との和と微分同相となる．ここで，A_k は $D^k\times D^{m-k}$ と同相で，$M_{i-1}{}^\urcorner\cap A_k$ は $\partial D^k\times D^{m-k}$ の帯状近傍 B に微分同相である(上の図を参考にして考えよ)．

すなわち，M_i は M_{i-1} に $\boldsymbol{k}$**-把手**を接着してえられる．

さて，M は次のような境界をもつコンパクト多様体の増大列の和として表わされる:

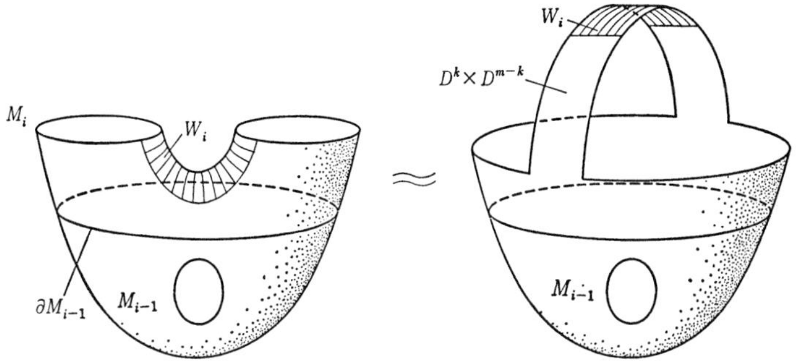

図 3.6

$$M_1\subset\cdots\subset M_{i-1}\subset M_{i-1}{}^{\urcorner}\subset M_i\subset M_i{}^{\urcorner}\subset\cdots. \tag{0}$$

Gromov の定理は次の 3 つの命題よりえられる.

以下，今までの (E,p,M) を $(E(M),p,M)$，(E^r,p^r,M) を $(E^r(M),p^r,M)$ とも書く．$(E_\omega{}^r(M),p^r,M)$ も同様．そして，$M\supset A$ に対して，$(E(M),p,M)$ の A の上への制限を $(E(A),p,A)$ と書く．$E^r(A)$ に対しても同様.

命題 3.6. M が m 次元閉円板 D^m のとき，定理は成り立つ，すなわち，

$$J^r:\Gamma_\omega{}^\infty(E(D^m))\longrightarrow\Gamma^0(E_\omega{}^r(D^m))$$

は弱ホモトピー同値である.

定義 3.23. E,B を位相空間，$p:E\to B$ を B の上への連続写像とする．有限多面体 P と連続写像 $F:P\times[0,1]\to B$，$f:P\to E$ が与えられていて，$p\circ f(x)=F(x)$ とする．このとき，連続写像 $\tilde{F}:P\times[0,1]\to E$ が存在して，

(i) $p\circ\tilde{F}(x,t)=F(x,t)$,

(ii) $\tilde{F}(x,0)=f(x)$

となるとき，(E,p,B) を**ファイバー空間**(fibre space)という：

$$\begin{array}{ccc} P & \xrightarrow{f} & E \\ & \overset{\tilde{F}}{\nearrow} & \downarrow p \\ P\times I & \xrightarrow{F} & B. \end{array}$$

また，(E,p,B) は**被覆ホモトピー性質**(CHP)をもつともいう.

明らかに，ファイバー束はファイバー空間である(足立[A1] 参照).

命題 3.7. C^∞-多様体 $M^{\urcorner}$ が境界をもつ C^∞-多様体 M に，その境界 ∂M へ

帯状近傍を付加したものに微分同相とする．このとき，2つの制限写像

$$\rho_\omega : \Gamma_\omega{}^\infty(E(M^\urcorner)) \longrightarrow \Gamma_\omega{}^\infty(E(M)),$$
$$\rho : \Gamma^0(E_\omega{}^r(M^\urcorner)) \longrightarrow \Gamma^0(E_\omega{}^r(M))$$

は，共に弱ホモトピー同値であり，さらにファイバー空間である．

命題 3.8. $k<m$，$A=D^k\times D^{m-k}$，$B=D_{1/2}{}^k\times D^{m-k}$ とする．ここで，

$$D_{1/2}{}^k=\left\{x\in D^k \,\middle|\, \frac{1}{2}\leqq|x|\leqq 1\right\}.$$

このとき，制限写像

(i)　$\rho_\omega : \Gamma_\omega{}^\infty(E(A)) \longrightarrow \Gamma_\omega{}^\infty(E(B)),$

(ii)　$\rho : \Gamma^0(E_\omega{}^r(A)) \longrightarrow \Gamma^0(E_\omega{}^r(B))$

はファイバー空間である．

(E,p,B), (E',p',B') をファイバー空間とする．連続写像 $g:E\to E'$ が E の各ファイバーを E' の1つのファイバーへ写すとき，g を**ファイバー写像**(fibre map)とよぶ．このとき，g により底空間の間の連続写像 $\bar{g}:B\to B'$ が導かれ，次の可換図式をうる:

$$\begin{array}{ccc} E & \xrightarrow{g} & E' \\ {\scriptstyle p}\downarrow & & \downarrow{\scriptstyle p'} \\ B & \xrightarrow{\bar{g}} & B'. \end{array}$$

補題 3.1. (E,p,B), (E',p',B') をファイバー空間とする．$g:E\to E'$ はファイバー写像で，$\bar{g}:B\to B'$ を g から導かれる写像とする．$\bar{g}$ を弱ホモトピー同値とする．

a)　g が弱ホモトピー同値ならば，g をファイバーへ制限した写像

$$g_x : F_x \longrightarrow F_{\bar{g}(x)}{}', \qquad x\in B,$$

も弱ホモトピー同値である．ここで $F_x=p^{-1}(x)$，$F_{\bar{g}(x)}{}'=p'^{-1}(\bar{g}(x))$.

b)　逆に各点 $x\in B$ に対して，$g_x:F_x\to F_{\bar{g}(x)}{}'$ が弱ホモトピー同値ならば，g も弱ホモトピー同値である．

証明. ファイバー空間のホモトピー完全系列を考える:

$$\begin{array}{ccccccccccc} \longrightarrow \pi_i(F) & \xrightarrow{i_*} & \pi_i(E) & \xrightarrow{p_*} & \pi_i(B) & \longrightarrow & \pi_{i-1}(F) & \xrightarrow{i_*} & \pi_{i-1}(E) & \longrightarrow \cdots \\ \downarrow & & {\scriptstyle g_*}\downarrow & & {\scriptstyle \bar{g}_*}\downarrow & & \downarrow & & {\scriptstyle g_*}\downarrow & \\ \longrightarrow \pi_i(F') & \xrightarrow{i_*} & \pi_i(E') & \xrightarrow{p_*} & \pi_i(B') & \longrightarrow & \pi_{i-1}(F') & \xrightarrow{i_*} & \pi_{i-1}(E') & \longrightarrow \cdots. \end{array}$$

上の図式は可換である(小松-中岡-菅原[A2])．これよりこの補題は次の5-補題よりえられる．▎

5-補題(five lemma)．Abel 群の2つの完全系列の可換図式がある：

$$\begin{array}{ccccccccc} A_1 & \longrightarrow & A_2 & \longrightarrow & A_3 & \longrightarrow & A_4 & \longrightarrow & A_5 \\ {\scriptstyle h_1}\big\downarrow & & {\scriptstyle h_2}\big\downarrow & & {\scriptstyle h_3}\big\downarrow & & {\scriptstyle h_4}\big\downarrow & & {\scriptstyle h_5}\big\downarrow \\ B_1 & \longrightarrow & B_2 & \longrightarrow & B_3 & \longrightarrow & B_4 & \longrightarrow & B_5. \end{array}$$

h_1, h_2, h_4, h_5 が同型ならば，h_3 も同型である．

証明は各自やってみよ．

Gromov の定理の証明　数学的帰納法で証明する．まず定理を，指数が k より小さい把手からなる境界をもつコンパクト多様体に対して正しいと仮定する．すなわち，命題3.6がこの帰納法の出発点である．

第1段階：M を m 次元多様体として，M' を M に指数が k 以下の把手を付加した多様体とする．ここで $k<m$ である．M に対して定理が成り立つとして，M' に対して定理が成り立つことを示そう．上に述べたように $M^{\urcorner}$ を M へその境界 ∂M に沿って帯状近傍を付加したものとする．すなわち，

$$M' = M^{\urcorner} \cup A, \qquad A \underset{d}{\approx} D^k \times D^{m-k},$$

$$M^{\urcorner} \cap A = B, \qquad B \underset{d}{\approx} D_{1/2}{}^k \times D^{m-k} \subset D^k \times D^{m-k}.$$

次の可換図式を考える：

$$\begin{array}{ccc} \Gamma_\omega{}^\infty(E(A)) & \xrightarrow{J^r} & \Gamma^0(E_\omega{}^r(A)) \\ {\scriptstyle \rho_\omega}\big\downarrow & & {\scriptstyle \rho}\big\downarrow \\ \Gamma_\omega{}^\infty(E(B)) & \xrightarrow{J^r} & \Gamma^0(E_\omega{}^r(B)). \end{array} \tag{1}$$

命題3.8によって ρ_ω, ρ はファイバー空間である．そして命題3.6, 3.7により $J^r : \Gamma_\omega{}^\infty(E(A)) \to \Gamma^0(E_\omega{}^r(A'),$ $J^r : \Gamma_\omega{}^\infty(E(B)) \to \Gamma^0(E_\omega{}^r(B))$ は弱ホモトピー同値である．何となれば B は0-把手と $(k-1)$-把手の和と考えられるから．そこで，上の補題3.1より J^r は各ファイバーの上で考えても弱ホモトピー同値である．

今度は次の可換図式を考えよう：

$$
\begin{array}{ccc}
\Gamma_\omega{}^\infty(E(M')) & \xrightarrow{J^r} & \Gamma^0(E_\omega{}^r(M')) \\
{\scriptstyle \rho_\omega}\downarrow & & \downarrow{\scriptstyle \rho} \\
\Gamma_\omega{}^\infty(E(M^{\urcorner})) & \xrightarrow{J^r} & \Gamma^0(E_\omega{}^r(M^{\urcorner})).
\end{array}
\tag{2}
$$

A, B への制限写像を考えることによって，可換図式(2)から可換図式(1)への写像(morphism)をうる：

$$
\begin{array}{ccccccc}
\Gamma_\omega{}^\infty(E(M')) & & \xrightarrow{\quad J^r \quad} & & \Gamma^0(E_\omega{}^r(M')) & & \\
{\scriptstyle \rho_\omega}\downarrow & \overset{\rho_\omega}{\searrow} & & & {\scriptstyle J^r}\downarrow{\scriptstyle \rho} & \overset{\rho}{\searrow} & \\
 & & \Gamma_\omega{}^\infty(E(M^{\urcorner})) & \xrightarrow{\quad\quad} & & & \Gamma^0(E_\omega{}^r(M^{\urcorner})) \\
\Gamma_\omega{}^\infty(E(A)) & \xrightarrow{\quad} & {\scriptstyle \rho_\omega}\downarrow & \xrightarrow{J^r} & \Gamma^0(E_\omega{}^r(A)) & & \downarrow{\scriptstyle \rho} \\
 & \overset{\rho_\omega}{\searrow} & & & & \overset{\rho}{\searrow} & \\
 & & \Gamma_\omega{}^\infty(E(B)) & \xrightarrow{\quad J^r \quad} & & & \Gamma^0(E_\omega{}^r(B)).
\end{array}
\tag{3}
$$

(2)において，ρ_ω, ρ はファイバー空間である(命題3.7を参照)．よって，ファイバー空間の完全系列がある．ところが帰納法の仮定より，$J^r : \Gamma_\omega{}^\infty(E(M^{\urcorner})) \to \Gamma^0(E_\omega{}^r(M^{\urcorner}))$ は弱ホモトピー同値である．一方，$J^r : \Gamma_\omega{}^\infty(E(M')) \to \Gamma^0(E_\omega{}^r(M'))$ を各ファイバーに制限した写像は，上の(3)から，(1)の $J^r : \Gamma_\omega{}^\infty(E(A)) \to \Gamma^0(E_\omega{}^r(A))$ を各ファイバーへ制限した写像と考えられる．これは弱ホモトピー同値であった．よって上の補題3.1より，$J^r : \Gamma_\omega{}^\infty(E(M')) \to \Gamma^0(E_\omega{}^r(M'))$ は弱ホモトピー同値となる．

第2段階：M は開多様体だから，一般には無限個の把手をもっている．M を(0)の列に分解する：

$$
M_1 \subset \cdots \subset M_{i-1} \subset M_{i-1}{}^{\urcorner} \subset M_i \subset M_i{}^{\urcorner} \subset \cdots \tag{0}
$$

このとき，制限写像の列ができる：

$$
\Gamma_\omega{}^\infty(E(M_1)) \leftarrow \cdots \leftarrow \Gamma_\omega{}^\infty(E(M_{i-1}{}^{\urcorner})) \leftarrow \Gamma_\omega{}^\infty(E(M_i)) \leftarrow \Gamma_\omega{}^\infty(E(M_i{}^{\urcorner})) \leftarrow \cdots,
$$

$$
\Gamma^0(E_\omega{}^r(M_1)) \leftarrow \cdots \leftarrow \Gamma^0(E_\omega{}^r(M_{i-1}{}^{\urcorner})) \leftarrow \Gamma^0(E_\omega{}^r(M_i)) \leftarrow \Gamma^0(E_\omega{}^r(M_i{}^{\urcorner})) \leftarrow \cdots.
$$

そして，それらの射影的極限は

$$
\varprojlim \Gamma_\omega{}^\infty(E(M_i)) = \Gamma_\omega{}^\infty(E(M)),
$$

$$
\varprojlim \Gamma^0(E_\omega{}^r(M_i)) = \Gamma^0(E_\omega{}^r(M))
$$

となる．従って，定理は次の補題と第1段階よりえられる．∎

補題 3.2. 位相空間の射影系の間の可換図式を考える：

$$\begin{array}{ccccccccc} \cdots \to & A_{i+1} & \to & A_i & \to & A_{i-1} & \to \cdots \to & A_1 \\ & \downarrow{\scriptstyle j_{i+1}} & & \downarrow{\scriptstyle j_i} & & \downarrow{\scriptstyle j_{i-1}} & & \downarrow{\scriptstyle j_1} \\ \cdots \to & B_{i+1} & \to & B_i & \to & B_{i-1} & \to \cdots \to & B_1, \end{array}$$

ここで，すべての縦の写像$j_i: A_i \to B_i$はファイバー空間とする．すべてのj_iが弱ホモトピー同値と仮定すると，それらの射影的極限

$$j = \varprojlim j_i : \varprojlim A_i \longrightarrow \varprojlim B_i$$

もまた弱ホモトピー同値である．——

証明は略す．各自やってみよ．

あとは上の3つの命題を証明すればよい．

命題3.6の証明. D^mは可縮だからファイバー束$E(D^m)$は積束$D^m \times F$である．よってこのファイバー束の断面はD^mからFへの写像と同一視される．そして，$E^r(D^m)$の$0 \in D^m$の上のファイバーは

$$J_0{}^r(D^m, F) = \bigcup_{y \in F} J_{0,y}{}^r(D^m, F)$$

と同一視される．

D^mの中心0への制限写像

$$\rho : \Gamma^0(E_\omega{}^r(D^m)) \longrightarrow \Gamma^0(E_\omega{}^r(0))$$

は明らかにホモトピー同値である．よって，

$$\rho \circ j^r : \Gamma_\omega{}^\infty(E(D^m)) \longrightarrow \Gamma^0(E_\omega{}^r(0))$$

が弱ホモトピー同値であることを示せばよい．

$$(\rho \circ j^r)_* : \pi_i(\Gamma_\omega{}^\infty(E(D^m))) \longrightarrow \pi_i(\Gamma^0(E_\omega{}^r(0))$$

が全射であることを示そう．EのファイバーFをEuclid空間$\boldsymbol{R}^N$の閉部分多様体と考える(Whitneyの埋め込み定理)．そして，$\pi: W \to F$をC^∞-引き込み(retraction)とする．ここでWはFの$\boldsymbol{R}^N$における開管状近傍とする．

$$f : S^i \longrightarrow \Gamma^\infty(E_\omega{}^r(0)) \subset J_0{}^r(D^m, F) \subset J_0{}^r(D^m, \boldsymbol{R}^N)$$

を連続写像とする．$J_0{}^r(D^m, \boldsymbol{R}^N)$の各ジェットを$r$次の多項式で代表して表わすと，連続写像

$$F : S^i \times D^m \longrightarrow \boldsymbol{R}^N$$

をうる，ここで各$s \in S^i$に対して

$$F_s : D^m \longrightarrow \boldsymbol{R}^N, \qquad F_s(x) = F(s, x)$$

はC^r-写像であり，$j^r(F_s)$はsに関して連続，そして$j^r(F_s)(0) = f(s)$である．

F は連続だから，$0\in D^m$ の近傍 $V(0)$ が存在して，$F(S^i\times V(0))\subset W$ となる．$F_s'=\pi\circ F_s|V(0)$ とおく．

$E_\omega{}^r(D^m)$ は開部分束であるから，0 の $V(0)$ における近傍 $U(0)$ が存在して，$F_s'|U(0)\in\Gamma^0(E_\omega{}^r(U(0)))$ となる．$h:D^m\to U(0)$ は埋め込みで，0 のある近傍で 1 となるものとする．このとき，

$$g: S^i \longrightarrow \Gamma^0(E_\omega{}^r(D^m)), \qquad g(s)=h^{-1}\circ F_s\circ h$$

とおくと，$j^r(g)(0)=f$ となる．ここで $\tilde{h}:p^{-1}(U)\to p^{-1}(V)$ は $\tilde{h}$ の拡張 $\Phi(h)$ である．よって全射であることがえられた．

単射であることも同様にして示される．∎

命題 3.7 の証明はそんなに難しくない．読者にゆずる．ヒント：M の上の断面は M の $M^\urcorner$ における近傍 U へ拡張できる．$M^\urcorner$ の恒等写像 $1_{M^\urcorner}$ のイソトピー $\{f_t\}$ で，

(i) $f_0=1_{M^\urcorner}$,

$$f_1: M^\urcorner \longrightarrow U,\ \text{埋め込み};$$

(ii) M の $M^\urcorner$ における近傍 V が存在して，

$$f_t(x)=x, \qquad x\in V,\ t\in I,$$

となるものがある．

命題 3.8 の証明． 以下，簡単のため，$\Gamma_\omega{}^\infty(E(M))$ を $\Gamma_0(M)$，$\Gamma^0(E_\omega{}^r(M))$ を $\Gamma(M)$ と書く．

$$D_{[a,b]}{}^k=\{x\in \boldsymbol{R}^k\,|\,a\leqq|x|\leqq b\},$$
$$D_a{}^k=\{x\in \boldsymbol{R}^k\,|\,|x|\leqq a\},$$
$$S_a{}^{k-1}=\{x\in \boldsymbol{R}^k\,|\,|x|=a\}$$

とする．そして

$$A=D_2{}^k\times D^{m-k},$$
$$B=D_{[1,2]}{}^k\times D^{m-k}$$

とする．

ファイバー束 $E(\boldsymbol{R}^m)$ は積束 $\boldsymbol{R}^m\times F$ である．（しかし $\boldsymbol{R}^m$ の局所微分同相の擬群 $D(\boldsymbol{R}^m)$ の作用は自明とは限らない）．このファイバー束の断面は $\boldsymbol{R}^m$ から F への写像と同一視される．

P を多面体とする．U を $\boldsymbol{R}^m\times P$ の部分空間とする．$f:U\to F$ が，

a)　$U\cap(\boldsymbol{R}^m\times\{p\})$ の上で C^r，$\forall p\in P$,

b)　$j^r(f)$ は連続,

c)　$j^r(f)(U)\subset E_\omega{}^r(U)$

のとき，f を**認容写像**とよぶことにする.

(ii)の証明　$\Gamma(A)\to\Gamma(B)$ がファイバー空間であることは，ファイバー束が CHP をもつことと同様に示される．CHP＝被覆ホモトピー性質(定義 3.23).

(i)の証明　$\Gamma_0(A)\to\Gamma_0(B)$ がファイバー空間になる，とは次の意味である：多面体 P と連続写像

$$f: P\times I\longrightarrow\Gamma_0(D_{[1,2]}{}^k\times D^{m-k}),$$
$$g_0: P\times(0)\longrightarrow\Gamma_0(D_2{}^k\times D^{m-k}),$$
$$f(x,0)=\rho\circ g_0(x,0)$$

が与えられたとき，g_0 の拡張である連続写像

$$g: P\times I\longrightarrow\Gamma_0(D_2{}^k\times D^{m-k})$$

が存在して，$\rho\circ g=f$ となることである：

$$\begin{array}{ccc} P\times 0 & \xrightarrow{g_0} & \Gamma_0(D_2{}^k\times D^{m-k}) \\ & {}^{g}\nearrow & \downarrow\rho \\ P\times I & \xrightarrow{f} & \Gamma_0(D_{[1,2]}{}^k\times D^{m-k}). \end{array}$$

このことは，上で定義した認容写像の言葉を用いると次のようになる．2つの認容写像

$$f: D_{[1,2]}{}^k\times D^{m-k}\times P\times[0,1]\longrightarrow F,$$
$$g_0: D_2{}^k\times D^{m-k}\times P\times(0)\longrightarrow F$$

が与えられている，そしてこの2つは定義域の共通部分では一致している．このとき，これらの拡張となっている認容写像

$$g: D_2{}^k\times D^{m-k}\times P\times[0,1]\longrightarrow F$$

をみつける.

この g は次のように3段階で構成される.

a)　まず f をちよっと拡張する，すなわち次のような認容写像 f' を構成する：

$$f': D_{[\alpha,2]}{}^k\times D^{m-k}\times P\times[0,1]\longrightarrow F,\qquad \alpha<1,$$

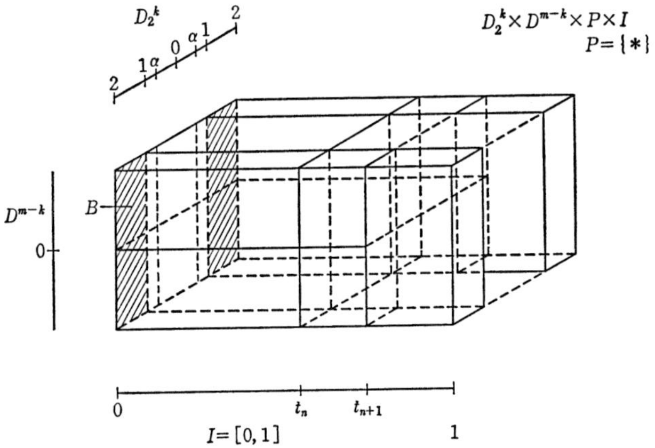

図 3.7

$$f'|D_{[1,2]}{}^k \times D^{m-k} \times P \times [0,1] = f,$$
$$f'|D_2{}^k \times D^{m-k} \times P \times (0) = g_0.$$

b) 増大列 $0=t_0<t_1<\cdots<t_s=1$ と，$0\leqq n<s$ となる各 n に対して，$D_{[\alpha,2]}{}^k \times D^{m-k} \times P \times [t_n, t_{n+1}]$ のある近傍で定義された認容写像 μ_n が存在して，

(i) $\mu_n(x,y,p,t) = f'(x,y,p,t), \quad t=t_n$ あるいは $x \in U(D_{[1,2]}{}^k)$,

ここで，$U(D_{[1,2]}{}^k)$ は $D_{[1,2]}{}^k$ のある近傍，

(ii) $\mu_n(x,y,p,t) = \mu_n(x,y,p,t_n), \quad x \in U(S_\alpha{}^{k-1})$,

ここで，$U(S_\alpha{}^{k-1})$ は $S_\alpha{}^{k-1}$ のある近傍，

となる．

何となれば，上のような写像 μ_n は，認容とは限らないものならば，各 t に対して一様に構成される．認容性は開条件(open condition)だから，μ_n は十分小さい t の変化に対しても認容である．[0,1] のコンパクト性より t_i を定義して，上のような μ_n を定義しうる．

上の μ_0 を用いて，g の $D_2{}^k \times D^{m-k} \times P \times [0, t_1]$ の上への拡張を次のように構成することができる：

$$g(x,y,p,t) = \begin{cases} \mu_0(x,y,p,t), & x \in D_{[\alpha,2]}{}^k, \\ g_0(x,y,p,0), & x \notin D_{[\alpha,2]}{}^k. \end{cases}$$

c) g_0 の拡張 g_n を帰納的に構成しよう．すでに認容写像

$$g_n : D_2{}^k\times D^{m-k}\times P\times[0, t_n] \longrightarrow F,$$
$$g_n | D_2{}^k\times D^{m-k}\times P\times[0, t_0] = g_0,$$
$$g_n | U(D_{[\beta, 2]}{}^k\times D^{m-k}\times P\times[0, t_n]) = f', \qquad \alpha < \beta < 1,$$

が構成されたとする，ここで$U(\quad)$はある近傍を表わす．

$U\subset D_2{}^k\times D^{m-k}$ を $D_{[\alpha, \beta]}{}^k\times(0)$ のある近傍で，その上で μ_n と f' が定義されているとする，そして，$U\cap(D_{[1,2]}{}^k\times D^{m-k})=\phi$ とする．

$k<m$ だから（M は開多様体だから；第1章§4を参照），$m-k>0$ である．よって $D_2{}^k\times D^{m-k}$，$0\leqq t\leqq t_n$ のイソトピー $\varDelta_t$ が存在して，

1)　$\varDelta_t$ は，U の外，$S_\beta\times 0$ のある近傍，$S_1\times 0$ の近傍，$t\leqq t_n/2$，では1である．

2)　$\beta<\gamma<1$ なる γ に対して，

$$\varDelta t_n(S_\gamma\times 0) = S_\alpha\times 0.$$

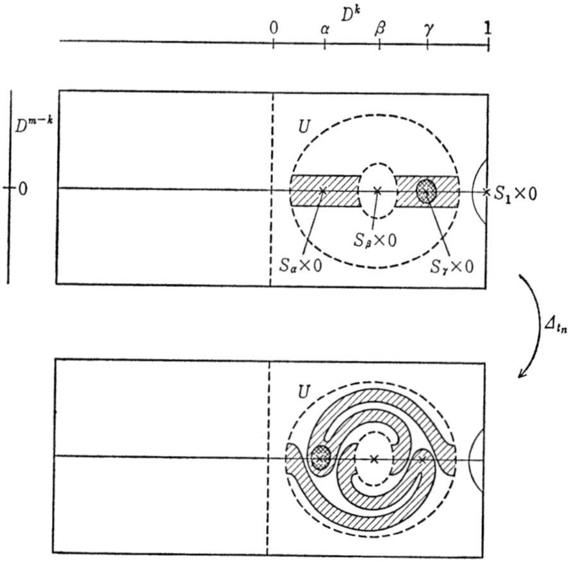

図 3.8

まず，g_{n+1} を心棒

$$C = [(D_2{}^k\times 0)\cup(D_{[1,2]}{}^k\times D^{m-k})]\times P\times[0, t_{n+1}]$$

の十分小さい近傍で，次のように構成する：

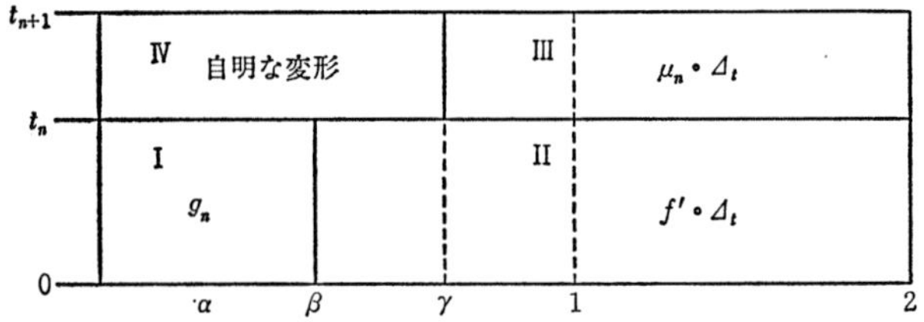

Iの部分($\|x\|<\beta$, $0\leqq t\leqq t_n$)では,

$$g_{n+1}=g_n,$$

IIの部分($\beta\leqq\|x\|\leqq 2$, $0\leqq t\leqq t_n$)

では

$$g_{n+1}(x,y,p,t)=(\bar{\Delta}_t)^{-1}f'(\Delta_t(x,y),p,t),$$

IIIの部分($\gamma\leqq\|x\|\leqq 2$, $t_n\leqq t\leqq t_{n+1}$)では,

$$g_{n+1}(x,y,p,t)=(\bar{\Delta}_{t_n})^{-1}\mu_n(\Delta_{t_n}(x,y),p,t),$$

ここで, $\bar{\Delta}_t, \bar{\Delta}_{t_n}$は, それぞれ, 微分同相$\Delta_t, \Delta_{t_n}$の拡張$\Phi(\Delta_t), \Phi(\Delta_{t_n})$のファイバー$F$への作用を表わす.

IVの部分($\|x\|\leqq\gamma$, $t_n\leqq t\leqq t_{n+1}$)では,

$$g_{n+1}(x,y,p,t)=g_{n+1}(x,y,p,t_n).$$

上の定義をみれば, 心棒Cの十分小さい近傍Vでは定義域が重なっているところでは一致していることがわかる. h_tを$D_2{}^k\times D^{m-k}$の次のようなイソトピーとする:

(i) $h_0=1$,

(ii) $h_t=1$, on $U(D_{[1,2]}{}^k\times D^{m-k})$,

(iii) $h_t(D_2{}^k\times D^{m-k})\subset V$, $\quad t\geqq t_n/2$,

ここで$U(\ \ )$はある近傍を表わす. このとき, 求めるg_{n+1}は次のように定義すればよい:

$$g_{n+1}(x,y,p,t)=(\bar{h}_t)^{-1}g_{n+1}(h_t(x,y),p,t),$$

ここで, $\bar{h}_t$は微分同相h_tの拡張$\Phi(h_t)$のファイバーFへの作用を表わす. ∎

§13 Gromov の定理のその他の応用

(A) シンプレクティク構造

M を $2n$ 次元 C^∞-多様体とする.

定義 3.24. M の上の閉 2 次微分形式 ω で, $\omega^n \neq 0$ となるものを M 上の**シンプレクティク構造**(symplectic structure)という, ここで $\omega^n = \underbrace{\omega \wedge \cdots \wedge \omega}_{n}$. ——

M がシンプレクティク構造をもてば, M には自然に概複素構造が入る. このことを以下説明する.

$Sp(2n, \boldsymbol{R})$ を実 $2n$ 次シンプレクティク群とする. このとき,

$$O(2n) \cap Sp(2n, \boldsymbol{R}) = Sp(2n, \boldsymbol{R}) \cap GL(n, \boldsymbol{C}) = GL(n, \boldsymbol{C}) \cap O(2n) = U(n).$$

定義 3.25. $2n$ 次元 C^∞-多様体 M^{2n} の接バンドル $\tau(M^{2n})$ の構造群の $Sp(2n, \boldsymbol{R})$ への還元を, M^{2n} の上の**概シンプレクティク構造**(あるいは**概 Hamilton 構造**)という. ——

定義 3.26. $\boldsymbol{R}^{2n}$ の上の非退化歪対称双線型 2-形式[,]: $\boldsymbol{R}^{2n} \times \boldsymbol{R}^{2n} \to \boldsymbol{R}$ を**シンプレクティク線型構造**といい, [,] を**歪スカラー積**(skew scalar product)という. ——

ここで, [,] が**非退化**とは, $[\xi, \eta]=0$, $\forall \eta \in \boldsymbol{R}^{2n}$ ならば $\xi=0$ となることである.

例. $\boldsymbol{R}^{2n} = \{(p_1, \cdots, p_n, q_1, \cdots, q_n)\}$ としたとき,

$$\omega^2 = p_1 \wedge q_1 + \cdots + p_n \wedge q_n$$

とする. これは非退化, 歪対称な 2-形式である. よって, $[\xi, \eta] = \omega^2(\xi, \eta)$ とおくと, [,] は歪スカラー積となる. これを $\boldsymbol{R}^{2n}$ の**標準的シンプレクティク構造**という. 以下特に断わらない限り $\boldsymbol{R}^{2n}$ にはこのシンプレクティク構造を入れて考える.

定義 3.27. 1 次変換 $S: \boldsymbol{R}^{2n} \to \boldsymbol{R}^{2n}$ は, 歪スカラー積を保つとき, すなわち

$$[S(\xi), S(\eta)] = [\xi, \eta], \qquad \forall \xi, \eta \in \boldsymbol{R}^{2n}$$

のとき, **シンプレクティク**という. ——

$\boldsymbol{R}^{2n}$ のシンプレクティク変換全体は群になる. これが $2n$ 次元実シンプレク

ティク群 $Sp(2n, \boldsymbol{R})$ であった．

さて，M^{2n} がシンプレクティク構造 ω をもてば，M^{2n} の各点 x に対して，$T_x(M^{2n})$ はシンプレクティク構造をもつ．そして，M^{2n} の接バンドル $\tau(M^{2n})$ の構造群は $Sp(2n, \boldsymbol{R})$ へ還元できることがわかる．すなわち，M^{2n} は概シンプレクティク構造をもつ．

一方，M^{2n} の上のシンプレクティク構造 ω が与えられれば，各接空間 $T_x(M^{2n})$ はシンプレクティク構造をもつから，

$$[\xi, \eta] = (I\xi, \eta)$$

により，$I: T_x(M) \to T_x(M)$ を定義すれば，$I^2 = -1$ となる，ここで $(\ ,\ )$ は，$T_x(M)$ の内積を表わす．したがって，$T_x(M)$ は複素構造をもつ．このことから，M^{2n} の接バンドル $\tau(M^{2n})$ の構造群が $GL(n, \boldsymbol{C})$ へ還元できることがわかる．

また上のことは，$U(n)$ と $Sp(2n, \boldsymbol{R})$ とが同じホモトピー型をもつことからもわかる．

例． V を n 次元 C^∞-多様体とすると，V の余接バンドル $T^*(V) = \mathrm{Hom}(T(V), \boldsymbol{R})$ は $2n$ 次元の多様体となるが，これはシンプレクティク構造をもつ．

何となれば，V の各点 x での局所座標系を $(x_1, \cdots, x_n)$ としたとき，$T^*(V)$ の点の局所座標系として，$(x_1, \cdots, x_n, dx_1, \cdots, dx_n)$ をとりうる．$(x_1, \cdots, x_n, dx_1, \cdots, dx_n) = (p_1, \cdots, p_n, q_1, \cdots, q_n)$ として，

$$\omega = d\boldsymbol{p} \wedge d\boldsymbol{q} = dp_1 \wedge dq_1 + \cdots + dp_n \wedge dq_n$$

とすればよい．

定理 3.17. M を $2n$ 次元開多様体とする．M の上にシンプレクティク構造が存在することと，M が概複素構造をもつこととは同値である．

証明． $E = T^*(M) = \mathrm{Hom}(T(M), \boldsymbol{R})$ とする．$E_\omega{}^1$ を $(d\alpha)^n \neq 0$ となるような1次微分形式 α の 1-ジェットのつくる E^1 の部分束とする．$E_\omega{}^1$ は開部分束となる．$E_\omega{}^1$ は $\mathscr{D}(M)$ の自然な作用により不変である．このとき，$\Gamma_\omega{}^\infty(E)$ は $(d\alpha)^n \neq 0$ となるような1次微分形式 α の空間となる．$\Gamma^0(E_\omega{}^1)$ は $\beta^n \neq 0$ となるような2次微分形式 β の空間と考えられる．

一方，$\beta^n \neq 0$ となるような2次微分形式 β には上に述べたように M の上の概複素構造が対応している．よって，Gromov の定理により，この命題をう

る．∎

注意． この命題は，M を閉多様体とすると成り立たない．S^6 には概複素構造が入るが，シンプレクティク構造は存在しない．

(B)　接触構造

M を $(2n+1)$ 次元の C^∞-多様体とする．

定義 3.28. M の上の 1 次微分形式 ω で，

$$\omega \wedge (d\omega)^n \neq 0$$

となるものを，M の上の**接触形式**(contact form)という．M の上の 1 次微分形式 α で，$\alpha \wedge (d\alpha)^n$ が体積要素となるものを M の上の**接触構造**(contact structure)という．

M の接束 $T(M)$ の構造群 $GL(2n+1, \boldsymbol{R})$ の $U(n)$ への還元(reduction)を M の上の**概接触構造**(almost contact structure)という．——

上の(A)と同様にして，次のことがわかる．

定理 3.18. M を $(2n+1)$ 次元開多様体とする．M の上に接触構造が存在することと，概接触構造が存在することとは同値である．——

注意． このことは 3 次元閉多様体に対しても成り立つことが Martinet により示されている．

J. Martinet, Formes de contact sur les variétés de dimension 3, Lecture Notes in Math. Springer, **209**(1971), 142–163.

そこで，開多様体の上の概複素構造と複素構造との間には同様のことは成り立たないか？　ということが考えられる．これについては，第 6 章で論ずる．

Gromov–Phillips の定理の葉層構造の理論への応用は第 4 章で論ずる．

付記　Gromov の定理(とその証明)は，歴史的にみると，Smale[17]の被覆ホモトピーの方法が基になっている．

第4章　Gromovの凸積分理論

この章では，いわゆるSmale–Hirschの理論の自然な一般化であるGromovの凸積分理論をのべる．この理論の応用はいろいろあるのではないかと思われる．第6章でその1つをのべる．

§1　基本定理

X, Vをそれぞれn次元，q次元のC^∞-多様体とし，$p: X \to V$を滑らかなファイバー束とする．このとき，

$$p^r : X^r \longrightarrow V$$

を(X, p, V)の滑らかな断面の芽のr-ジェットのつくるファイバー束とする．X^rの部分集合Ωを**r階の微分関係**(differential relation)あるいは**r階の微分方程式**という．(X, p, V)の滑らかな断面$f: V \to X$が，そのr-ジェットを$J^r(f): V \to X^r$としたとき，$J^r(f)(V) \subset \Omega$となるとき，fを微分関係Ωの解という．

Ωが開集合のとき，r階偏微分不等式系を考えていることにあたる．またΩが閉集合のときにはr階の偏微分方程式系を考えていることにあたる．

(X, p, V)の滑らかな断面全体をSect(X)と書き*)，これに$C^\infty(V, X)$からの相対位相を入れる．(X^r, p^r, V)の断面全体をSect(X^r)と書き，これに$C^0(V, X^r)$からの相対位相を入れる．このとき，r-ジェットをとる写像

$$J^r : \mathrm{Sect}(X) \longrightarrow \mathrm{Sect}(X^r),$$

*)　第3章では$\Gamma(X)$と書いていた．しかし第5章でこれを他の意味に用いるので，以下上のように書く．

$$f \longmapsto J^r(f)$$

は連続写像となる.

$$\mathrm{Sect}(X^r, \Omega) = \{\sigma \in \mathrm{Sect}(X^r) \mid \sigma(V) \subset \Omega\},$$

$$\mathrm{Sect}(X, \Omega) = (J^r)^{-1}(\mathrm{Sect}(X^r, \Omega))$$

とおく. このとき, $\mathrm{Sect}(X, \Omega)$ は Ω の解全体の空間となる.

定義 4.1. $$J^r : \mathrm{Sect}(X, \Omega) \longrightarrow \mathrm{Sect}(X^r, \Omega)$$

が

(i) 弧状連結成分の間の全単射を導く,

(ii) ホモトピー群の同型写像

$$(J^r)_* : \pi_i(\mathrm{Sect}(X, \Omega)) \xrightarrow{\cong} \pi_i(\mathrm{Sect}(X^r, \Omega)), \quad 1 \leqq \forall i$$

を導くとき, 微分関係 Ω に対して **w. h. e.-原則**が成り立つという. ——

Gromov の基本定理は Ω に対して w. h. e.-原則が成り立つための十分条件を与えるものである. これからしばらく, Gromov の基本定理をのべるための言葉の用意をする.

定義 4.2. L をアフィン空間, $L \supset Q$ とする. L の点 x に対し, Q の凸包 $\mathrm{Conv}(Q)$ に含まれる x の近傍 $U(x)$ が存在するとき, Q は x を**包む**という.

——

ここで Q の**凸包** (convex hull) とは, Q を含む最小の凸集合のことである (図 4.1).

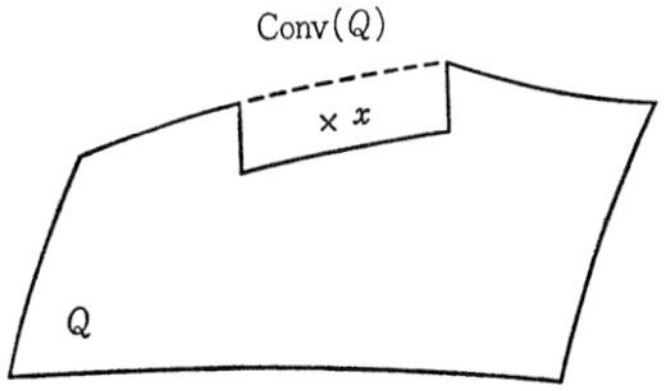

図 4.1

L を Banach 空間としたとき, $L \supset Q$ に対して, Q の凸包 $\mathrm{Conv}(Q)$ の閉包は, Q を含む最小の閉凸集合となる.

定義 4.3. Q の各弧状連結成分が L のすべての点を包むとき, Q は, **豊富** (ample) であるという. ——

空集合ϕも豊富であるとする.

例. (i)　$L=\boldsymbol{R}^n$, $\boldsymbol{R}^{n-1}=\{(x_1,\cdots,x_n)\in\boldsymbol{R}^n\,|\,x_n=0\}$とする. $Q=\boldsymbol{R}^n-\boldsymbol{R}^{n-1}$とするとQは豊富ではない.

(ii)　$L=\boldsymbol{R}^n$, $\boldsymbol{R}^{n-2}=\{(x_1,\cdots,x_n)\in\boldsymbol{R}^n\,|\,x_{n-1}=x_n=0\}$とする. $Q=\boldsymbol{R}^n-\boldsymbol{R}^{n-2}$とすると, Qは豊富である. ——

A_nを$\boldsymbol{R}^n$のアフィン変換群とする. ファイバーが$\boldsymbol{R}^n$, 構造群がA_nであるファイバー束を**アフィン束**という.

定義4.4. (Z,p,K)をアフィン束とする. 構造群A_nが$A_{n-q}\times A_q$へ還元できて, しかも各点$k\in K$の上のファイバーZ_kを

$$Z_k=\boldsymbol{R}_k{}^{n-q}\times\boldsymbol{R}_k{}^q=\bigcup_{\lambda\in\boldsymbol{R}_k{}^{n-q}}\{\lambda\}\times\boldsymbol{R}_k{}^q$$

(以下, $\boldsymbol{R}_{k,\lambda}{}^q=\{\lambda\}\times\boldsymbol{R}_k{}^q$と書く.)

と考えるとき, この(還元, ファイバーの分割)を**q次元の向きづけ**とよぶ.

定義4.5. (Z,p,K)をアフィン束とする. **アフィン埋め込み**$\alpha:\boldsymbol{R}^q\to Z$とは1つのファイバーへの線型な埋め込みのことをいう. さらに(Z,p,K)がq次元の向きづけをもってきて, アフィン埋め込み$\alpha:\boldsymbol{R}^q\to Z$が, この**向きづけに平行**であるとは, αがある1つの$\boldsymbol{R}_{k,\lambda}{}^q$への埋め込みであるときにいう.

定義4.6. (Z,p,K)をアフィン束とする. $Z\supset Q$, $K\supset K_0$とする. さらに(Z,p,K)はq次元向きづけをもつとする. この向きづけに平行な任意のアフィン埋め込み$\alpha:\boldsymbol{R}^q\to Z_k\subset Z$, $k\in K_0$, に対して, $\alpha^{-1}(Q)\subset\boldsymbol{R}^q$が豊富なとき, Qは**K_0の上で豊富**であるという. ——

(X,p,V)を滑らかなファイバー束とする, ここで底空間Vおよびファイバーはそれぞれn次元, q次元のC^∞-多様体とする. (X^1,p^1,V)を上の束の滑らかな断面の1-ジェットの芽の作るファイバー束, (X^1,p^0,X)をそれに関連した自然なファイバー束とする. この(X^1,p^0,X)はアフィン束である. 次の可換図式をうる:

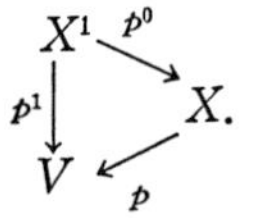

定義4.7. V_0をVの余次元1の部分多様体とする. このV_0によって, アフィン束(X^1,p^0,X)の$p^{-1}(U)$上への制限, UはV_0の管状近傍, へq次元の向

きづけを定義しよう．1点 $x \in X$ の上のファイバー $(p^0)^{-1}(x) \subset X^1$ を考える．$p(x) \in V_0 \subset V$ とする．$(p^0)^{-1}(x) \ni J^1(f_0)$，$J^1(f_1)$ は $f_0 | V_0$ と $f_1 | V_0$ が $p(x)$ で同じ1-ジェットを定義するとき，同値であると定義する．この同値関係により，$(p^0)^{-1}(x)$ は同値類に分れる．そしてこれは q 次元の向きづけを定義する．これを**主向きづけ**という．そして，主向きづけに平行なアフィン埋め込み $\alpha: \boldsymbol{R}^q \to X$ を**主アフィン埋め込み**という．

定義 4.8. (X, p, V) を上のような滑らかなファイバー束とする．V の1つの局所座標系を (U, φ) とする：$\varphi: U \to \boldsymbol{R}^n$．$\varphi(x)=(u_1, \cdots, u_n)$．$V_i = U \cap \varphi^{-1}\{u_i=0\}$ とおくと，V_i は余次元1の部分多様体となる，$i=1, 2, \cdots, n$．この V_i は，U の上のアフィン束へ q 次元の主向きづけを定義する．これを，**座標向きづけ** (coordinate orientation) という．——

これだけ用意をして，Gromov の基本定理をのべる．

定理 4.1 (Gromov の基本定理)． (X, p, V) を滑らかなファイバー束，$X^1 \supset \Omega$ を開集合とする．X の各点 x に対して，x の座標近傍 N と $p(x) \in V$ の局所座標系 (U, φ) が存在して，

(i) $p(N) \subset U$,

(ii) Ω は N の上で (U, φ) に関するすべての座標向きづけに関して豊富である，

とする．このとき，Ω に対して w. h. e.-原則が成り立つ．——

この定理の証明はあとまわしにして，この定理を用いて簡単にえられるものを示す．この定理において，V を開集合と仮定していないことに注目してほしい．第3章の Gromov の定理は V を開多様体と仮定していた．しかし，Ω に関する条件がこの章の基本定理より弱い．

系 4.1. (X, p, V) を滑らかなファイバー束，$X^1 \supset \Omega$ を開集合とする．任意の主アフィン埋め込み $\alpha: \boldsymbol{R}^q \to X^1$ に対して，$\alpha^{-1}(\Omega) \subset \boldsymbol{R}^q$ が豊富ならば，Ω に対して w. h. e.-原則が成り立つ．——

この系は Gromov の基本定理より明らかである．

系 4.2. (X, p, V) を滑らかなファイバー束，$X^1 \supset \Sigma$ を閉集合とする．任意の主アフィン埋め込み $\alpha: \boldsymbol{R}^q \to X^1$ に対して，$\alpha^{-1}(\Sigma) \subset \boldsymbol{R}^q$ が $\boldsymbol{R}^q$ と一致するか，あるいは疎 (nowhere dense) で連結な補集合をもつとする．このとき $\Omega = \Sigma^c$ に対

してw. h. e.-原則が成り立つ. ——

この系4.2は上の系4.1より明らかである.

定義4.9. (X, p, V)の滑らかな断面の芽の1-ジェットのつくる束を(X^1, p^1, V)とする. これのファイバーは$J^1(n, q)\times Y$である. $J^1(n, q)$の$L^1(n, q)$による閉不変集合$\Sigma\times Y$を考える. (X^1, p^1, V)のファイバーが$\Sigma\times Y$である同伴束をJ_Σとする. この形で書けるX^1の閉部分集合J_Σを**典型的な特異点集合**(typical singularity)という.

系4.3. (X, p, V)を滑らかなファイバー束, 底空間Vをn次元C^∞-多様体, ファイバーをq次元多様体, $n\leqq q$とする. $X^1\supset\Sigma$を余次元が2以上の典型的な特異点集合とする. このとき$\Omega=\Sigma^c$とすると, Ωに対してw. h. e.-原則が成り立つ. ——

この証明も, 系4.2よりえられる.

§2　Smale–Hirschの定理, Feitの定理の証明

ここで, Smale–Hirschの定理とFeitの定理の証明をする.

(A)　Smale–Hirschの定理

定理4.2(Smale–Hirschの定理). V, Wをそれぞれn次元, q次元のC^∞-多様体, $n<q$とする. このとき, 微分をとる写像

$$d : \mathrm{Imm}\,(V, W) \longrightarrow \mathrm{Mon}\,(T(V), T(W)),$$
$$f \longmapsto df$$

は弱ホモトピー同値である.

証明. $X=V\times W$, $p:X\to V$を第1成分への射影p_1とする. このとき(X, p, V)は滑らかなファイバー束となる. このとき, 自然な同相φ, ϕが存在して, 次の図式は可換となる:

$$\begin{array}{ccc} C^\infty(V, W) & \xrightarrow{d} & \mathrm{Hom}\,(T(V), T(W)) \\ \varphi\Big\downarrow\wr & & \phi\Big\downarrow\wr \\ \mathrm{Sect}\,(X) & \xrightarrow{J^1} & \mathrm{Sect}\,(X^1). \end{array}$$

また, (X^1, p^1, V)は次のジェット束と同じである:

$$\begin{array}{ccccc} X^1 & = & J^1(V, W) & \longleftarrow & J^1(n,q) \\ {\scriptstyle p^1}\downarrow & & \downarrow{\scriptstyle \pi} & & \\ X & = & V\times W & & \\ \downarrow & & \downarrow{\scriptstyle p_2} & & \\ V & = & V, & & \end{array}$$

ここで $J^1(n,q)=M(q,n;\boldsymbol{R})=\{\boldsymbol{R}$ 上の (q,n)-型行列$\}$,

である．さらに，$(J^1(V,W),\pi, V\times W)$ の構造群は $L^1(n,q)=L^1(q)\times L^1(n)=GL(q,\boldsymbol{R})\times GL(n,\boldsymbol{R})$ である．そこで，M_0 を階数が n である (q,n)-型行列全体の集合とする．このとき M_0 は $M(q,n;\boldsymbol{R})$ の開集合であり，構造群 $L^1(n,q)$ の作用で不変な部分集合である．よって，ファイバーを M_0 とする部分束を考えることができる．それを

$$\begin{array}{ccc} \Omega & \longleftarrow & M_0 \\ \downarrow & & \\ V\times W & & \end{array}$$

とする．このとき Ω は X^1 の開集合である．そして定義から上の可換図式の部分可換図式

$$\begin{array}{ccc} \mathrm{Imm}\,(V,W) & \xrightarrow{\ d\ } & \mathrm{Mon}\,(T(V),T(W)) \\ {\scriptstyle\varphi}\downarrow\wr & & {\scriptstyle\phi}\downarrow\wr \\ \mathrm{Sect}\,(X,\Omega) & \xrightarrow{\ J^1\ } & \mathrm{Sect}\,(X^1,\Omega) \end{array}$$

がえられる．$\Sigma=\Omega^c\subset X^1$ とすると，この Σ は上の系 4.2 の条件を満足する．何となれば，$\Sigma_0=M_0{}^c\subset M(q,n;\boldsymbol{R})$ とすると

$$\mathrm{codim}\,\Sigma_0=q-n+1\geqq 2.$$

よって，系 4.3 から Smale-Hirsch の定理が示された．▎

(B) Feit の定理

全く同様にして，上の Gromov の基本定理より，次の Feit の定理を示すことができる．

V, W をそれぞれ n 次元，q 次元の C^∞-多様体とする．$f\colon V\to W$ を C^∞-写像とする．自然数 k に対して，V の各点 x に対して，f の x における階数が k 以上であるとき，f を **k-め込み** (k-mersion) という．k-mer$\,(V,W)$ を V から W への k-め込み全体の集合へ $C^\infty(V,W)$ からの相対位相を入れた空間とする．

k-mor$(T(V), T(W))$ を $T(V)$ から $T(W)$ への準同型(homomorphism)で，各ファイバーの上での制限の階数が k 以上であるもの全体の集合へ Hom$(T(V), T(M))$ からの相対位相(すなわち C-O 位相)を入れた空間とする．

定理 4.3(Feit の定理)． $k<q$ とすると

$$d : k\text{-mer}(V, W) \longrightarrow k\text{-mor}(T(V), T(W)),$$
$$f \longmapsto df$$

は弱ホモトピー同値である．

注意． 第3章の Phillips の定理はこの方法ではえられない．

§3　Banach 空間における凸包

この節では Gromov の基本定理の証明の準備のため，ある種の Banach 空間の凸包について述べる．

1. $P=\{p_1, \cdots, p_n\}$ は負でない実数 p_i の集合で，

$$\sum_{i=1}^{n} p_i = 1$$

を満足するものとする．P と $0<\varepsilon<1$ である ε に対して，次のように弱い意味の単調増加な区分線型函数

$$\theta = \theta_\varepsilon{}^P : [0, 1] \longrightarrow [0, 1]$$

を次のように定義する．

$$0 < t_1 \leqq t_1' \leqq t_2 \leqq t_2' \leqq \cdots \leqq t_n \leqq t_n' < 1,$$
$$t_i' - t_i = (1-\varepsilon)p_i,$$
$$t_1 = t_2 - t_1' = \cdots = t_{i+1} - t_i' = 1 - t_n' = \frac{\varepsilon}{n+1}$$

とする．このとき，θ は区間 $[t_i, t_i']$ の上で $\dfrac{i}{n+1}$ をとり，$\theta(0)=0$，$\theta(1)=1$ と定義する．

2. B は Banach 空間でそのノルムを $\|\ \|$ で表わす．$\Gamma=\{\gamma : [0, 1] \to B,$ 連続$\}$ とする．そして，

$$I : \Gamma \longrightarrow B$$

を次の式で定義する：

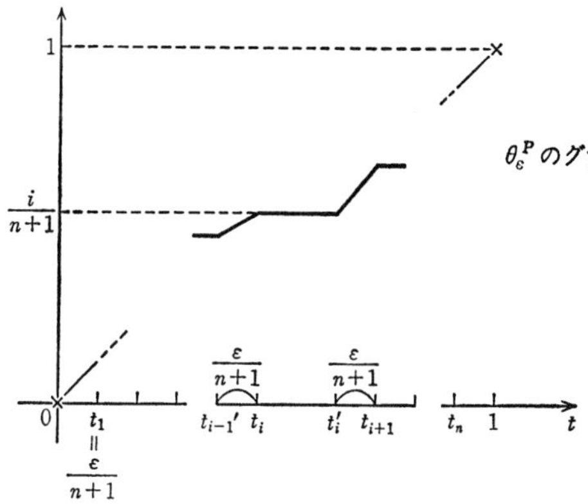

図 4.2

$$I(\gamma) = \int_0^1 \gamma(t)dt, \qquad \gamma \in \Gamma.$$

Banach 空間に値をもつ函数の微分，積分については，例えば，次を参照せよ：

藤田-黒田，関数解析 I，岩波講座，基礎数学.

位相空間 Q, $Q \ni b$ に対して，b を含む弧状連結成分を Conn (Q, b) で表わす.

3. $B \supset Q$ とする.

$$\gamma_0 : [0,1] \longrightarrow Q$$

を連続写像とする．しばらく固定して考える．$\Gamma \supset \Gamma_0$ を次のように定義する：

$$\Gamma_0 = \{\gamma : [0,1] \longrightarrow Q \,|\, \text{i) 連続, ii) } \gamma(0)=\gamma_0(0),\ \gamma(1)=\gamma_0(1),$$
$$\text{iii) } \gamma \simeq \gamma_0,\ \text{rel}\{0,1\},\ \text{in } Q\}.$$

補題 4.1. $I(\Gamma_0) \subset B$ は次の性質をもつ：

a) $I(\Gamma_0)$ は凸,

b) $I(\Gamma_0)$ は Conn $(Q, \gamma_0(0))$ の凸包の閉包に含まれる,

c) $I(\Gamma_0)$ は Conn $(Q, \gamma_0(0))$ の凸包の中で稠密である,

d) $B \supset Q$ が開集合ならば，$I(\Gamma_0)$ も開集合である.

証明. a) $\gamma_1, \gamma_2 \in \Gamma_0$, $p>0$, $q>0$, $p+q=1$ のとき，ある $\gamma \in \Gamma_0$ が存在して,

$$\int_0^1 \gamma(t)dt = p\int_0^1 \gamma_1(t)dt + q\int_0^1 \gamma_2(t)dt$$

となることを示せばよい．$u=pt$ とおけば，

$$\int_0^1 p\gamma_1(t)dt=\int_0^p \gamma_1\left(\frac{u}{p}\right)du.$$

また，$v=qt+1-q$ とおけば

$$\int_0^1 q\gamma_2(t)dt=\int_p^1 \gamma_2\left(\frac{v+q-1}{q}\right)dv$$

となる．よって

$$p\int_0^1\gamma_1(t)dt+q\int_0^1\gamma_2(t)dt=\int_0^p\gamma_1\left(\frac{t}{p}\right)dt+\int_p^1\gamma_2\left(\frac{t+q-1}{q}\right)dt$$

をうる．一方

$$\int_0^p\gamma_1\left(\frac{t}{p}\right)dt=\int_0^{p/2}\gamma_1\left(\frac{2t}{p}\right)dt+\int_{p/2}^p\gamma_1\left(2-\frac{2t}{p}\right)dt$$

である．何となれば，$\dfrac{2s}{p}=2-\dfrac{2t}{p}$ とおけば，

$$\int_{p/2}^p\gamma_1\left(2-\frac{2t}{p}\right)dt=\int_{p/2}^0\gamma_1\left(\frac{2s}{p}\right)(-ds)=\int_0^{p/2}\gamma_1\left(\frac{2s}{p}\right)ds;$$

また，$\dfrac{w}{p}=\dfrac{2t}{p}$ とおけば，

$$\int_0^{p/2}\gamma_1\left(\frac{2t}{p}\right)dt=\int_0^p\gamma_1\left(\frac{w}{p}\right)\frac{1}{2}dw=\frac{1}{2}\int_0^p\gamma_1\left(\frac{w}{p}\right)dw$$

となるからである．よって

$$\begin{aligned}&p\int_0^1\gamma_1(t)dt+q\int_0^1\gamma_2(t)dt\\&=\int_0^{p/2}\gamma_1\left(\frac{2t}{p}\right)dt+\int_{p/2}^p\gamma_1\left(2-\frac{2t}{p}\right)dt+\int_p^1\gamma_2\left(\frac{t+q-1}{q}\right)dt\end{aligned}$$

となる．従って，

$$\gamma(t)=\begin{cases}\gamma_1\left(\dfrac{2t}{p}\right), & 0\leqq t\leqq\dfrac{p}{2},\\ \gamma_1\left(2-\dfrac{2t}{p}\right), & \dfrac{p}{2}\leqq t\leqq p,\\ \gamma_2\left(\dfrac{t+q-1}{q}\right), & p\leqq t\leqq 1\end{cases}$$

とおけば，$\gamma\simeq\gamma_2$，rel $\{0,1\}$ in Q となり (図 4.3)，$\gamma\in\Gamma_0$ であるから a)の証明はおわる．

b)の証明．積分を Riemann 和で近似してやればよい(命題 4.2 の証明を参照)．

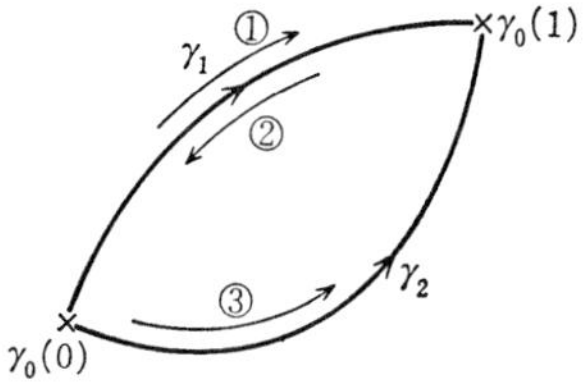

図 4.3

c)の証明. Conv (Conn ($Q, \gamma_0(0)$)) の点 $b=\sum_{i=1}^{n} p_i b_i$, $\sum p_i=1$, $b_i \in$ Conn (Q, $\gamma_0(0)$) を積分の値で近似しよう. $\gamma \in \Gamma_0$ を

$$\gamma\left(\frac{i}{n+1}\right) = b_i, \qquad i = 1, \cdots, n$$

となるようにとる. そして

$$\gamma_\varepsilon = \gamma \circ \theta_\varepsilon{}^P, \qquad P = \{p_1, \cdots, p_n\}$$

とおく. このとき,

$$\int_0^1 \gamma_\varepsilon(t)dt \longrightarrow b \qquad (\varepsilon \rightarrow 0)$$

となる.

d)の証明は明らかである. ▌

4. 次の補題はよく知られている.

補題 4.2. B を Banach 空間, $B \supset Q_1, Q_2$ を開凸集合とする. Q_1 と Q_2 の閉包が一致すれば, $Q_1=Q_2$ である.

ヒント 線形空間における凸集合の分離性よりえられる. 次のものを参照せよ:

コルモゴロフ・フォミーン, 函数解析の基礎 上, 岩波, 第3章, §2.

あるいは, "Banach 空間 B の開凸集合 Q に対して, $(\bar{Q})^0=Q$ となる" ことからわかる. このことは, 次の本をみよ.

H. Eggleston, Convexity, Cambridge Univ. Press. 1958; Chap. I.

上の補題 4.1 とこの補題より次の命題をうる.

命題 4.1. B を Banach 空間, $B \supset Q$ を開集合とする. このとき, $I(\Gamma_0)$ は Conn ($\theta, \gamma_0(0)$) の凸包と一致する.

5. さて, Gromov の凸積分理論の基本的な補題を示そう.

$[0,1]\times B\supset\Omega$ を開集合とする．$[0,1]\ni t$ に対して，$\Omega\cap(\{t\}\times B)$ を $\Omega_t\subset B$ で表わす．

補題 4.3 (1 次元補題)． $\varphi_0:[0,1]\to B$ をグラフが Ω に入る連続写像とする．$f_0:[0,1]\to B$ を次の条件を満足する C^1-写像とする：

(i)　$\dfrac{df_0}{dt}(0)=\varphi_0(0),\qquad \dfrac{df_0}{dt}(1)=\varphi_0(1),$

(ii)　$[0,1]\ni t_0$ に対して，$\mathrm{Conn}(\Omega_{t_0},\varphi_0(t_0))$ は $\dfrac{df_0}{dt}(t_0)$ を包む．

このとき，任意の $\varepsilon>0$ に対して，次の条件を満足する C^1-写像 $f:[0,1]\to B$ が存在する，

a)　$f(0)=f_0(0),\qquad f(1)=f_0(1),$

$$\frac{df}{dt}(0)=\frac{df_0}{dt}(0),\qquad \frac{df}{dt}(1)=\frac{df_0}{dt}(1),$$

b)　$\|f-f_0\|\leqq\varepsilon,$

c)　$\dfrac{df}{dt}:[0,1]\to B$　のグラフは Ω に含まれる，

d)　次のようなホモトピー $\{\psi_\tau:[0,1]\to B;\tau\in[0,1]\}$ が存在する，

(α)　$\psi_0=\varphi_0,\qquad \psi_1=\dfrac{df}{dt},$

(β)　$\psi_\tau(0)=\varphi_0(0),\qquad \psi_\tau(1)=\varphi_0(1),$

(γ)　ψ_τ のグラフは Ω に含まれる．

証明．（ア）　$\Omega=[0,1]\times Q$，$B\supset Q$ は有界開集合の場合．

このとき，$[0,1]$ を $(n+1)$ 等分し，各区間 $\left[\dfrac{i}{n+1},\dfrac{i+1}{n+1}\right]$ へ命題 4.1 を適用して，次のような道 $\varphi_1:[0,1]\to Q$ をつくる：

甲）　$\varphi_1\simeq\varphi_0 \text{ in } Q,$

乙）　$\varphi_1\left(\dfrac{i}{n+1}\right)=\varphi_0\left(\dfrac{i}{n+1}\right),\qquad i=0,1,\cdots,n,$

丙）　$\displaystyle\int_{\frac{i}{n+1}}^{\frac{i+1}{n+1}}\varphi_1(t)\,dt=f_0\left(\frac{i+1}{n+1}\right)-f_0\left(\frac{i}{n+1}\right),\qquad i=0,1,\cdots,n.$

助補題． B を Banach 空間，Q を B の凸，開集合とする．$f:I\to Q$ を連続写像，$I=[0,1]$ とする．このとき，つぎのようになる．

$$\int_0^1 f\,dt\in Q.$$

——

仮定 (ii) より，

$$\frac{df_0}{dt}:\left[\frac{i}{n+1},\frac{i+1}{n+1}\right]\longrightarrow \mathrm{Conv}\left(\mathrm{Conn}\left(Q,\varphi_0\left(\frac{i}{n+1}\right)\right)\right)$$

と考えられる．よって，上の助補題より

$$f_0\left(\frac{i+1}{n+1}\right)-f_0\left(\frac{i}{n+1}\right)=\int_{\frac{i}{n+1}}^{\frac{i+1}{n+1}}\frac{df_0}{dt}(t)dt\in \mathrm{Conv}\left(\mathrm{Conn}\left(Q,\varphi_0\left(\frac{i}{n+1}\right)\right)\right).$$

一方，

$$\mathrm{Conv}\left(\mathrm{Conn}\left(Q,\varphi_0\left(\frac{i}{n+1}\right)\right)\right)=I(\Gamma_0)$$

であるから，ある $\varphi_1\in\Gamma_0$ が存在して

$$f_0\left(\frac{i+1}{n+1}\right)-f_0\left(\frac{i}{n+1}\right)=\int_{\frac{i}{n+1}}^{\frac{i+1}{n+1}}\varphi_1(t)dt$$

となる．ただし，ここで Γ_0 は $[0,1]$ の代りに $\left[\frac{i}{n+1},\frac{i+1}{n+1}\right]$ をとって考えている．このとき，

$$f(t)=f_0(0)+\int_0^t\varphi_1(\theta)d\theta$$

とおく．そうすれば f は a), c), d) を満足する．b) は n を十分大とすればよい．

（イ）　一般の場合．

Ω を中から近似してやればよい．すなわち，

$$\Omega^1=\bigcup_{i=0}^{m}\left[\frac{i}{m},\frac{i+1}{m}\right]\times Q_i\subset\Omega\subset[0,1]\times B,$$

$$Q_i\subset B,\qquad Q_i\text{ は(ア)の形},$$

とする．このとき，(ア)により Ω' に対しては補題が成り立つ．そして $\Omega'\to\Omega$ とすればよい．すなわち，$\varphi_0[0,1]\subset\Omega'\subset B$ となるようにとればよい．∎

6.

命題 4.2. Q を $\boldsymbol{R}^q$ の開集合，K をコンパクト空間，F を K から Q へのすべての連続写像のつくる空間とする．Q が弧状連結ならば，F の $C^0(K,\boldsymbol{R}^q)$ における凸包は，K から Q の $\boldsymbol{R}^q$ における凸包 $\mathrm{Conv}(Q)$ への連続写像の空間と一致する：$\mathrm{Conv}(C^0(K,Q))=C^0(K,\mathrm{Conv}(Q))$.

証明. (i)　$\mathrm{Conv}(C^0(K,Q))\subset C^0(K,\mathrm{Conv}(Q))$ を示す．$\mathrm{Conv}(C^0(K,Q))\ni f$ とすると，$f=pf_1+qf_2$，$p+q=1$，$0\leqq p,q\leqq 1$，$f_1,f_2\in C^0(K,Q)$ である．

$$f_1, f_2 : K \longrightarrow Q,$$
$$f : K \longrightarrow \boldsymbol{R}^q,$$

であるが，$K \ni x$ に対して，$f(x) = pf_1(x) + qf_2(x) \in \mathrm{Conv}(Q)$ であるから，$f \in C^0(K, \mathrm{Conv}(Q))$ である．

(ii) 次に $\mathrm{Conv}(C^0(K, Q)) \supset C^0(K, \mathrm{Conv}(Q))$ を示す．$C^0(K, \mathrm{Conv}(Q)) \ni \varphi$ とする．

$\varphi : K \to \mathrm{Conv}(Q)$ に対して，写像の族

$$\psi_\varepsilon : K \times [0, 1] \longrightarrow Q$$

で，$\varepsilon \to 0$ のとき

$$\int_0^1 \psi_\varepsilon(k, t) dt \longrightarrow \varphi(k)$$

となるものを構成すればよい．何となれば，K はコンパクトだから，$B = C^0(K, \boldsymbol{R}^q)$ はBanach空間であり，$C^0(K, Q)$ は B の開集合である．上のような ψ_ε に対して

$$\varphi_\varepsilon : [0, 1] \longrightarrow C^0(K, Q) \subset B,$$
$$\varphi_\varepsilon(t)(k) = \psi_\varepsilon(k, t), \qquad k \in K,\ t \in [0, 1];$$
$$\lambda_\varepsilon : K \longrightarrow B,$$
$$\lambda_\varepsilon(k) = \int_0^1 \psi_\varepsilon(k, t) dt, \qquad \varepsilon > 0,\ k \in K$$

とおくと，

$$I(\varphi_\varepsilon)(k) = \lambda_\varepsilon(k)$$

となる．よって，$\varepsilon \to 0$ のとき，$\lambda_\varepsilon \to \varphi$，したがって $I(\varphi_\varepsilon) \to \varphi$ である．よって，補題4.1より $\varphi \in \overline{I(\Gamma_0)}$ となる（ある γ_0 に対して）．ところが，

$$\varphi \in \overline{I(\Gamma_0)} = \overline{\mathrm{Conv}(\mathrm{Conn}\, C^0(K, Q), \varphi_0)} \subset \overline{\mathrm{Conv}(C^0(K, Q))}.$$

よって，$C^0(K, \mathrm{Conv}(Q)) \subset \overline{\mathrm{Conv}(C^0(K, Q))}$ となる．したがって，補題4.2より $C^0(K, \mathrm{Conv}(Q)) \subset \mathrm{Conv}(C^0(K, Q))$ をうる．

さて ψ_ε を構成しよう．まず，$x_1, \cdots, x_n \in Q$ で $\mathrm{Conv}\{x_1, \cdots, x_n\} \supset \varphi(K)$ となるものをとる．そして，1の分割を用いて，次のような連続函数をつくる：

$$p_1, \cdots, p_n : K \longrightarrow [0, 1],$$
$$p_i \geqq 0, \qquad \sum_{i=1}^n p_i = 1, \qquad \sum_{i=1}^n p_i(k) x_i = \varphi(k), \qquad k \in K.$$

（2次元で図を画いて考えよ．）

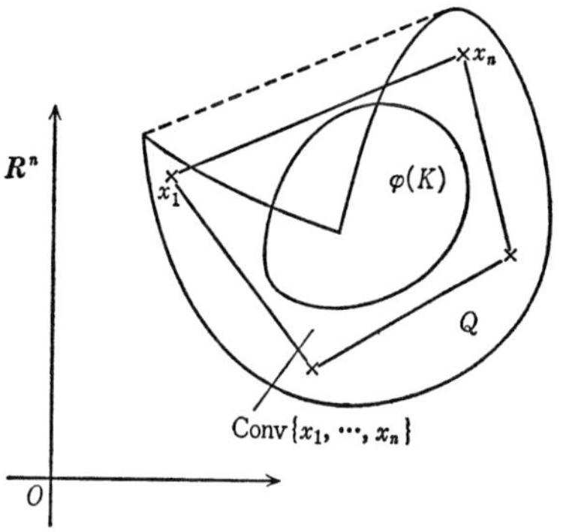

そこで，$\gamma\left(\dfrac{i}{n+1}\right)=x_i$，$i=1,2,\cdots,n$，ちなる道$\gamma:[0,1]\to Q$をとり，

$$\psi_\varepsilon = \gamma(\theta_\varepsilon{}^{P(k)}(t))$$

とおく，ここで

$$P(k) = \{p_1(k), \cdots, p_n(k)\}.$$

θは§3.1で定義された函数である．この族ψ_εが求めるものであることは補題4.1のc)の証明と同様にしてわかる．▎

7. q次元ベクトル束(Z,π,K)を考える．Kをコンパクトとする．$\pi^{-1}(k)=Z_k$とも書く．$Z\supset\Omega$を開集合，$\varphi_0:K\to Z$を上のベクトル束の断面で，$\varphi_0(K)\subset\Omega$となるものとする．$\Omega_k=\Omega\subset Z_k$とおく．各ファイバー$Z_k$の中で，$\Omega_k$の$\varphi_0(k)$を含む連結成分Conn$(\Omega_k,\varphi_0(k))$の凸包を考え，それを$\Omega_k{}^0$とおく．

$$\Omega^0 = \bigcup_{k\in K}\Omega_k{}^0 \subset Z$$

とおく．

Kの閉集合K_0をとりしばらく固定する．そして，Γ_0を(Z,π,K)の断面の次のような空間とする：

$$\Gamma_0 = \{\varphi : K \longrightarrow Z \mid \pi\circ\varphi=1,\ \varphi|K_0=\varphi_0|K_0,\ \varphi(K)\subset\Omega,\ \varphi\simeq\varphi_0,\ \mathrm{rel}\,K_0\}.$$

このとき次の補題が成り立つ．

補題 4.4. Γ_0の(Z,π,K)の断面の空間における凸包は

$$\{\varphi : K \longrightarrow \Omega^0 \mid \pi\circ\varphi=1,\ \varphi|K_0=\varphi_0|K_0\}$$

に一致する．

証明. $\supset$を示す．6における命題4.2のときと同様に，φ_0とホモトープrel

K_0である．まず断面$x_i:K\to\Omega$から出発する．そして

$$p_i : K \longrightarrow [0,1],\ \text{連続写像},$$
$$\sum_{i=1}^{n} p_i = 1, \quad \sum_{i=1}^{n} p_i x_i = \varphi.$$

ここで，$\varphi:K\to\Omega^0$は与えられた断面とする．次に像がΩに入りK_0の上ではφ_0と一致する断面$K\to\Omega$の空間の中の道$\gamma(t)$，$t\in[0,1]$，で$\gamma\left(\dfrac{i}{n+1}\right)=x_i$となるものをとる．そして，

$$\phi_\varepsilon : K\times I \longrightarrow \Omega$$

を

$$\phi_\varepsilon(k,t) = \gamma(k, \theta_\varepsilon{}^{P(k)}(t))$$

と定義する．このとき，$\varepsilon\to 0$とすれば，

$$\int_0^1 \phi_\varepsilon(k,t)dt \longrightarrow \varphi$$

となる．$\subset$は明らかである．❙

§4　基本定理の証明

この節でGromovの凸積分理論の基本定理を証明する．

1. V_0をコンパクトC^∞-多様体，$V=V_0\times[0,1]$とする．$Y=V\times \boldsymbol{R}^q\to V$を積束とする．$V$を有限個の局所座標でおおう．局所座標を$(u_1,\cdots,u_{n-1},t)$，$t\in[0,1]$，で表わす．

C^1-写像$f:V\to\boldsymbol{R}^q$に対して，

$$\|f\|^{\check{n}} = \max_{\substack{v\in V\\ 1\leq i\leq n-1}} \left\{\|f(v)\|, \left\|\frac{\partial f}{\partial u_i}(v)\right\|\right\},$$

とおく，ここでmaxはVのすべての点v，vでのすべての局所座標，$i=1,\cdots,n-1$に対する極大を表わす．

すなわち，$\|\ \|^{\check{n}}$はC^1-ノルムと比べると，$\partial f/\partial t$を考えない点が異なる．

2. 主補題．

補題 4.5. $Y\supset Q$を開集合とし，

$$Q = \bigcup_{v\in V} Q_v, \qquad Q_v = Q\cap(v\times\boldsymbol{R}^q)\subset\boldsymbol{R}^q$$

と考える．$f_0,\varphi_0:V\to\boldsymbol{R}^q$を$C^\infty$-写像で，次の条件を満足するものと仮定する：

(i)　φ_0 のグラフ $\subset Q$,

(ii)　$\left.\dfrac{\partial f_0}{\partial t}\right|\partial V = \varphi_0|\partial V$,

(iii)　$\mathrm{Conn}\,(Q_v, \varphi_0(v)) \subset \boldsymbol{R}^q$ は $\dfrac{\partial f_0}{\partial t}(v)$ を包む.

このとき，任意の $\varepsilon>0$ に対して，次のような C^1-写像 $f: V \to \boldsymbol{R}^q$ が存在する：

a)　$f|\partial V = f_0|\partial V$,

$$\left.\frac{\partial f}{\partial u_i}\right|\partial V = \left.\frac{\partial f_0}{\partial u_i}\right|\partial V, \qquad i = 1, \cdots, n-1,$$

$$\left.\frac{\partial f}{\partial t}\right|\partial V = \left.\frac{\partial f_0}{\partial t}\right|\partial V,$$

b)　$\|f - f_0\|^{\check{n}} < \varepsilon$,

c)　$\dfrac{\partial f}{\partial t}$ のグラフ $\subset Q$

d)　φ_0 の次のような変形 $\{\psi_\tau : \tau \in [0,1]\}$ が存在する：

(α)　$\psi_0 = \varphi_0, \quad \psi_1 = \dfrac{\partial f}{\partial t}$,

(β)　$\psi_\tau|\partial V = \varphi_0|\partial V, \quad \forall \tau \in [0,1]$,

(γ)　ψ_τ のグラフ $\subset Q, \quad \forall \tau \in [0,1]$.

証明. $f_0(\partial V)=0$, $\varphi_0(\partial V)=0$ としても一般性を失わない*). B を C^1-写像 $g: V_0 \to \boldsymbol{R}^q$ で，

$$g(\partial V_0) = 0, \qquad \frac{\partial g}{\partial u_i}(\partial V_0) = 0, \qquad i = 1, \cdots, n-1,$$

となるもの全体の空間とする．このとき，C^1-写像 $V \to \boldsymbol{R}^q$ は連続写像 $[0,1] \to B$ と考えられる.

$$\Omega = \bigcup_{t \in [0,1]} \Omega_t \subset [0,1] \times B,$$

$$\Omega_t = \{g: V_0 \longrightarrow \boldsymbol{R}^q;\text{連続写像 } g \text{ のグラフ } \subset Q \cap (V_0 \times (t) \times \boldsymbol{R}^q)\}$$

とする．このとき，凸包に関する命題 4.2 と 1 次元補題によりこの補題はえられる. ▎

3. 立方体の上の特異点.

V を n 次元 C^∞-多様体，$p: X \to V$ を C^∞-ファイバー束で，ファイバーの次元を q とする．$p^1: X^1 \to V$ を (X, p, V) の C^∞-断面の芽の 1-ジェットのつくる

---

*)　$B = \left\{g: V_0 \to \boldsymbol{R}^q \,|\, g(\partial V_0) = f_0(\partial V),\ \dfrac{\partial g}{\partial u_i}(\partial V_i) = \varphi_i(\partial V_0)\right\}$ としてやるべきだが，こう仮定しても以下は同様である，という意味.

ファイバー束，$p^0: X^1 \to X$ をそれから自然に定義されるファイバー束とする．このとき，(X^1, p^0, X) はアフィン束となり，次の可換図式をうる：

$$\begin{array}{ccc} X^1 & \xrightarrow{p^0} & X. \\ {\scriptstyle p^1}\downarrow & \swarrow{\scriptstyle p} & \\ V & & \end{array}$$

今，底空間 V が $V=V_0\times V_1$，V_1 は1次元多様体，と分解されると仮定する．このとき，ファイバー束 (X^1, p^0, X) は直和 $X^1=X_0{}^1\oplus X_1{}^1$ と分解する．ここで，$p_0: X_0{}^1\to X$，$p_1: X_1{}^1\to X$ は，それぞれ $q(n-1)$ 次元，q 次元のアフィン束である．

自然な射影を $\pi_1: X^1\to X_0{}^1$ で表わす．このとき，明らかに $(X^1, \pi_1, X_0{}^1)$ はアフィン束となり，ファイバーの次元は q である．

命題 4.3. V を n 次元立方体 I^n とし，その座標を $(u_1, \cdots, u_n)$ とする．$X=V\times \boldsymbol{R}^q\to V$ を自明な束とする．$X^1\supset\Omega$ を開集合で，各座標向きづけに関して豊富であるとする．$f_0: V\to X$，$\varphi_0: V\to\Omega$ を C^∞-断面で，∂I^n の上では $J^1(f_0)=\varphi_0$ と仮定する．

このとき，任意の $\varepsilon>0$ に対して，次の条件を満足するような C^1-断面 $f: V\to X$ が存在する：

a)　∂I^n の上では $J^1(f)$ と φ_0 とは等しい，

b)　$\|f-f_0\|<\varepsilon$,

c)　$J^1(f)(V)\subset\Omega$,

d)　次のような (X^1, p^1, V) の断面の変形 $\{\psi_\tau ; \tau\in[0,1]\}$ が存在する：

　(α)　$\psi_0=\varphi_0$,　　$\psi_1=J^1(f)$,

　(β)　$\psi_\tau(V)\subset\Omega$,

　(γ)　$\psi_\tau|\partial I^n=\varphi_0|\partial I^n$,

　(δ)　$|p^0\circ\psi_\tau-f_0|\leqq\varepsilon$.

証明． 上のような断面 f は n 段階で次のように構成される．第 i 段階，$i=1, \cdots, n$，では次のようにする．$V=I^n$ の第 i 座標を考え，V を $V_0\times[0,1]$ と積で表わし，その座標を，$u_1, \cdots, u_{i-1}, u_{i+1}, \cdots, u_n ; u_i=t$，とする．このときファイバー束 $X=V\times\boldsymbol{R}^q\to V$ に対して，X^1 は上に述べたように，$X^1=X_0{}^1\oplus X_1{}^1$ と分解する．そして，ファイバー束 $X\to V$ は，ファイバー束 $X^1\to X_0{}^1$ において，

$\varphi_0(V)\subset X^1$ と交わるファイバーからなるファイバー束と同一視される．そして，このとき Ω と対応する集合を $Q\subset V\times \boldsymbol{R}^q$ とする．Ω に対する仮定より，Q は主補題の仮定を満足する．よって，主補題を適用できる．

上の方法で，与えられた f_0,φ_0 からまず $f_1\colon V\to X$，$\varphi_1\colon V\to\Omega$ を構成する．次に f_1,φ_1 に対して，$f_2\colon V\to X$，$\varphi_2\colon V\to\Omega$ を定義する，…．そして，f_n,φ_n をうる．このとき

$$\|f_i-f_{i-1}\|^i<\varepsilon_i,\qquad i=1,2,\cdots,n.$$

さらに，φ_i は φ_{i-1} から $\pi_1\circ\varphi_{i-1}$ を変えないような変形でえられている($\pi_1\colon X^1\to X_0{}^1$ であった)．よって，$f=f_n$ とおけば，これが求めるものとなっている．∎

4. 基本定理の仮定の整理.

$$X=\bigcup_j p^{-1}(I_j{}^n),$$

(i) $I_j{}^n$ は V のある局所座標系 (U,φ) の U に入り $\varphi(I_j{}^n)$ は $\boldsymbol{R}^n$ の立方体,

(ii) U は (X,p,V) のある座標近傍に入る,

と仮定してもよい．仮定より Ω は $I_j{}^n$ の各座標向きづけに関するファイバー Y_j の中で豊富である．

5. 基本定理の証明.

さて，基本定理は上の命題 4.3 よりえられる．

C^∞-多様体の C^∞-三角形分割と同様にして，滑らかな四角形分割をとる．これに関して，切片(skeleton)毎，立方体毎に命題 4.3 を適用すれば，基本定理がえられる．C^∞-三角形分割については，第3章，§6を参照されたい．

注意. 上の5.で C^∞-四角形分割を用いたが，この段階で，C^∞-四角形分割を用いないですますこともできる．

Gromov-Eliashberg, Removal of singularities of smooth mappings, Izv. Akad. Nauk SSSR., **35** (1971), 600–627.

の定理を用いる．

第5章　開多様体の上の葉層構造

この章では，第3章で述べた Gromov-Phillips の横断性定理の1つの応用として，開多様体の上の葉層構造の分類定理を証明する．これは A. Haefliger の仕事の紹介である．この Haefliger の分類定理により，はめ込みに関するいわゆる Smale-Hirsch の理論が再評価されたともいえよう．

なお葉層構造に関しては，本選書の田村一郎[A8] に詳しく解説されている．葉層構造については現在も活発に研究が行なわれている．

§1　位相亜群

この節では位相亜群 Γ の分類空間 B_Γ を定義する．

定義 5.1. 集合 M が部分集合の族 M_{ij}, $i,j=1,2,\cdots$, に類別され，

(i)　$a\in M_{ij}$, $b\in M_{jk}$ のとき $ab\in M_{ik}$ が定義される，

(ii)　$a\in M_{ij}$, $b\in M_{ik}$ のとき $a^{-1}b\in M_{jk}$ が定義され，$a(a^{-1}b)=b$,

(iii)　$a\in M_{ij}$, $b\in M_{kj}$ のとき $ab^{-1}\in M_{ik}$ が定義され，$(ab^{-1})b=a$,

(iv)　$a\in M_{ij}$, $b\in M_{jk}$, $c\in M_{kl}$ に対して，$(ab)c=a(bc)$,

が成り立つとき，M を**亜群**(groupoid)という．

定義 5.2. Γ が位相空間であり，かつ亜群であるとする．亜群の演算，(i), (ii), (iii) が連続のとき，Γ を**位相亜群**(topological groupoid)という．

例. 位相群 G は位相亜群である．

定義 5.3. X を位相空間とする．X の開集合 U_f から X の開集合 V_f への同相写像 f の集合 $\Gamma=\{(U_f, f, V_f)\}$ が次の条件を満足するとき，Γ を X の(局所同相の)**擬群**(pseudo-group)という：

1) $(X, 1_X, X) \in \Gamma$,

2) $(U_f, f, V_f) \in \Gamma$, U を U_f の開集合とすると, $(U, f|U, f(U)) \in \Gamma$,

3) $(U_f, f, V_f) \in \Gamma$, $(U_g, g, V_g) \in \Gamma$, $V_f \subset U_g \Rightarrow (U_f, g\circ f, g\circ f(U_f)) \in \Gamma$,

4) $(U_f, f, V_f) \in \Gamma \Rightarrow (V_f, f^{-1}, U_f) \in \Gamma$.

X が C^∞-多様体のとき, X の局所微分同相のつくる擬群も同様に定義される.

B を位相空間, $\mathscr{G} = \{(U_f, f, V_f)\}$ を B の局所同相のつくる擬群とする. Γ_b を B の各点 b における $\mathscr{G}$ の元 f の芽の集合とする. そして, $\Gamma = \bigcup_{b\in B} \Gamma_b$ とする. Γ へ次のように位相を入れる(層の位相を思い出せ): Γ の開集合の基として, B の開集合 U に対して, $\mathscr{G}$ の元 (U, f, V) に対する f の $x \in U$ における芽 $[f]_x$ の集合 $\{[f]_x : x \in U\}$ をとる. このとき, Γ は位相亜群となる. この Γ を**擬群 $\mathscr{G}$ に付随する位相亜群**という.

特に B が $\boldsymbol{R}^q$ で $\mathscr{G}$ が局所微分同相のつくる擬群とするとき, これに付随する位相亜群を Γ_q と書く.

また, B が $\boldsymbol{C}^q$ で $\mathscr{G}$ が局所解析同型のつくる擬群のとき, これに付随する位相亜群を $\Gamma_q{}^{\boldsymbol{C}}$ と書く.

Γ_q の元 $[f]_x$ に対して, f の x における微分を対応させると, 次の位相亜群の準同型をうる:

$$\nu : \Gamma_q \longrightarrow GL(q, \boldsymbol{R}),$$

$$\nu : \Gamma_q{}^{\boldsymbol{C}} \longrightarrow GL(q, \boldsymbol{C})$$

も同様にしてえられる.

§2　Γ-構 造

Γ を位相亜群とする. X は位相空間で, $\mathscr{U} = \{U_i ; i \in J\}$ を X の開被覆とする. Γ に値をもつ **1-コサイクル**とは, J の 2 元 i, j に対して, 連続写像

$$\gamma_{ij} : U_i \cap U_j \longrightarrow \Gamma$$

が対応していて, $x \in U_i \cap U_j \cap U_k$ に対して,

$$\gamma_{ik}(x) = \gamma_{ij}(x)\gamma_{jk}(x)$$

が成り立つような族 $\{U_i, \gamma_{ij} ; i, j \in J\}$ のことである.

2 つの 1-コサイクル $\{U_i, \gamma_{ij} ; i, j \in J\}$, $\{U_k', \gamma_{k,l}' ; k, l \in K\}$ が与えられている.

これらは，次のような連続写像の族

$$\delta_{ik}: U_i \cap U_k' \longrightarrow \Gamma$$

が存在するとき，**同値**(equivalent)という：

$$\delta_{ik}(x)\gamma_{kl}'(x) = \delta_{il}(x), \qquad x \in U_i \cap U_k' \cap U_l',$$

$$\gamma_{ji}(x)\delta_{ik}(x) = \delta_{jk}(x), \qquad x \in U_i \cap U_j \cap U_k'.$$

これは明らかに同値関係となる．

1-コサイクルの同値類を X の上の **Γ-構造**(Γ-structure)という．X の上の Γ-構造全体の集合を $\tilde{\Gamma}(X)$ あるいは $H^1(X, \Gamma)$ で表わす．Γ が位相群 G のとき，X の上の Γ-構造には X の上の主 G-束の同値類が対応している(第1章，§2参照)．

$f: Y \to X$ を連続写像，$\sigma = \{U_i, \gamma_{ij}; i, j \in J\}$ を X の上の Γ-構造とする．このとき，σ から f によって，Y の上へ次のような Γ-構造が導かれる：

$$f^*\sigma = \{f^{-1}(U_i), \gamma_{ij}\circ f; i, j \in J\}.$$

§3　Γ_q-構造に付随するベクトル束

§1で定義したように，Γ_q を $\boldsymbol{R}^q$ の局所微分同相のつくる擬群 $\mathcal{G}$ に付随する位相亜群とする．

位相空間 X の上の Γ_q-構造は次のようにも解釈できる．族 $\mathcal{F} = \{(U_\alpha, f_\alpha); \alpha \in A\}$ は次の条件を満足する：

(i)　$X = \bigcup_{\alpha \in A} U_\alpha$ は開被覆，

(ii)　$f_\alpha: U_\alpha \longrightarrow \boldsymbol{R}^q$，連続写像，

(iii)　$U_\alpha \cap U_\beta$ のとき，連続写像

$$f_{\alpha\beta}: U_\alpha \cap U_\beta \longrightarrow \Gamma_q$$

が存在して，$x \in U_\alpha \cap U_\beta$ に対して

$$f_\alpha(x) = f_{\alpha\beta}(x)\cdot f_\beta(x).$$

上のような2つの族 $\mathcal{F}, \mathcal{F}'$ に対して，$\mathcal{F} \cup \mathcal{F}'$ がやはり上の条件(i),(ii),(iii)を満足するとき，$\mathcal{F} \sim \mathcal{F}'$ と書いて，$\mathcal{F}$ と $\mathcal{F}'$ とは同値であるという．明らかに $\sim$ は同値関係となる．この同値類が上に定義した X の上の Γ_q-構造に他ならない．

§1で述べたように，微分をとることにより亜群の準同型

$$\nu : \Gamma_q \longrightarrow GL(q, \boldsymbol{R})$$

が定義される．よってこの ν により，X の上の Γ_q-構造には自然に q-次元ベクトル束が対応する(第1章，§4参照)．上の ν の像が $GL(q, \boldsymbol{R})$ の部分群 G に含まれるときには，上の対応するベクトル束の構造群は G まで還元できる．

§4　Γ-構造のホモトピー

位相空間 X の上に2つの Γ-構造 σ_0, σ_1 が与えられている．

定義 5.4.　$X\times I$ の上に Γ-構造 σ が存在して，包含写像

$$i_0 : X \longrightarrow X\times 0 \subset X\times I,$$

$$i_1 : X \longrightarrow X\times 1 \subset X\times I$$

に対して，

$$i_0{}^*\sigma = \sigma_0, \qquad i_1{}^*\sigma = \sigma_1$$

となるとき，σ_0 と σ_1 とは**ホモトープ**であるといい，$\sigma_0 \simeq \sigma_1$ と書く．この $\simeq$ は同値関係となる．——

X の上の Γ-構造のホモトープによる同値類全体の集合を $\Gamma(x)$ と書く：

$$\Gamma(X) = \tilde{\Gamma}(X)/\simeq.$$

上の $\Gamma(X)$ の定義より，Γ は CW-複体と連続写像のつくるカテゴリー $\mathscr{W}$ から集合と写像のつくるカテゴリー $\mathscr{S}$ への Brown の意味のホモトピー函手となる．E. Brown の表現可能定理より，CW-複体 $B\Gamma$ とその上の Γ-構造 ω が存在して，函手 $X \mapsto \Gamma(X)$ と函手 $X \mapsto [X, B\Gamma]$ は同値となる．(E. Brown, Abstract homotopy theory, Trans. Amer. Math. Soc., **119** (1965), 79–85. 参照)

この $B\Gamma$ は具体的にわかり難いので，我々は $B\Gamma$ の構成を Buffet-Lor に従って次の節のようにする．(Buffet-Lor, Une construction d'un universel pour une classe assez large de Γ-structures, C. R. Acad. Sci. Paris, **270** (1970), 640–642. 参照)

§5　Γ-構造の分類空間の構成

さて，Γ-構造の分類空間を定義しよう．

Γ を位相亜群，B をその単元の集合とする．$\beta:\Gamma\to B$ を Γ の元 γ にその左単元 $\beta(\gamma)$ を対応させる写像とする．$E\Gamma$ を次のように定義する．$E\Gamma$ は次のような無限列の同値類全体である：

$$(t_0, x_0, t_1, x_1, \cdots, t_n, x_n, \cdots),$$

$$\begin{cases} t_i \in [0,1], \quad i=1,2,\cdots, \\ \text{有限個の } i \text{ を除いて，} t_i \text{ は } 0, \\ \sum_i t_i = 1. \end{cases}$$

$$\begin{cases} x_i \in \Gamma, \quad i=0,1,\cdots, \\ \beta(x_i)=\beta(x_j), \quad i,j=1,2,\cdots. \end{cases}$$

$$(t_0, x_0, t_1, x_1, \cdots) \sim (t_0', x_0', t_1', x_1', \cdots) \Longleftrightarrow$$

$$\begin{cases} t_i = t_i', \quad i=0,1,\cdots, \\ t_i \neq 0 \Longrightarrow x_i = x_i'. \end{cases}$$

以下，$(t_0, x_0, t_1, x_1, \cdots)$ を含む同値類を $(t_0x_0, t_1x_1, \cdots, t_nx_n, \cdots)$ と書く．写像

$$t_i : E\Gamma \longrightarrow [0,1]$$

を

$$(t_0x_0, t_1x_1, \cdots, t_nx_n, \cdots) \longmapsto t_i$$

と定義する．さらに写像

$$x_i : t_i^{-1}(0,1] \longrightarrow \Gamma$$

を

$$(t_0x_0, t_1x_1, \cdots) \longmapsto x_i$$

と定義する．これらは上の同値類の定義から一意的に定まる．$E\Gamma$ へすべての t_i, x_i が連続となるような，最も弱い位相を入れる．

Γ を $E\Gamma$ へ作用させる．そして，$B\Gamma$ を $E\Gamma$ のこの作用による商空間と定義する．もっときちんというと，

$$B\Gamma = E\Gamma/\sim;$$

$$(t_0x_0, t_1x_1, \cdots) \sim (t_0'x_0', t_1'x_1', \cdots)$$

$\Longleftrightarrow$ (i)　$t_i = t_i', \quad i=0,1,2,\cdots$

(ii)　$\beta(x_i) = \beta(x_i'), \quad i=0,1,2,\cdots$

(iii)　$\gamma\in\Gamma$ が存在して $t_i \neq 0$ となるすべての i に対して

$$x_i = \gamma x_i'$$

となる．この関係を略して $(x,t)\sim(x',t')\Leftrightarrow(x,t)=(\gamma x',t)$ と書くこともある．上の $B\Gamma$ へ $E\Gamma$ からの商位相を入れる．そしてその自然な射影を

$$p : E\Gamma \longrightarrow B\Gamma$$

と書く．この $B\Gamma$ を **Γ-構造の分類空間**という．

射影 $t_i : E\Gamma\to[0,1]$ は上の同値関係で同値なものを同一の元に写す．よって射影

$$u_i : B\Gamma \longrightarrow [0,1]$$

を定義する．そして，$u_i\circ p=t_i$ となる．

この空間 $B\Gamma$ は次のように自然に Γ-構造をもつ：

$$V_i = u_i^{-1}(0,1], \qquad i = 0,1,2,\cdots,$$
$$\gamma_{ij} : V_i\cap V_j \longrightarrow \Gamma,$$
$$(t_0x_0, t_1x_1, \cdots) \longmapsto x_ix_j^{-1}.$$

このように定義すれば $\omega=\{V_i,\gamma_{ij};i,j=0,1,2,\cdots\}$ は $B\Gamma$ の上の Γ-構造となる．

§6　可計 Γ-構造

定義 5.5. 位相空間 X の開被覆 $\{U_j;j\in J\}$ は，局所有限な1の分割 $\{u_i;i\in I\}$ が存在して，$u_i^{-1}(0,1]\subset U_i$ となるとき，**可計** (numerable) であるという．——

パラコンパクト空間の上の任意の開被覆は可計である．

定義 5.6. X の上の Γ-構造 $[\sigma]$，$\sigma=\{U_j, \gamma_{ij}; i, j\in J\}$ は，その代表 σ が，$\{U_j\}$ が可計となるようにとれるとき，**可計**であるという．——

X の上の2つの可計な Γ-構造は，それらが可計なホモトピーで結ばれるとき，**可計ホモトープ**であるという．

命題 5.1. $B\Gamma$ を上に定義された分類空間，ω をその上の Γ-構造とする．このとき，

a)　ω は可計である，

b)　空間 X の上の可計 Γ-構造 σ に対して，連続写像 $f:X\to B\Gamma$ が存在して，$f^*\omega=\sigma$,

c)　f_0, f_1 を X から $B\Gamma$ への連続写像とする．2つの Γ-構造 $f_0^*\omega$ と $f_1^*\omega$

が可計ホモトープであるための必要十分条件は，f_0 と f_1 がホモトープである．

証明． a) この部分の証明は Milnor と全く同様である．(J. Milnor, Construction of universal bundles II, Ann. of Math., **63** (1956), 430–436. Husemoller, Fibre Bundles, MacGraw Hill, 1966. を参照．) すなわち，次のように $B\Gamma$ の上の局所有限な1の分割 $\{v_i\}$ を構成する：

$$w_i(b) = \max\{0, u_i(b) - \sum_{j<i} u_j(b)\}$$

と定義する．このとき

$$w_i : B\Gamma \longrightarrow [0,1], \qquad w_i^{-1}(0,1] \subset V_i$$

となる．$B\Gamma \ni b$ に対して，m を $u_i(b) \neq 0$ となる最小の i とする．このとき

$$\sum_{m \leqq i \leqq n} u_i(b) = 1, \qquad u_m(b) = w_m(b)$$

となる．そして

$$B\Gamma = \bigcup_i w_i^{-1}(0,1]$$

は開被覆となる．$n<i$ に対して $u_i(b)=0$ であるから，

$$\sum_{0 \leqq i \leqq n} u_i(b') > \frac{1}{2} \Longrightarrow w_i(b') = 0$$

となる．したがって，

$$N_n(b) = \left\{ b' \,\middle|\, \sum_{0 \leqq i \leqq n} u_i(b') > \frac{1}{2} \right\}$$

は b の近傍であり，$n<i$ のとき $N_n(b) \cap w_i^{-1}(0,1] = \phi$ となる．したがって，$B\Gamma$ の開被覆 $\{w_i^{-1}(0,1]\}$ は局所有限である．よって，

$$v_i = \frac{w_i}{\sum_j w_j}$$

とおけば，$\{v_i\}$ は求める1の分割となる．

b) 次の補題を用いる．

補題 5.1. $\{U_i; i \in J\}$ を X の可計被覆とする．このとき，局所有限な，可算個からなる1の分割 $\{t_n : n \in N\}$ が存在して，各開集合 $V_n = t_n^{-1}(0,1]$ は，U_i に含まれる開集合 V_{ni} の互いに素な和となる．

証明． $\{v_i; i \in T\}$ を X の上の局所有限な1の分割で，$v_i^{-1}(0,1] \subset U_i$ となっているものとする．このとき，各 $b \in X$ に対して，

$$S(b) = \{i \in T \mid v_i(b) > 0\}$$

とおくと，これは有限集合となる．そして，添数集合 T の各有限部分集合 S

に対して

$$W(S)=\{b\in X\,|\,v_i(b)>v_j(b),\ \forall i\in S, \forall j\in T-S\}$$

とおくと，これは X の開集合となる．$u_S:B\to[0,1]$ を

$$u_S(b)=\max\{0,\min_{i\in S,\,j\in T-S}(v_i(b)-v_j(b))\}$$

と定義すると，これは連続写像となる．そして

$$W(S)=u_S{}^{-1}(0,1]$$

となる．

Card S で S のカージナル数を表わす．Card S=Card S'，$S\neq S'$ ならば，$W(S)\cap W(S')=\phi$ である．このことを示そう．$i\in S-S'$，$j\in S'-S$ とする．$W(S)\ni b$ に対して，$v_i(b)>v_j(b)$ である，そして，$W(S')\ni b$ に対しては $v_j(b)>v_i(b)$ である．この 2 つの関係は同時には成り立たない．よって，上のようになる．そこで

$$W_m=\bigcup_{\mathrm{Card}\,S=m} W(S),\qquad w_m(b)=\sum_{\mathrm{Card}\,S=m} u_S(b)$$

とおく．このとき，$w_m{}^{-1}(0,1]=W_m$ となる．それで

$$t_m(b)=\frac{w_m(b)}{\sum_{0\leq n} w_n(b)}$$

とおく．このとき，$t_n{}^{-1}(0,1]=W_n$ となるから，$\{t_n\}$ は求める 1 の分割となる．∎

さて b) を示そう．σ を X の上の可計 Γ-構造とする．上の補題から，σ は可計被覆 $\{U_n;n=0,1,\cdots\}$ の上の 1-コサイクル γ_{nm} によって与えられている．ここで，$U_n=t_n{}^{-1}(0,1]$，$\{t_n\}$ は 1 の分割である．求める写像 $f:X\to B\Gamma$ は

$$f(x)=[(t_0(x)\gamma_{m0}(x), t_1(x)\gamma_{m1}(x),\cdots)],\qquad x\in U_m$$

で与えられる，ここで $[(\ \ )]$ は $(\ \ )$ の同値類を表わす．

c) $B\Gamma^{od}$ を n が奇数のとき $t_n=0$ となるような $E\Gamma$ の点 $(t_0x_0, t_1x_1,\cdots)$ の $p:E\Gamma\to B\Gamma$ による像のつくる $B\Gamma$ の部分空間とする．同様にして，$B\Gamma^{ev}$ を定義する（“奇数”の代りに“偶数”をとり定義する）．$h^{od}, h^{ev}:B\Gamma\to B\Gamma$ を次のように定義する：

$$h^{od}[(t_0x_0, t_1x_1,\cdots)]=[(t_0x_0,0,t_1x_1,0,\cdots)],$$
$$h^{ev}[(t_0x_0, t_1x_1,\cdots)]=[(0,t_0x_0,0,t_1x_1,0,\cdots)].$$

補題 5.2. h^{od} と h^{ev} は恒等写像 1 にホモトープである．さらに

$$(h^{od})^*\omega=(h^{ev})^*\omega=\omega.$$

証明. 次のような1次函数 α_n を考える：

$$\alpha_n:\left[1-\left(\frac{1}{2}\right)^n,1-\left(\frac{1}{2}\right)^{n+1}\right]\longrightarrow[0,1],$$

$$\alpha_n(t)=2^{n+1}t-2^{n+1}+2.$$

明らかに

$$\alpha_n\left(1-\left(\frac{1}{2}\right)^n\right)=0,\qquad \alpha_n\left(1-\left(\frac{1}{2}\right)^{n+1}\right)=1$$

である．ホモトピー $h_s{}^{od}:E\Gamma\to E\Gamma$ を次の式で定義する：

$$\begin{cases} h_s{}^{od}(x,t)=(t_0x_0,\cdots,t_nx_n,\alpha_n(s)t_{n+1}x_{n+1},(1-\alpha_n(s))t_{n+1}x_{n+1},\alpha_n(s)t_{n+2}x_{n+2},\\ \qquad (1-\alpha_n(s))t_{n+2}x_{n+2},\cdots),\qquad 1-\left(\frac{1}{2}\right)^n\leqq s\leqq 1-\left(\frac{1}{2}\right)^{n+1},\\ h_1{}^{od}(x,t)=(x,t). \end{cases}$$

このとき

$$h_s{}^{od}(x,t)y=h_s{}^{od}(xy,t)$$

となる．この $h_s{}^{od}$ は連続である，何となれば $h_s{}^{od}$ は $v_i{}^{-1}(0,1]$ の局所有限な開被覆の上で連続だから，ここで $\{v_i\}$ は1の分割である．この $h_s{}^{od}$ は $g_s{}^{od}:B\Gamma\to B\Gamma$ を導く．この $g_s{}^{od}$ が h^{od} と1とを結ぶホモトピーを与える．h^{ev} に対しても全く同様である．▎

c)の証明へもどる．$f_0,f_1:X\to B\Gamma$ は連続写像で，Γ-構造 $f_0{}^*\omega,f_1{}^*\omega$ を可計ホモトープであるとする．このとき，f_0 と f_1 はホモトープであることを示そう．b)により，$f_0{}^*\omega=f_1{}^*\omega$ と仮定してもよい．上の補題より，$f_0(X)\subset B\Gamma^{od}$，$f_1(X)\subset B\Gamma^{ev}$ としてもよい．$f_0{}^{-1}(V_i)=f_0{}^{-1}(u_i{}^{-1}(0,1])$ は i が奇数のときは空集合である．したがって，ω を定義するコサイクルの f_0 による引きもどしは

$$\{U_i;\ i\text{は正の偶数},\ U_i=f_0{}^{-1}(V_i)\}$$

の上で定義されていると考えられる．同様にして，$f_1{}^*\omega$ は

$$\{U_i;\ i\text{は正の奇数},\ U_i=f_1{}^{-1}(V_i)\}$$

の上のコサイクルによって定義される．$s_i:V_i\to E\Gamma$ を次により定義される連続写像とする：

$$s_i[t_0x_0,t_1x_1,\cdots]=(t_0x_i{}^{-1}x_0,t_1x_i{}^{-1}x_1,\cdots).$$

このとき，

$$s_i\circ f_0(x)=(t_0(x)\gamma_{0i}(x),0,t_2(x)\gamma_{2i}(x),0,\cdots),\qquad x\in U_i,\ i:\text{偶数},$$
$$s_i\circ f_1(x)=(0,t_1(x)\gamma_{1i}(x),0,t_3(x)\gamma_{3i}(x),\cdots),\qquad x\in U_i,\ i:\text{奇数},$$

と書き表わせる．

$f_0{}^*\omega=f_1{}^*\omega$ だから，$i\not\equiv j\,(\mathrm{mod}\,2)$ のとき，連続写像 $\gamma_{ij}:U_i\cap U_j\to\Gamma$ が存在して，$\{\gamma_{ij},i,j\geqq 0\}$ は $\{U_i;i\geqq 0\}$ の上のコサイクルとなる．

そこで，f_0 と f_1 とを結ぶホモトピーは，次の s_if_s により与えられる：

$$s_if_s(x)=[(1-s)t_0(x)\gamma_{0i}(x),st_1(x)\gamma_{1i}(x),(1-s)t_1(x)\gamma_{2i}(x),$$
$$st_3(x)\gamma_{3i}(x),\cdots],\qquad x\in U_i.$$

▎

§7　Γ-葉層構造

すでにのべたように $\Gamma_q{}^r$ を $\boldsymbol{R}^q$ の局所 C^r-同相の芽のつくる位相擬群とする．ここで，r は $0,1,2,\cdots,\infty,\omega$ のいずれかである．Γ を $\Gamma_q{}^r$ の開部分擬群とする．

定義 5 7. X を C^r-多様体とする．X の上の**Γ-葉層構造**(Γ-foliation)とは，X の上の Γ-構造 $\mathcal{F}=\{(U_i,f_i),\gamma_{ij};i,j\in J\}$ で，$f_i:U_i\to\boldsymbol{R}^q$ が C^r-しずめ込みであるもののことである．——

いいかえると，Γ-葉層構造 $\mathcal{F}$ は次のような族 $\{(U_i,f_i);i\in J)\}$ である；

(i)　$\{U_i;i\in J\}$ は X の開被覆，

(ii)　$f_i:U_i\to\boldsymbol{R}^q$ は C^r-しずめ込み，

(iii)　$U_i\cap U_j\neq\phi$ のとき，$U_i\cap U_j$ の各点 x に対して，$f_i(x)$ の近傍から $f_j(x)$ の近傍への C^r-同相 g_{ji} が存在して，

(ア)　g_{ji} の $f_i(x)$ における芽は Γ に属する，

(イ)　x のある近傍で，$f_j=g_{ji}\circ f_i$.

定義 5.8. X を C^r-多様体，$\mathcal{F}_0,\mathcal{F}_1$ を X の上の Γ-葉層構造とする．$X\times[0,1]$の上の Γ-葉層構造 $\mathcal{F}$ が存在して，

$$i_t:X\longrightarrow X\times[0,1],\qquad i_t(x)=(x,t)$$

としたとき，

(i)　$i_0{}^*\mathcal{F}\sim\mathcal{F}_0,\qquad i_1{}^*\mathcal{F}\sim\mathcal{F}_1,$

(ii)　各 $t\in[0,1]$ に対して，i_t は $\mathcal{F}$ に横断的となるとき，$\mathcal{F}_0$ は $\mathcal{F}_1$ に**積分可**

能ホモトープ(integrably homotopic)であるといい，$\mathscr{F}_0 \underset{i}{\simeq} \mathscr{F}_1$ と書く．

ここで，$i_t: X \to X \times [0,1]$ が $\mathscr{F}$ に**横断的**(transverse)であるとは，X の任意の点 x に対して，合成写像

$$\pi \circ (df)_x : T_x(X) \xrightarrow{(df)_x} T_{f(x)}(X \times [0,1]) \xrightarrow{\pi} T_{f(x)}(X \times [0,1]) / T_{f(x)}(L_{f(x)})$$

が全射となることである，ただし，$L_{f(x)}$ は $f(x)$ をとおる $\mathscr{F}$ の葉，π は自然な射影を表わす．

明らかに $\underset{i}{\simeq}$ は同値関係となる．

X が閉多様体のとき，2つの Γ-葉層構造 $\mathscr{F}_0$ と $\mathscr{F}_1$ とが積分可能ホモトープであることと，C^r-同相 $f: X \to X$ が存在して，

(i)　$f^* \mathscr{F}_1 \sim \mathscr{F}_0$,

(ii)　f は 1_X にイソトープ，

となることとは同値である．——

証明は省略する (田村[A8] を参照)．

§8　Γ-構造のグラフ

$\Gamma \subset \Gamma_q$ とする．

定義 5.9. X の上の q 次元 **Γ-葉層マイクロ束**(Γ-foliated microbundle) $(E, \xi, \mathscr{E})$ とは，

(i)　ξ は位相空間，連続写像からなる次の図式:

$$\xi : X \xrightarrow{i} E \xrightarrow{p} X, \quad p \circ i = 1,$$

(ii)　$\mathscr{E}$ は E の上の Γ-構造で，$\mathscr{E} = \{(U_\alpha, f_\alpha); \alpha \in A\}$ としたとき，各 $\alpha \in A$ に対して，

$$(p | U_\alpha) \times f_\alpha : U_\alpha \longrightarrow X \times \boldsymbol{R}^q$$

はある開集合の上への同相写像である，

となるものである．

X が C^r-多様体のとき，E は C^r-多様体，i, p は C^r-写像と考えられる．さらに，$\mathscr{E}$ は Γ-葉層構造と考えられる．

命題 5.2. X を局所コンパクト，かつパラコンパクトとする．X の上の Γ-

構造 $\mathscr{F}$ に対して，q 次元 Γ-葉層マイクロ束 $(E, \xi, \mathscr{E})$，

$$\xi : X \xrightarrow{i} E \xrightarrow{p} X$$

が存在して，$\mathscr{F} \sim i^*\mathscr{E}$．さらにこの Γ-葉層マイクロ束の芽は同型を除いて一意的である．すなわち，上のような Γ-葉層マイクロ束が 2 つあったとする：$(E_0, \xi_0, \mathscr{E}_0)$，$(E_1, \xi_1, \mathscr{E}_1)$．このとき，$i_0(X)$ の近傍 U_0，$i_1(X)$ の近傍 U_1，同相写像 $h : U_0 \to U_1$ が存在して，

(i)

$$\begin{array}{ccccc} & \overset{i_0}{\nearrow} & U_0 & \overset{p_0|U_0}{\searrow} & \\ X & & \downarrow h & & X \\ & \underset{i_0}{\searrow} & U_1 & \underset{p_1|U_1}{\nearrow} & \end{array}$$

は可換図式である；

(ii) $h^*\mathscr{E}_1 \sim \mathscr{E}_0 | U_0$．——

上の Γ-葉層マイクロ束 $(E, \xi, \mathscr{E})$ を Γ-構造 $\mathscr{F}$ のグラフ (graph) という．この概念は，Haefliger によって導入された．

命題 5.2 の証明． $\mathscr{F} = \{(U_\alpha, \varphi_\alpha), g_{\alpha\beta}; \alpha, \beta \in A\}$ とする．$\varphi_\alpha : U_\alpha \to \boldsymbol{R}^q$ のグラフを考える：$G(\varphi_\alpha) \subset U_\alpha \times \boldsymbol{R}^q$．$G(\varphi_\alpha)$ の $U_\alpha \times \boldsymbol{R}^q$ における近傍 T_α をとる．E を T_α を張り合わせて作る：

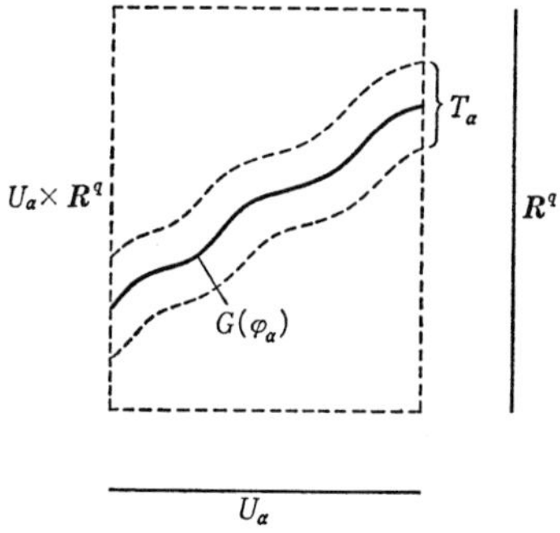

図 5.1

$$E = \bigcup_\alpha T_\alpha / \sim \ : U_\alpha \cap U_\beta \neq \phi,\ \ T_\alpha \ni (x, y),\ \ T_\beta \ni (x', y'),$$

$$(x, y) \sim (x', y') \Longleftrightarrow \begin{cases} x = x', \\ y = g_{\alpha\beta}(x) y'. \end{cases}$$

$\boldsymbol{i} : X \to E$ は $i(x) = [(x, \varphi_\alpha(x))]$，$x \in U_\alpha$ と定義する．上の E の作り方よりこれは well-defined である．$p : E \to X$ は $p(x, y) = x$ と定義する．このとき，$p \circ i = 1$ で

ある．さて，Eの上にΓ-構造を定義しよう．$W_\alpha=\pi(T_\alpha)$，ここで，$\pi:\bigcup_\alpha T_\alpha \to E$は自然な射影，とおく．$\phi_\alpha:W_\alpha\to \boldsymbol{R}^q$を$\phi_\alpha(x,y)=y$と定義する．このとき，$\mathcal{E}=\{(\mathrm{W}_\alpha,\phi_\alpha);\alpha\in A\}$は$E$の上の$\Gamma$-構造となる．さらに，$i^*\mathcal{E}\sim\mathcal{F}$となることは容易にわかる．▎

§9　Gromov-Phillips の横断性定理

Gromov-Phillips の横断性定理は開多様体の上のΓ-葉層構造の分類定理に対する主な道具である．これについてはすでに第3章でふれた．

XをC^r-多様体，$\mathcal{F}=\{(U_i,f_i)g_{ij};i\in J\}$を$M$の上の$\Gamma$-葉層構造とする．

$\nu\mathcal{F}$を$\mathcal{F}$の法束とする．すなわち，$f:M\to B\Gamma$を$\mathcal{F}$の分類写像，$\nu:B\Gamma_q\to BGL(q,\boldsymbol{R})$を§1で定義された写像としたとき，$\nu\mathcal{F}\sim(\nu\circ f)^*\gamma_q$，ここで$\gamma_q$は$q$次普遍ベクトル束を表わす．これは次のようにも解釈できる．$\nu\mathcal{F}|U_i=f_i^*(T(\boldsymbol{R}^q))$; $U_i\cap U_j\neq\phi$のとき，$U_i\cap U_j$の上で，$U_i\times\boldsymbol{R}^q$と$U_j\times\boldsymbol{R}^q$とは$dg_{ij}$ではりあわされる：$(x,y)\sim(x',y')\Leftrightarrow x'=xy'=(dg_{ij})_x(y)$.

XをC^r-多様体，MをC^r-多様体，$\mathcal{F}$をMの上のΓ-葉層構造とする($r\geqq 1$)．

定義 5.10. C^r-写像$f:X\to M$は，$\mathcal{F}=\{(U_i,f_i);i\in J\}$としたとき，各$i\in J$に対し，$f_i\circ f:f^{-1}(U_i)\to\boldsymbol{R}^q$がしずめ込みのとき，$\Gamma$-葉層構造$\mathcal{F}$に**横断的**(transverse)であるという．——

$Tr(X,\mathcal{F})$を$\mathcal{F}$に横断的なXからMへのC^r-写像全体の集合とし．C^1-位相を入れる．また，$\tau(X)$をXの接束，$\nu\mathcal{F}$を$\mathcal{F}$の法束とする．$\mathrm{Epi}(\tau(\mathrm{X}),\nu\mathcal{F})$をベクトル束$\tau(M)$からベクトル束$\nu\mathcal{F}$への準同型で，各ファイバーへの制限が全射となるもの(これを$\tau(M)$から$\nu\mathcal{F}$への**全射**(epimorphism)という)全体の集合とし，これへコンパクト-開位相を入れる．$\tau(M)$をMの接束とし，$\pi:\tau(M)\to\nu\mathcal{F}$を自然な全射とする．

定理 5.1 (Gromov-Phillips の定理). Xを開，C^r-多様体とする，$r=1,2,\cdots,\infty,\omega$. MをC^r-多様体，$\mathcal{F}$をMの上のΓ-葉層構造とする．このとき，

$$\begin{array}{ccc}\Phi : Tr(X,\mathcal{F}) & \longrightarrow & \mathrm{Epi}\,(\tau(X),\nu\mathcal{F}) \\ \Psi & & \Psi \\ f & \longmapsto & \pi(df)\end{array}$$

は弱ホモトピー同値である. ——

これは, 第3章の定理3.13(Gromov-Phillipsの定理)から容易にえられる. 前に注意したように, X が開多様体である, という仮定は本質的である.

§10 開多様体の上の Γ-葉層構造の分類定理

ω を Γ-構造の分類空間 $B\Gamma$ の上の普遍 Γ-構造とする. $\Gamma\subset\Gamma_q{}^r$, $r\geqq 1$ とする. $\nu\omega$ を ω に付随する q 次元ベクトル束とする.

定理 5.2(開多様体上の葉層構造の分類定理). X を開, C^r-多様体とする, $r=1,2,\cdots,\infty,\omega$. このとき, X の上の Γ-葉層構造の積分可能ホモトピー類全体と, $\tau(X)$ から $\nu\omega$ への全射のホモトピー類全体とは1対1に対応する.

証明. まず対応は次のように与える. $\mathcal{F}$ を X の上の Γ-葉層構造とする. $\pi:\tau(X)\to\nu\mathcal{F}$ を自然な全射とする. $\mathcal{F}$ は Γ-構造と考えられるから, 普遍 Γ-構造 ω から誘導される: 連続写像 $f:X\to B\Gamma$ が存在して, $f^*\omega\sim\mathcal{F}$. これより束写像

$$\varphi:\nu\mathcal{F}\longrightarrow\nu\omega$$

が対応する. $\Psi=\varphi\circ\pi:\tau(X)\to\nu\omega$ は全射となる. $\mathcal{F}$ の積分可能ホモトピー類に, Ψ のホモトピー類を対応させる. これは well-defined である.

この対応が全射であることを示そう. $\psi:\tau(X)\to\nu\omega$ をベクトル束の全射とする. ψ が誘導する底空間の間の写像 $\bar{\psi}=f:X\to B\Gamma$ とする. $\sigma=f^*\omega$ とする. これは X の上の Γ-構造である. この σ に対応する X の上の Γ-葉層マイクロ束を $(E,\xi,\mathcal{E})$ とする:

$$\xi : X\xrightarrow{\ i\ }E\xrightarrow{\ p\ }X.$$

ここで, E は C^r-多様体, $\mathcal{E}$ は E の上の Γ-葉層構造である. そして, $i^*\mathcal{E}\sim\sigma$ である. このとき,

$$i^*\nu\mathcal{E}\sim f^*\nu\omega$$

である, ここで, $\nu\mathcal{E}$ は $\mathcal{E}$ の法束である. したがって, 与えられた全射 $\psi:\tau(X)$

$\to\nu\omega$ は全射 $\phi_1:\tau(X)\to i^*\nu\mathcal{E}$ を与える，よって全射 $\phi:\tau(X)\to\nu\mathcal{E}$ を与える：

$$\begin{array}{ccccccc} \phi : \tau(X) & \xrightarrow{\phi_1} & i^*\nu\mathcal{E} & \xrightarrow{\phi_2} & \nu\mathcal{E}, & \qquad & \phi = \phi_2\circ\phi_1 \\ \downarrow & & \downarrow & & \downarrow & & \\ X & \xrightarrow{1} & X & \xrightarrow{i} & E. & & \end{array}$$

したがって，Gromov-Phillips の横断性定理より，$i:X\to E$ にホモトープな C^r-写像 $j:X\to E$ が存在して，j は $\mathcal{E}$ に横断的であり，$\pi\circ dj:\tau(X)\to\nu\mathcal{E}$ は ϕ とホモトープとなる．したがって，$\mathcal{F}=j^*\mathcal{E}$ が求めるものである，$\{\mathcal{F}\}\mapsto\{\phi\}$．単射であることも，同様にして示される．∎

上の分類定理を，計算可能な形にいいかえよう．$\Gamma\subset\Gamma_q$ であった．微分をとる写像

$$\nu:\Gamma_q\longrightarrow GL(q,\boldsymbol{R}),$$
$$\nu:B\Gamma_q\longrightarrow BGL(q,\boldsymbol{R})$$

であった．今，$GL(q,\boldsymbol{R})$ の部分群 G があって，$\nu(\Gamma)\subset G$ であるとする．このとき

$$\nu:B\Gamma\longrightarrow BG$$

となる．そして，次の可換図式をうる：

$$\begin{array}{ccc} B\Gamma\times BGL(n-q,\boldsymbol{R}) & & \\ \Big\downarrow & \searrow^{\nu\times 1} & \\ & & BG\times BGL(n-q,\boldsymbol{R}) \\ \Big\downarrow \sigma & & \Big\downarrow \rho\times 1 \\ & & BGL(q,\boldsymbol{R})\times BGL(n-q,\boldsymbol{R}) \\ \Big\downarrow & \swarrow_{\oplus} & \\ BGL(n,\boldsymbol{R}), & & \end{array}$$

ここで，$\oplus$ は Whitney 和を表わし，ρ は $G\subset GL(q,\boldsymbol{R})$ から導かれる写像である．

系 5.1. X を n 次元，開，C^r-多様体，$r\geqq 1$，とする．$\tau:X\to BGL(n,\boldsymbol{R})$ を X の接束 $\tau(X)$ の分類写像とする．このとき，X の上の Γ-葉層構造の積分可能ホモトピー類全体と，τ の $B\Gamma\times BGL(n-q,\boldsymbol{R})$ への持ち上げ：

$$\begin{array}{ccc} & & B\Gamma\times BGL(n-q,\boldsymbol{R}) \\ & \nearrow & \Big\downarrow \sigma \\ X & \xrightarrow{\tau} & BGL(n,\boldsymbol{R}) \end{array}$$

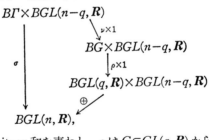

のホモトピー類全体とは1対1に対応する．――

ここで，τ の $B\Gamma\times BGL(n-q,\boldsymbol{R})$ への持ち上げ (lifting) とは，上の図式がホモトピー可換になるような連続写像 $X\to B\Gamma\times BGL(n-q,\boldsymbol{R})$ のことである．

証明. τ の $B\Gamma\times BGL(n-q,\boldsymbol{R})$ への持ち上げのホモトピー類と3つ揃い (f,η,ϕ) とは1対1に対応する，ここで3つ揃い (f,η,ϕ) とは，

$f: X\longrightarrow B\Gamma$，連続写像，

$\eta: X$ の上の $(n-q)$-次ベクトル束，

$\phi: f^*\nu\omega\oplus\eta\longrightarrow\tau(X)$，ベクトル束の同型．

ところが，3つ揃いと $\tau(X)$ から $\nu\omega$ への全射のホモトピー類と1対1に対応する．よって，定理より系をうる．▎

上の系より，開多様体の上の Γ-葉層構造の分類には，分類空間 $B\Gamma$ の位相的性質を調べることが必要となる．これについては，

R. Bott, Lectures on characteristic classes and foliations, Lecture Notes in Math. Springer, **279** (1972), 1–94.

を参照されたい．

ノート．閉多様体の上の葉層構造についても，分類定理が成り立つことが Thurston により示されている．

W. Thurston, The theory of foliations of codimension greater than one, Comment. Math. Helv., **49** (1974), 214–231.

W. Thurston, Existence of codimension one foliations, Ann. of Math., **104** (1976), 249–268.

第6章　開多様体の上の複素構造

この章では，第3章の Gromov-Phillips の定理，第4章の Gromov の凸積分理論の応用として，開多様体の上の複素構造について論ずる．

§1　概複素構造と複素構造

X を $2q$ 次元の C^∞-多様体とする．X の接束 $\tau(X)$ の構造群は直交群 $O(2q)$ と考えられる．n 次ユニタリ群 $U(q)$ は次のように $O(2q)$ の部分群と考えられる：

$$
\begin{aligned}
&\rho : U(q) \longrightarrow O(2q),\\
&U(n) \ni A = (a_{ij}),\\
&a_{ij} = b_{ij} + \sqrt{-1}\, c_{ij}, \qquad b_{ij}, c_{ij} \in \boldsymbol{R}\\
&\rho(A) = \begin{bmatrix} B & C \\ -C & B \end{bmatrix}, \qquad B = (b_{ij}),\ C = (c_{ij}).
\end{aligned}
$$

定義 6.1. $2q$ 次元 C^∞-多様体 X の接束 $\tau(X)$ の構造群 $O(2q)$ の $U(n)$ への還元を，X の上の**概複素構造** (almost complex structure) という．X とその上の概複素構造との組を**概複素多様体** (almost complex manifold) という．

注意 1. これは次のようにも述べることができる．次の図式を考える：

$$
\begin{array}{ccc}
 & & BU(q) \\
 & \overset{\tilde{\tau}}{\nearrow} & \downarrow \rho \\
X & \xrightarrow{\ \tau\ } & BO(2q),
\end{array}
$$

ここで，$BO(2q), BU(q)$ はそれぞれ，コンパクトな Lie 群 $O(2q), U(q)$ に対する分類空間，τ を X の接束 $\tau(X)$ の分類写像とする．そして，ρ は上の標準的な準同型 ρ: $U(q) \to O(2q)$ から自然に導かれる連続写像である．このとき，X の上の概複素構造は上の図式

における τ の $BU(q)$ へのリフト(すなわち，連続写像 $\tilde{\tau}: X \to BU(q)$ であって，$\rho\circ\tilde{\tau}=\tau$ となるもの)と考えられる．このことは，ファイバー束の分類定理より容易にわかる(第1章を参照)．

注意 2. また，次のような解釈もできる．$2q$ 次元多様体 X の接束 $\tau(X)$ から $\tau(X)$ へのベクトル束の準同型 $J: \tau(X) \to \tau(X)$ で，$J^2=-1$ となるものは概複素構造に他ならない．$2q$ 次元多様体の上の概複素構造の存在や分類に関する問題については W. Wu, A. Borel, F. Hirzebruch, T. Heaps らの研究がある．

定義 6.2. X を $2q$ 次元の位相多様体とする．X の上の開被覆 $\{U_\lambda; \lambda \in \Lambda\}$ と U_λ から $\boldsymbol{C}^q$ の開集合への同相 $\varphi_\lambda: U_\lambda \to \boldsymbol{C}^q$ の族が与えられていて，$U_\lambda \cap U_\mu \neq \phi$ で

$$\varphi_\lambda \circ \varphi_\mu^{-1} : \varphi_\mu(U_\lambda \cap U_\mu) \longrightarrow \varphi_\lambda(U_\lambda \cap U_\mu)$$

が正則であるとき，$\mathcal{C}=\{(U_\lambda, \varphi_\lambda); \lambda \in \Lambda\}$ を X の上の**複素構造**(complex structure)といい，X と $\mathcal{C}$ との組 $(X, \mathcal{C})$ を**複素多様体**(complex manifold)という．

$2q$ 次元多様体 X の上の複素構造 $\mathcal{C}$ は自然に X の上の概複素構造を与える．これを $\mathcal{C}$ の**下に横たわる**(underlying)概複素構造という．

定義 6.3. $2q$ 次元 C^∞-多様体 X の上の概複素構造 σ が，ある複素構造の下に横たわる概複素構造であるとき，σ を**積分可能**(integrable)であるという．

——

"与えられた概複素構造が積分可能かどうか" という概複素構造の積分可能性の問題は開多様体の場合，主として函数論的な方法により Grauert, Brender らにより研究されてきたが，最近 P. Landweber は，第3章に述べた Gromov–Phillips の定理を用いて，幾何学的な方法でこの問題を進展させた．また，M. Adachi は第4章の Gromov の凸積分理論を用いて，この問題に寄与した．これらについて述べよう．

§2　開多様体の上の複素構造

X を $2q$ 次元 C^∞-多様体とする．

定義 6.4. X の上の2つの概複素構造 σ_0, σ_1 は上の注意1の意味で(あるいは注意2の意味で)ホモトープのとき，**ホモトープ**(homotopic)といい，$\sigma_0 \simeq \sigma_1$

と書く．――

明らかに $\simeq$ は同値関係となる．その同値類を**ホモトピー類**という．

定義 6.5. X の上に 2 つの複素構造 $\mathscr{C}_0, \mathscr{C}_1$ が与えられている．これらは積分可能な概複素構造 σ_0, σ_1 を導く．σ_0 と σ_1 がホモトープで，かつそれらを結ぶホモトピー $\{\sigma_t; t\in[0,1]\}$ が，各 t に対して，σ_t が積分可能であるとき，$\mathscr{C}_0$ と $\mathscr{C}_1$ とは**積分可能ホモトープ** (integrably homotopic) という．――

これは同値関係である．

定理 6.1. X を $2q$ 次元の開多様体とする．

$$H^i(X, Z) = 0, \qquad i > q+1$$

ならば，X の上の任意の概複素構造は積分可能な概複素構造とホモトープである．

定理 6.2. X を $2q$ 次元の開多様体とする．

$$H^i(X, Z) = 0, \qquad i \geqq q+1$$

ならば，X の上の複素構造の積分可能ホモトピー類全体と X の上の概複素構造のホモトピー類全体との間に自然な 1 対 1 対応が存在する．――

P を多面体，$\varepsilon_P{}^n$ を P の上の自明な n 次元ベクトル束とする．ξ_0, ξ_1 を P の上のベクトル束とする．自然数 r, s が存在して，

$$\xi_0 \oplus \varepsilon_P{}^r \sim \xi_1 \oplus \varepsilon_P{}^s$$

となるとき，ξ_0 と ξ_1 とは**安定同値** (stably equivalent) であるといい，$\xi_0 \underset{s}{\sim} \xi_1$ と書く．

明らかに $\underset{s}{\sim}$ は同値関係となる．ξ を含む同値類を $[\xi]$ で表わす．

ここで，次の 2 つの分類空間の列の帰納的極限を考える：

$$B_O = \varinjlim B_{O(n)}, \qquad B_U = \varinjlim B_{U(n)}.$$

この $[\xi]$ には，連続写像

$$f: P \longrightarrow B_O$$

のホモトピー類が対応している．

一方，$\rho: B_{U(n)} \to B_{O(2n)}$ の帰納的極限として，連続写像

$$\rho: B_U \longrightarrow B_O$$

が定義される．そこで，次の図式

$$\begin{array}{ccc} & & B_U \\ & \overset{\tilde{f}}{\nearrow} & \downarrow \rho \\ P & \xrightarrow{f} & B_O \end{array}$$

における f のリフト $\tilde{f}$ を安定同値類 $[\xi]$ の**複素構造**とよぶ.

定理 6.3. $n>2$ とする. M^n を n 次元 C^∞-多様体で, その接束 $\tau(X)$ の安定同値類 $[\tau(X)]$ が複素構造をもつと仮定する. このとき, $M^n\times \boldsymbol{R}^{n-2}$ は複素構造をもつ.

系 6.1. M^n を向きづけ可能な n 次元 C^∞-多様体, $3\leqq n\leqq 6$ とする. 整係数コホモロジー類 $u\in H^2(M^n, \boldsymbol{Z})$ が存在して, $u \bmod 2=W^2(M^n)$ となると仮定する, ここで $W^2(M^n)$ は M^n の 2 次元 Stiefel-Whitney 類である. このとき, $M^n\times \boldsymbol{R}^{n-2}$ は複素構造をもつ. ——

この系は上の定理 6.3 と次の命題から, 簡単にわかる.

命題 6.1. K を n 次元多面体, $3\leqq n\leqq 6$ とする. K の上のベクトル束 ξ の安定同値類 $[\xi]$ が複素構造をもつ必要十分条件は, 整コホモロジー類 $u\in H^2(K, \boldsymbol{Z})$ が存在して, $u \bmod 2=W^2(\xi)$ となることである, ここで $W^2(\xi)$ は ξ の 2 次元 Stiefel-Whitney 類である. ——

この命題の証明は Adachi[C1] をみよ.

さて, 定理の証明の骨組をのべよう. そのためにここで我々は第 5 章の位相亜群構造を思い出そう.

$\Gamma_q{}^{\boldsymbol{C}}$ を $\boldsymbol{C}^q$ の局所解析同型の芽のつくる位相亜群, $B\Gamma_q{}^{\boldsymbol{C}}$ を $\Gamma_q{}^{\boldsymbol{C}}$-構造の分類空間とする. 微分をとることによって, 位相亜群の準同型

$$\nu: \Gamma_q{}^{\boldsymbol{C}} \longrightarrow GL(q, \boldsymbol{C})$$

が定義される. さらにこの ν より, 分類空間の間の連続写像

$$\nu: B\Gamma_q{}^{\boldsymbol{C}} \longrightarrow BGL(q, \boldsymbol{C})$$

が導かれる. 2 つとも同じ記号を用いる. この ν をファイバー空間と考えて(ホモトピー型で動かして), そのホモトピー・ファイバーを $F\Gamma_q{}^{\boldsymbol{C}}$ と書く.

一般に位相空間 X, Y と連続写像 $f: X\to Y$ が与えられたとき, ファイバー空間 (E, p, B), ホモトピー同値 $\varphi: X\to E$, $\phi: Y\to B$ が存在して,

$$\begin{array}{ccc} X & \xrightarrow{\varphi} & E \\ {\scriptstyle f}\downarrow & & \downarrow{\scriptstyle p} \\ Y & \xrightarrow{\phi} & B \end{array}$$

がホモトピー可換となることがわかる．このとき，ファイバー空間(E, p, B)のファイバーFのホモトピー型は一意的にきまる．これは，まずfの写像柱C_fを考えることにより，fは包含写像$X \subset Y$と考えてもよい．次に(E, p, B)としては，道の空間のつくるファイバー空間$(\Omega_{X,Y}(Y), p_2, Y)$をとればよい．ここで

$$\Omega_{X,Y}(Y) = \{u : [0,1] \to Y \mid u \text{ は連続,} \ u(0) \in X, u(1) \in Y\}$$

でコンパクト-開位相をもつ空間，$p_2(u) = u(1)$である(小松-中岡-菅原[A2]を参照)．上の$F\Gamma_q{}^{\boldsymbol{C}}$は$\nu$をこの意味でファイバー空間と考えたときのファイバーの意味である．

$GL(q, \boldsymbol{C})$，$GL(2q, \boldsymbol{R})$は次のような岩沢分解をもつ:

$$GL(q, \boldsymbol{C}) \approx U(q) \times \boldsymbol{R}^{q^2},$$
$$GL(2q, \boldsymbol{R}) \approx O(2q) \times \boldsymbol{R}^{q(2q+1)}.$$

そして，この分解は標準的な準同型ρと可換である:

$$\begin{array}{ccc} U(q) & \xrightarrow{\rho} & O(2q) \\ \downarrow & & \downarrow \\ GL(q, \boldsymbol{C}) & \xrightarrow{\rho} & GL(2q, \boldsymbol{R}). \end{array}$$

したがって，同じρでこれらによって導かれる連続写像

$$\rho : BGL(q, \boldsymbol{C}) \longrightarrow BGL(2q, \boldsymbol{R})$$

を表わす．

Xを$2q$次元の開多様体とし，次の図式を考える:

$$\begin{array}{ccc} & B\Gamma_q{}^{\boldsymbol{C}} & \longleftarrow F\Gamma_q{}^{\boldsymbol{C}} \\ \nearrow & \downarrow{\scriptstyle \nu} & \\ & BGL(q, \boldsymbol{C}) & \\ \nearrow{\scriptstyle \tilde{\tau}} & \downarrow{\scriptstyle \rho} & \\ X & \xrightarrow{\tau} BGL(2q, \boldsymbol{R}), & \end{array}$$

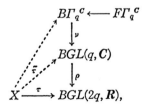

ここで，τはXの接束$\tau(X)$の分類写像である．定義によりτの$BGL(q, \boldsymbol{C})$へ

のリフトのホモトピー類と X の上の概複素構造のホモトピー類とが1対1に対応している. $2q$ 次元多様体 X の上の $\Gamma_q{}^{\boldsymbol{C}}$-葉層構造は X の上の複素構造に他ならない. 第5章の Haefliger の分類定理(定理5.2)により, τ の $B\Gamma_q{}^{\boldsymbol{C}}$ へのリフトのホモトピー類は, X の上の複素構造の積分可能ホモトピー類と1対1に対応している. ("X が開多様体" という仮定は Haefliger の分類定理を用いるのに必要.) よって, 開多様体の上の複素構造, それらの積分可能ホモトピー類を調べるには, ファイバー $F\Gamma_q{}^{\boldsymbol{C}}$ の研究が重要であることがわかる.

定理 6.4. $\pi_i(F\Gamma_q{}^{\boldsymbol{C}}) = 0, \quad 0 < i \leqq q.$ ——

この定理6.4をしばらく仮定して, 定理6.1, 6.2, 6.3を示そう.

定理 6.1 の証明. 上の図式を考える. X の上の概複素構造は τ の $BGL(q, \boldsymbol{C})$ へのリフト $\tilde{\tau}$ である. この $\tilde{\tau}$ の $B\Gamma_q{}^{\boldsymbol{C}}$ へのリフトを構成することを考える. $BGL(q, \boldsymbol{C})$ は単連結であることに注意する. X の C^1-三角形分割 K を考え, 切片(skeleton)毎に $\tilde{\tau}$ を構成しようとする. その障害は

$$H^i(X, \pi_{i-1}(F\Gamma_q{}^{\boldsymbol{C}})), \quad i = 1, 2, \cdots$$

の元である(小松-中岡-菅原[A2] を参照). よって定理6.4と定理の仮定より定理6.1をうる. ▎

定理 6.2 の証明. 上と同様に行なう. ただし, 2つのリフト $\tilde{\tau}_0, \tilde{\tau}_1$ がリフトとしてホモトープであるための障害は

$$H^i(X, \pi_i(F\Gamma_q{}^{\boldsymbol{C}})), \quad i = 1, 2, \cdots$$

の元である. よって, 定理6.2をうる. ▎

定理 6.3 の証明. $X = M^n \times \boldsymbol{R}^{n-2}$ とおくと $n > 2$ より X は $2(n-1)$ 次元の開多様体となる. このとき $H^i(X, \boldsymbol{Z}) = 0$, $i > n$. ところが仮定より M^n の接束 $\tau(M^n)$ の安定同値類は複素構造をもつ. よって $n-2>0$ より $M^n \times \boldsymbol{R}^{n-2}$ は概複素構造をもつ. 何となれば, 次の可換図式をみよ:

$$\begin{array}{ccc} \pi_i(BU(n-1)) & \xrightarrow[i_*]{\cong} & \pi_i(BU) \\ \downarrow \rho_* & & \downarrow \rho_* \\ \pi_i(BO(2n-2)) & \xrightarrow[i_*]{\cong} & \pi_i(BO), \end{array} \qquad i \leqq n.$$

よって定理6.1より定理をうる. ▎

以下の3つの節で定理6.4の証明をする.

§3　実解析多様体の複素化の上の正則葉層構造

この節では実解析多様体の複素化の上の正則葉層構造について考える．M を n 次元実解析多様体とする．

定義 6.6. 実解析多様体 M の**複素化**(complexification)とは次の条件を満足する複素多様体 $\boldsymbol{C}M$ と M の $\boldsymbol{C}M$ への実解析的埋め込み $i: M \to \boldsymbol{C}M$ との組$(i, \boldsymbol{C}M)$のことである：$\boldsymbol{C}M$ は複素構造 $\mathcal{C} = \{(U_\alpha, \phi_\alpha); \alpha \in A\}$ をもち，$\phi_\alpha: U \to \boldsymbol{C}^n$ は

$$\phi_\alpha(i(M) \cap U_\alpha) = \phi_\alpha(U_\alpha) \cap \boldsymbol{R}^n$$

を満足する．——

すなわち，対$(\boldsymbol{C}M, M)$は局所的には対$(\boldsymbol{C}^n, \boldsymbol{R}^n)$と同型である．実解析多様体 M の複素化について，次のことが知られている．

定理 6.5. M を実解析多様体とする．1. 実解析多様体 M は複素化$(i, \boldsymbol{C}M)$をもつ．

2. $f: M \to W$ を M から複素多様体への実解析写像とする．このとき，f は M のある複素化から W への正則写像 $\boldsymbol{C}f: \boldsymbol{C}M \to W$ へ拡張される．

3. $(i, \boldsymbol{C}M)$, $(i', \boldsymbol{C}'M)$ を M の複素化とする．このとき，$i(M)$ の開近傍 U, $i'(M)$ の開近傍 U', U から U' への複素解析同型 h が存在して，次の図式は可換：

$$\begin{array}{ccc} & \overset{i}{\nearrow} & U \subset \boldsymbol{C}M \\ M & & \downarrow h \\ & \underset{i'}{\searrow} & U' \subset \boldsymbol{C}'M. \end{array}$$

4. $(i, \boldsymbol{C}M)$ を M の複素化とすると，複素ベクトル束として

$$T(\boldsymbol{C}M)|M \sim T(M) \otimes \boldsymbol{C}. \qquad ——$$

証明は省略する．

上の定理により，実解析多様体 M の複素化の芽は一意的にきまる．以下，$\boldsymbol{C}M$ で M の複素化あるいはその芽を表わす．

定義 6.7. M を C^∞-多様体，W を複素多様体とする．$f: M \to W$ を C^∞-写像とする．f の微分 $df: T(M) \to T(W)$ が次の複素ベクトル束の全射

$$\boldsymbol{C}(df): T(M) \otimes \boldsymbol{C} \longrightarrow T(W)$$

を導くとき，f を $\boldsymbol{C}$-しずめ込み($\boldsymbol{C}$-submersion)という．

注意 1. E を実ベクトル束，F を複素ベクトル束とする．そして，$\phi: E\to F$ を実ベクトル束の準同型とする．このとき，自然に複素ベクトル束の準同型

$$\boldsymbol{C}(\phi): E\otimes\boldsymbol{C} \longrightarrow F$$

が導かれる．

注意 2. M が実解析多様体，W を複素多様体，$f: M\to W$ を実解析写像とする．f が $\boldsymbol{C}$-しずめ込みならば，f の拡張

$$\boldsymbol{C}f: \boldsymbol{C}M \longrightarrow W$$

は正則しずめ込み，すなわち正則写像で各点で階数が最高，となる．

定義 6.8. W を複素多様体とする．W の上の余次元 q の**正則葉層構造**(holomorphic foliation of codimension q) $\mathscr{F}=\{(U_\alpha, f_\alpha), f_{\alpha\beta}; \alpha, \beta\in A\}$ とは，W の開被覆 $\{U_\alpha; \alpha\in A\}$ と正則しずめ込み $f_\alpha: U_\alpha\to\boldsymbol{C}^q$ の族との組であって，それらに対して連続写像

$$f_{\alpha\beta}: U_\alpha\cap U_\beta \longrightarrow \Gamma_q^{\boldsymbol{C}}$$

が存在して，

$$f_\alpha(x)=f_{\alpha\beta}\circ f_\beta(x), \qquad x\in U_\alpha\cap U_\beta$$

を満足するものである．2つの W の上の余次元 q の正則葉層構造 $\mathscr{F}_1, \mathscr{F}_2$ の“同値”は第5章における葉層構造の同値と同様に定義される．

また，M を実解析多様体，$\boldsymbol{C}M$ を M の複素化とする．$\mathscr{F}_1, \mathscr{F}_2$ を $\boldsymbol{C}M$ の上の余次元 q の葉層構造とする．M の $\boldsymbol{C}M$ における近傍 U が存在して，$\mathscr{F}_1|U$ と $\mathscr{F}_2|U$ とが同値であるとき，$\mathscr{F}_1$ と $\mathscr{F}_2$ を M での芽の意味で同値といって，$\mathscr{F}_1 \underset{M}{\sim} \mathscr{F}_2$ と書く．明らかにこれは同値関係となる．

定義 6.9. M を C^∞-多様体とする．M の上の余次元 q の **$\boldsymbol{C}$-葉層構造**($\boldsymbol{C}$-foliation) $\mathscr{G}=\{(V_\lambda, g_\lambda), g_{\lambda\mu}; \lambda, \mu\in\Lambda\}$ とは，M の開被覆 $\{V_\lambda; \lambda\in\Lambda\}$ と $\boldsymbol{C}$-しずめ込み $g_\lambda: V_\lambda\to\boldsymbol{C}^q$ との組であって，それらに対して連続写像

$$g_{\lambda\mu}: V_\lambda\cap V_\mu \longrightarrow \Gamma_q^{\boldsymbol{C}}$$

が存在して，

$$g_\lambda(x)=g_{\lambda\mu}\circ g_\mu(x), \qquad x\in U_\lambda\cap U_\mu$$

を満足するものである．

特に M が実解析多様体であって，各 λ に対して，g_λ が C^ω-写像のとき，$\mathscr{G}$ を**解析 $\boldsymbol{C}$-葉層構造**(analytic $\boldsymbol{C}$-foliation)という．$\boldsymbol{C}$-葉層構造，解析 $\boldsymbol{C}$-葉層

構造の“同値”も，葉層構造の同値と同様に定義される．

M を C^ω-多様体とする．そして $\mathcal{F}$ を $\boldsymbol{C}M$ の上の余次元 q の正則葉層構造とする．このとき，$\mathcal{F}|M$ は M の上の余次元 q の解析 $\boldsymbol{C}$-葉層構造となる．

補題 6.1. M を C^ω-多様体とする．$\boldsymbol{C}M$ の上の正則葉層構造 $\mathcal{F}$ に $\mathcal{F}|M$ を対応させる写像は，$\boldsymbol{C}M$ の上の余次元 q の正則構造の M での芽の意味の同値類全体の集合から M の上の余次元 q の解析 $\boldsymbol{C}$-葉層構造の同値類全体の集合の上への1対1対応を与える．

証明. (i)　単射であること．$\boldsymbol{C}M$ の上の2つの余次元 q の正則葉層構造 $\mathcal{F}_1$, $\mathcal{F}_2$ が $\mathcal{F}_1|M\sim\mathcal{F}_2|M$ であったとする．そのとき，一致の定理により，$\mathcal{F}_1$ と $\mathcal{F}_2$ は M での芽の意味で同値となる．

(ii)　全射であること．$\mathcal{G}$ を M の上の余次元 q の実解析的葉層構造とする: $\mathcal{G}=\{(V_\alpha, g_\alpha), g_{\alpha\beta}\,;\alpha, \beta\in A\}$．これを $\boldsymbol{C}M$ の上の正則葉層構造へ拡張することを考える．M の C^ω-座標系を $\{(V_\alpha, \phi_\alpha);\alpha\in A\}$ とする($\mathcal{G}$ と同一の座標近傍をとりうる)．$\phi_\alpha\colon V_\alpha\to\boldsymbol{R}^n$ ($n=\dim M$) を $\phi_\alpha\colon V_\alpha\to\boldsymbol{C}^n$ と考えると，C^ω-写像

$$\phi_\alpha\times g_\alpha : V_\alpha \longrightarrow \boldsymbol{C}^n\times\boldsymbol{C}^q$$

をうる．第5章における Γ-構造のグラフの構成と同様にして，$(\phi_\alpha\times g_\alpha)(V_\alpha)$ の $\boldsymbol{C}^n\times\boldsymbol{C}^q$ における管状近傍を貼りあわせて，複素 $(n+q)$ 次元の複素多様体 W^{n+q} と，$\boldsymbol{C}^q$ への射影によりえられる W^{n+q} の上の余次元 q の正則葉層構造 $\mathcal{F}'$，そして $\phi_\alpha\times g_\alpha$ によって表わされる C^ω-埋め込み $j\colon M\to W^{n+q}$ をうる．$\boldsymbol{C}j\colon\boldsymbol{C}M\to W^{n+q}$ を j の複素化とする．g_α は $\boldsymbol{C}$-しずめ込みであるから，$\boldsymbol{C}j$ は $\mathcal{F}'$ に横断的であると仮定してもよい．このとき求める $\mathcal{G}$ の拡張は $\mathcal{F}'$ の $\boldsymbol{C}M$ への引きもどし $(\boldsymbol{C}j)^*\mathcal{F}'$ により与えられる．∎

この補題によって，$\boldsymbol{C}M$ の上の余次元 q の正則葉層構造とその M の上への制限とを同一視して考えてもよい．

定義 6.10. $\mathcal{F}_0, \mathcal{F}_1$ を $\boldsymbol{C}M$ の上の余次元 q の正則葉層構造とする．$\boldsymbol{C}(M\times[0,1])$ の上に余次元 q の正則葉層構造 $\mathcal{F}$ が存在して，

(i)　$\mathcal{F}|\boldsymbol{C}(M\times 0)\sim\mathcal{F}_0$,　$\mathcal{F}|\boldsymbol{C}(M\times 1)\sim\mathcal{F}_1$,

(ii)　各 $t\in[0,1]$ に対して，$\mathcal{F}$ は $\boldsymbol{C}(M\times t)$ に横断的である，

となるとき，$\mathcal{F}_0$ と $\mathcal{F}_1$ とは**積分可能ホモトープ** (integrably homotopic) といい，$\mathcal{F}_0\underset{i}{\simeq}\mathcal{F}_1$ と書く．

注意. 境界をもつ C^{ω}-多様体 $M\times[0,1]$ の複素化 $\boldsymbol{C}(M\times[0,1])$ が存在して，$\boldsymbol{C}(M\times t)$ を複素多様体としての部分多様体としてもつ.

明らかに $\underset{i}{\simeq}$ は同値関係となる．この同値類を積分可能ホモトピー類という.

定理 6.6（$\boldsymbol{C}M$ の上の葉層構造の分類定理）.　M^n を n 次元開 C^{ω}-多様体とする．次の図式を考える:

$$\begin{array}{ccc} & & B\Gamma_q{}^{\boldsymbol{C}}\times BGL(n-q,\boldsymbol{C}) \\ & \nearrow & \downarrow{\scriptstyle \nu\times 1} \\ & \nearrow & BGL(q,\boldsymbol{C})\times BGL(n-q,\boldsymbol{C}) \\ & & \downarrow{\scriptstyle \oplus} \\ M^n & \xrightarrow{\tau\otimes\boldsymbol{C}} & BGL(n,\boldsymbol{C}), \end{array} \tag{6.1}$$

ここで，$\tau\otimes\boldsymbol{C}$ は M の接束 $\tau(M)$ の複素化 $\tau(M)\otimes\boldsymbol{C}$ の分類写像である．このとき，$\tau\otimes\boldsymbol{C}$ の $B\Gamma_q{}^{\boldsymbol{C}}\times BGL(n-q,\boldsymbol{C})$ へのリフトのホモトピー類全体と $\boldsymbol{C}M$ の上の余次元 q の正則葉層構造の積分可能ホモトピー類全体とは1対1に対応する.

定理 6.7. M を n 次元コンパクト C^{ω}-多様体とする．次の図式を考える:

$$\begin{array}{ccccc} & \nearrow & B\Gamma_n{}^{\boldsymbol{C}} & \longleftarrow & F\Gamma_n{}^{\boldsymbol{C}} \\ & & \downarrow{\scriptstyle \nu} & & \\ M & \xrightarrow{\tau\otimes\boldsymbol{C}} & BGL(n,\boldsymbol{C}), & & \end{array} \tag{6.2}$$

ここで，$\tau\otimes\boldsymbol{C}$ は M の接束 $\tau(M)$ の複素化 $\tau(M)\otimes\boldsymbol{C}$ の分類写像である．このとき，$\boldsymbol{C}M$ の上の余次元 n の正則葉層構造の積分可能ホモトピー類全体から，$\tau\otimes\boldsymbol{C}$ の $B\Gamma_n{}^{\boldsymbol{C}}$ へのリフトのホモトピー類全体の集合の上への写像がある．——

この2つの定理の証明はあとにして，ここで定理 6.4 の証明をしよう.

定理 6.4 の証明. (i)　まず，$\pi_i(F\Gamma_q{}^{\boldsymbol{C}})=0$，$i<q$，を示す．$M=S^i\times\boldsymbol{R}^{q-i}$ とおく．$i<q$ より M は q 次元開 C^{ω}-多様体である．$n=q$ となっている．よって，上の可換図式(6.1)は

$$\begin{array}{ccccc} & \nearrow & B\Gamma_q{}^{\boldsymbol{C}} & \longleftarrow & F\Gamma_q{}^{\boldsymbol{C}} \\ & & \downarrow & & \\ M=S^i\times\boldsymbol{R}^{q-i} & \xrightarrow{\tau\otimes\boldsymbol{C}} & BGL(q,\boldsymbol{C}) & & \end{array}$$

となる．$q-i>0$ より M は平行化可能である．よって，$\tau\otimes\boldsymbol{C}$ は定値写像ととりうる．よって，$\tau\otimes\boldsymbol{C}$ の $B\Gamma_q{}^{\boldsymbol{C}}$ へのリフトは $S^i\times\boldsymbol{R}^{q-i}$ から $F\Gamma_q{}^{\boldsymbol{C}}$ への写像に

対応している．一方，CM は余次元 q の正則葉層構造はただ1つだけもつ．すなわち複素構造から与えられるものである．よって，定理6.6より S^i から $F\Gamma_q{}^C$ への連続写像のホモトピー類はただ1つ．よって $\pi_i(F\Gamma_q{}^C)=0$, $i<q$, をうる．

(ii)　$\pi_q(F\Gamma_q{}^C)=0$ を示す．今度は定理6.7を用いる．$M=S^n$ とする．このとき M はコンパクト C^ω-多様体となる．そこで次の可換図式を考える：

$$\begin{array}{ccc} \{\tau\}\in\pi_n(BO(n)) & \xrightarrow{\sigma_*} & \pi_n(BU(n)) \\ \downarrow{\scriptstyle i_*} & & \wr\!\!\parallel\downarrow{\scriptstyle i_*} \\ \pi_n(BO) & \xrightarrow{\sigma_*} & \pi_n(BU), \end{array}$$

ここで i_* は包含写像 $i:O(n)\to O$, $i:U(n)\to U$ から導かれる準同型，σ_* は自然な写像 $\sigma:O(n)\to U(n)$ から導かれる準同型である．ただし右側の i_* は同型となる．τ を M の接束 $\tau(M)$ の分類写像とする．S^n は安定平行性をもつから $i_*\{\tau\}=0$．よって上の図式の可換性より，

$$\{\tau\otimes C\}=\sigma_*\{\tau\}=0.$$

したがって，$\tau\otimes C$ を定値写像ととることができる．よって，$\tau\otimes C$ の $B\Gamma_n{}^C$ へのリフトに連続写像 $S^n\to F\Gamma_n{}^C$ が対応している．一方，CM は余次元 n の正則葉層構造はただ1つだけ，すなわち複素構造，をもつ．よって，定理6.7より $\pi_n(F\Gamma_n{}^C)=0$, $n\geqq 1$, をうる．▎

§4　C-横断性定理

M, W を C^∞-多様体，$\mathcal{F}$ を W の上の $\Gamma_q{}^C$-葉層構造とする．このとき，$\mathcal{F}$ の法束 $\nu\mathcal{F}$ は複素ベクトル束となる．$C_\pi:\tau(W)\otimes C\to\nu\mathcal{F}$ を自然な射影とする．E, F をベクトル束，$\phi:E\to F$ をベクトル束の準同型としたとき，$C(\phi):E\otimes C\to F\otimes C$ をその複素化とする．

定義 6.11. C^∞-写像 $f:M\to W$ は，複素ベクトル束の間の準同型の合成

$$\tau(M)\otimes C\xrightarrow{C(df)}\tau(W)\otimes C\longrightarrow\nu\mathcal{F}$$

が全射のとき，$\mathcal{F}$ に **C-横断的** (C-transversal) であるという．——

$CTr(M,\mathcal{F})$ を $\mathcal{F}$ に C-横断的な C^∞-写像 $f:M\to W$ 全体の集合へ C^1-位相を

入れた空間とする.

$\boldsymbol{C}\mathrm{Epi}(\tau(M), \nu\mathscr{F})$ をベクトル束の準同型 $\phi: \tau(M) \to \nu\mathscr{F}$ でその複素化 $\boldsymbol{C}(\phi)$ が全射であるもの全体の集合のコンパクト-開位相を入れた空間とする. $\boldsymbol{C}Tr(M, \mathscr{F})$ の元 f に対して, 合成写像

$$\tau(M) \xrightarrow{df} \tau(W) \xrightarrow{\pi} \nu\mathscr{F}$$

は $\boldsymbol{C}\mathrm{Epi}(\tau(M), \nu\mathscr{F})$ に入る, ここで π は自然な射影である.

定理 6.8. M が開多様体ならば, f に $\pi\circ df$ を対応させる写像

$$\phi : \boldsymbol{C}Tr(M, \mathscr{F}) \longrightarrow \boldsymbol{C}\mathrm{Epi}(\tau(M), \nu\mathscr{F})$$

は弱ホモトピー同値である. ——

これは, 定理 3.14 よりえられる. 詳しい証明は読者にゆずる. C^1 と C^ω とのギャップは定理 6.9 の証明を参照せよ.

定理 6.8⇒定理 6.6. この過程は第 5 章での開多様体の上の葉層構造の分類定理の証明と全く同様である.

次に定理 6.7 の証明へすすもう. これは上の場合よりちょっとめんどうである. ここで第 4 章の定理 4.1 を適用する. M を n 次元 C^ω-多様体とする. $(E, \xi, \mathscr{E})$ を M の上の $\Gamma_n{}^{\boldsymbol{C}}$-葉層マイクロ束とする. このとき, E は実 $3n$ 次元の C^ω-多様体と考えられる, そして $\mathscr{E}$ は E の上の解析的 $\boldsymbol{C}$-葉層構造と考えられる. $\pi: \tau(E) \to \nu\mathscr{E}$ を自然な射影とする.

$\boldsymbol{C}Tr^\omega(M, \mathscr{E})$ を C^ω-写像 $f: M \to E$ で, 複素ベクトル束の合成

$$\tau(M)\otimes\boldsymbol{C} \xrightarrow{(df)\otimes\boldsymbol{C}} \tau(E)\otimes\boldsymbol{C} \xrightarrow{\boldsymbol{C}(\pi)} \nu\mathscr{E}$$

が全射となるもの全体の集合へ C^1-位相を入れた空間とする. $f \in \boldsymbol{C}Tr^\omega(M, \mathscr{E})$ のとき $f^*\mathscr{E}$ は $\boldsymbol{C}M$ の上の全次元 n の正則葉層構造となる.

$\boldsymbol{C}\mathrm{Epi}(\tau(M), \nu\mathscr{E})$ をベクトル束の準同型 $\phi: \tau(M) \to \nu\mathscr{E}$ で, $\boldsymbol{C}(\phi): T(M)\otimes\boldsymbol{C} \to \nu\mathscr{E}$ が複素ベクトル束の全射となるもの全体の集合へコンパクト-開位相を入れた空間とする.

定理 6.9 ($\boldsymbol{C}$-横断性定理). M をコンパクトな C^ω-多様体とする. このとき, f に $\pi\circ df$ を対応させる写像

$$\pi\circ d : \boldsymbol{C}Tr^\omega(M, \mathscr{E}) \longrightarrow \boldsymbol{C}\mathrm{Epi}(\boldsymbol{\tau}(M), \nu\mathscr{E})$$

は次の全射を導く:

$$\pi_0(\boldsymbol{C}Tr^\omega(M,\mathcal{E}))\longrightarrow\pi_0(\boldsymbol{C}\mathrm{Epi}(\tau(M),\nu\mathcal{E})).\qquad ——$$

$\boldsymbol{C}Tr^1(M,\mathcal{E})$ を C^1-写像 $f:M\to E$ で，$\mathcal{E}$ に $\boldsymbol{C}$-横断なもの全体の集合へ C^1-位相を入れた空間とする．このとき，$\boldsymbol{C}Tr^\omega(M,\mathcal{E})$ は $\boldsymbol{C}Tr^1(M,\mathcal{E})$ の部分空間となる．近似定理(第3章§2参照)より次の命題が成り立つ．

命題 6.2. M をコンパクトな C^ω-多様体とする．このとき，包含写像 i: $\boldsymbol{C}Tr^\omega(M,\mathcal{E})\to\boldsymbol{C}Tr^1(M,\mathcal{E})$ は次の全射を導く：

$$i_*:\pi_0(\boldsymbol{C}Tr^\omega(M,\mathcal{E}))\longrightarrow\pi_0(\boldsymbol{C}Tr^1(M,\mathcal{E})).\qquad ——$$

証明は省略．第3章近似定理を参照．

さて，上の定理6.9はこの命題と，次の定理6.10よりえられる．

定理 6.10(**C-横断性定理**)．M をコンパクトな C^ω-多様体とする．このとき，f に $\pi\circ df$ を対応させる写像

$$\pi\circ d:\boldsymbol{C}Tr^1(M,\mathcal{E})\longrightarrow\boldsymbol{C}\mathrm{Epi}(\tau(M),\nu\mathcal{E})$$

は次の全射を導く：

$$\pi_0(\boldsymbol{C}Tr^1(M,\mathcal{E}))\longrightarrow\pi_0(\boldsymbol{C}\mathrm{Epi}(\tau(M),\nu\mathcal{E})).$$

証明.　$X=M\times E$, $p:X\to M$ を第1成分への射影とする．このとき，(X,p,M) は滑らかなファイバー束となる．

$\mathrm{Sect}(X)$ を (X,p,M) の C^1-断面全体へ C^1-位相を入れた空間とする．(X^1,p^1,M) を (X,p,M) の C^1-断面の芽の1-ジェットのつくる束とする．$\mathrm{Sect}(X^1)$ を (X^1,p^1,M) の連続な断面全体へコンパクト開位相を入れた空間とする．このとき，1ジェットをとることにより次の連続写像をうる：$J^1:\mathrm{Sect}(X)\to\mathrm{Sect}(X^1)$.

$C^1(M,E)$ を M から E への C^1-写像全体へ C^1-位相を入れた空間，$\mathrm{Hom}(\tau(M),\tau(E))$ を M の接束 $\tau(M)$ から E の接束 $\tau(E)$ への準同型全体へコンパクト開位相を入れた空間とする．$\mathrm{Hom}(\tau(M),\nu\mathcal{E})$ も同様．このとき，次の可換図式が成り立つ：

$$\begin{array}{ccccc} C^1(M,E) & \xrightarrow{d} & \mathrm{Hom}(\tau(M),\tau(E)) & \xrightarrow{\pi} & \mathrm{Hom}(\tau(M),\nu\mathcal{E}) \\ \varphi\updownarrow\wr & & \phi\updownarrow\wr & & \cup \\ & & & & \boldsymbol{C}\mathrm{Epi}(\tau(M),\nu\mathcal{E}) \\ \mathrm{Sect}(X) & \xrightarrow{J^1} & \mathrm{Sect}(X^1), & & \end{array}$$

ここで，d は写像 f にその微分 df を対応させる写像，π は ϕ に $\pi\circ\phi$ を対応させる写像である．φ,ϕ は自然に定義される同相写像である．

$$\Box = \pi^{-1}(\boldsymbol{C}\mathrm{Epi}(\tau(M), \nu\mathscr{E}))$$

とおく．このとき，次の可換図式をうる：

$$\begin{array}{ccccc}
C^1(M,E) & \xrightarrow{d} & \mathrm{Hom}\,(\tau(M),\tau(E)) & \xrightarrow{\pi} & \mathrm{Hom}\,(\tau(M),\nu\mathscr{E}) \\
\cup\uparrow & & \cup\uparrow & & \cup\uparrow \\
\boldsymbol{CTr}^1(M,\mathscr{E}) & \xrightarrow{d} & \Box & \xrightarrow{\pi|\Box} & \boldsymbol{C}\mathrm{Epi}(\tau(M),\nu\mathscr{E}),
\end{array}$$

ここで，$\pi|\Box$ は全射である．したがって，

$$\pi_* : \pi_0(\Box) \longrightarrow \pi_0(\boldsymbol{C}\mathrm{Epi}(\tau(M), \nu\mathscr{E}))$$

は全射である．よって，定理の証明は

$$d_* : \pi_0(\boldsymbol{CTr}^1(M, \mathscr{E})) \longrightarrow \pi_0(\Box)$$

が全射であることを示せばよい．さて，上の同相写像 φ により，

$$\begin{array}{ccc}
\mathrm{Hom}\,(\tau(M),\tau(E)) & \supset & \Box \\
\varphi\updownarrow\wr & & \updownarrow\varphi \\
\mathrm{Sect}\,(X^1) & \supset & \mathrm{Sect}\,(X^1,\Omega)
\end{array}$$

のように対応する X^1 の開集合 Ω をとる．このとき次の可換図式をうる：

$$\begin{array}{ccccc}
C^1(M,E) & & \xrightarrow{\quad d \quad} & & \mathrm{Hom}\,(\tau(M),\tau(E)) \\
 & \nwarrow\!\cup & & \cup\!\nearrow & \\
\varphi\updownarrow\wr & \boldsymbol{CTr}^1(M,\mathscr{E}) & \xrightarrow{d} & \Box & \wr\updownarrow\varphi \\
 & \varphi\updownarrow & & \updownarrow\varphi & \\
 & \mathrm{Sect}\,(X,\Omega) & \xrightarrow{J^1} & \mathrm{Sect}\,(X^1,\Omega) & \\
 & \swarrow\!\supset & & \subset\!\searrow & \\
\mathrm{Sect}\,(X) & & \xrightarrow{\quad J^1 \quad} & & \mathrm{Sect}\,(X^1),
\end{array}$$

ここで，$\mathrm{Sect}\,(X,\Omega)=(J^1)^{-1}(\mathrm{Sect}\,(X^1,\Omega))$ である．よって，Ω に対して，第4章の Gromov の定理が適用できることを示せばよい．

さて，X^1 は次のようなジェット束である：

$$\begin{array}{ccccc}
X^1 = J^1(M,E) & \longleftarrow & J^1(n,3n) = M(3n,n;\boldsymbol{R}) \\
p^1\downarrow \quad\;\; \downarrow & & \\
X = M\times E & & \\
p\downarrow \quad\;\; \downarrow p_1 & & \\
M \;=\; M, & &
\end{array}$$

ここで $M(3n,n;\boldsymbol{R})$ は $\boldsymbol{R}$ の上の $(3n,n)$-型行列全体，この構造群は $L^1(n,3n)=$

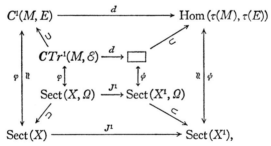

$L^1(3n)\times L^1(n)=GL(3n,\boldsymbol{R})\times GL(n,\boldsymbol{R})$ である．しかしながら，$M\times E$ は局所コンパクト，かつパラコンパクトだから構造群は $O(3n)\times O(n)$ と思ってもよい．

さらに，$(E,\xi,\mathcal{E})$ は C^ω-多様体 M の上の $\Gamma_q{}^{\boldsymbol{C}}$-葉層マイクロ束だから，$E$ の上に次のような C^ω-座標系をとることができる：

$$\{(U_\lambda,\varphi_\lambda)\ ;\ \lambda\in\Lambda\},$$
$$\varphi_\lambda : U_\lambda \longrightarrow \boldsymbol{R}^{3n} = \boldsymbol{R}^n\oplus\boldsymbol{R}^{2n},$$
$$U_\lambda\cap U_\mu \neq \phi \quad のとき \quad \varphi_\lambda\circ\varphi_\mu{}^{-1}(x,y) = (x',y')$$

とおくと，

$$\begin{cases} x' = \bar{g}_{\lambda\mu}(\bar{x}), & \bar{x} = p(x), \\ y' = g_{\lambda\mu}(x)y, \end{cases}$$

ここで，$\mathcal{E}=\{(U_\lambda,\phi_\lambda), g_{\lambda\mu}\ ;\ \lambda,\mu\in\Lambda\}$,

$$g_{\lambda\mu} : U_\lambda\cap U_\mu \longrightarrow \Gamma_q{}^{\boldsymbol{C}};$$
$$\bar{g}_{\lambda\mu} : p(U_\lambda)\cap p(U_\mu) \longrightarrow GL(n,\boldsymbol{R})$$

は M の座標変換の Jacobi 行列をとる写像である．

$F\subset O(3n)$ を次の形のものからなる部分群とする：

$$\underbrace{}_{}\begin{bmatrix} A & O \\ B & C \end{bmatrix}\begin{matrix}]n \\ ]2n \end{matrix} \qquad \begin{matrix} A\in O(n), \\ C\in\rho(U(n))\subset O(2n), \end{matrix}$$
$$\quad n \qquad 2n$$

ここで，$\rho: U(n)\to O(2n)$ は標準的な写像である．このとき，上のジェット束の構造群は $F\times O(n)$ へ還元できる．さて，$M(3n,n;\boldsymbol{R})$ の閉部分集合 Σ を次のように定義する．まず次の自然な対応を考える：

$$\begin{array}{ccc} \phi : M(2n,n;\boldsymbol{R}) & \longrightarrow & M(n,n;\boldsymbol{C}) \\ \cup\!\!\!\!\!\! \in & & \cup\!\!\!\!\!\! \in \\ \begin{matrix} n[\\ n[\end{matrix}\begin{bmatrix} A \\ B \end{bmatrix} & \longmapsto & (A+iB). \end{array}$$

$\Sigma_1=M(n,n;\boldsymbol{C})-GL(n,\boldsymbol{C})$ とする．このとき，Σ_1 は実余次元2の閉部分集合である．

$$\Sigma_2 = \phi^{-1}(\Sigma_1)$$

とする．Σ_2 もやはり $M(2n,n;\boldsymbol{R})$ の余次元2の閉部分集合となる．

$$M(3n,n;\boldsymbol{R}) \supset \Sigma = M(n,n;\boldsymbol{R})\oplus\Sigma_2$$

とおく．このとき，Σ は余次元2の閉部分集合となる．さらに，Σ は $F\times O(n)$

の作用で不変である．よって，ジェット束 $J^1(M, E)$ のファイバーを Σ とする部分束 J_Σ を考えることができる．このとき，J_Σ はやはり $J^1(M, E)$ の余次元2の閉部分集合である．

$$\Omega = J^1(M, E) - J_\Sigma$$

とおく．Ω の定義から，$\mathrm{Sect}(X^1, \Omega)$ は ϕ によりちょうど $\square$ に対応している．したがって，$\mathrm{Sect}(X, \Omega)$ は φ によってちょうど $\boldsymbol{CTr}^1(M, \mathcal{E})$ に対応している．

ここで，この Ω に対して定理4.1を適用すれば，

$$J^1 : \mathrm{Sect}(X, \Omega) \longrightarrow \mathrm{Sect}(X^1, \Omega)$$

は弱ホモトピー同値となる．よって定理が示された．❙

§5 ノ ー ト

1. 閉多様体の上の概複素構造は一般には積分可能ではない．このことに関しては，最初 Fröhlicher が S^6 の上に積分可能でない概複素構造が存在することを示した：

A. Fröhlicher, Zur Differentialgeometrie der komplexen Strukturen, Math. Ann., **129** (1955), 50–95.

その後，Van de Ven は4次元閉多様体の上の概複素構造で積分可能でないものがあることを示した：

A. Van de Ven, On the Chern numbers of certain complex and almost complex manifolds, Proc. Nat. Acad. Sci. USA, **55** (1966), 1624–1627.

最近 S.-T. Yau は平行化可能な4次元閉多様体（したがって概複素多様体）で複素構造をもたないものが存在することを示した．また N. Brotherton は Yau と異なる同様の例をつくった．

S.-T. Yau, Parallelizable manifolds without complex structure, Topology, **15** (1976), 51–53.

N. Brotherton, Some parallelizable four manifolds not admitting complex structure, Bull. London Math. Soc., **10** (1978), 303–304.

これら，Van de Ven, Yau, Brotherton の仕事は，すべて Kodaira の仕事を基にしている．

2. 一方，開多様体の上の概複素構造は，6次元以下は，ホモトープに動かせば積分可能となることが，上の定理6.1よりわかる(Adachi[C1], [C2]).

開多様体で，概複素構造をもつが，複素構造をもたない例は知られていない.

第7章　C^∞-多様体の埋め込み(つづき)

この章では埋め込みに関して，Haefligerの定理を中心として述べる．Haefligerの定理は埋め込みの理論において最も基本的な定理である．これは第2章で述べた古典的なWhitneyの定理を特別な場合として含んでいる．Haefligerはこれに対して，2つの証明を与えているが，ここでは第2の証明，すなわち，第2章で述べたWhitneyの完全はめ込みの2重点の除去の手法，van Kampen, Wu[B13], Shapiro[C16]らの複体の埋め込みの研究の一般化による方法の概略を紹介する．

§1　Euclid空間への埋め込み

Vをn次元C^∞-多様体，Δ_Vを$V\times V$の対角集合とする，すなわち

$$V\times V\supset\Delta_V=\{(x,x)\mid x\in V\}.$$

定義 7.1. 連続写像

$$F:V\times V-\Delta_V\longrightarrow S^{m-1}$$

は，

$$F(x,y)=-F(y,x),\qquad x,y\in V,\ x\neq y$$

となるとき，**等変写像***)(equivariant map)，あるいは$\boldsymbol{Z}_2$**-等変写像**という．

ホモトピー$\{F_t\}$，$F_t:V\times V-\Delta_V\to S^{m-1}$，は，各$t\in[0,1]$に対して，$F_t$が等変写像のとき，**等変ホモトピー**(equivariant homotopy)という．等変ホモトピーで結ばれる2つの等変写像F,Gは**等変ホモトープ**(equivariantly homoto-

*) equivariantを‘同変’と訳すことも多いが，あとでisovariantを同変と訳したいので，この本ではequivariantを等変とした．

pic)であるといい，$F \underset{e}{\simeq} G$ あるいは $F \underset{Z_2}{\simeq} G$ と書く．明らかに，$\underset{e}{\simeq}$ は同値関係となる．——

$f: V \to \boldsymbol{R}^m$ を埋め込みとする．このとき，この f に対して，写像 $\bar{f}$ を次のように定義する：

$$\bar{f}: V \times V - \varDelta_V \longrightarrow S^{m-1},$$
$$\bar{f}(x, y) = \frac{f(x) - f(y)}{|f(x) - f(y)|}.$$

このとき，明らかに $\bar{f}$ は等変写像となる．さらに，2つの埋め込み，$f, g: V \to \boldsymbol{R}^m$ がイソトープならば，それらに同伴する等変写像 $\bar{f}, \bar{g}$ は等変ホモトープとなる．

定理 7.1. V を n 次元 C^∞-多様体とする．このとき埋め込み $f: V \to \boldsymbol{R}^m$ に同伴する等変写像 $\bar{f}: V \times V - \varDelta_V \to S^{m-1}$ を対応させると，次の同値類の間の写像 $\varPhi$ をうる：

$$\{f: V \to \boldsymbol{R}^m,\ \text{埋め込み}\}/\cong \overset{\varPhi}{\longrightarrow} \{F: V \times V - \varDelta_V \to S^{m-1},\ \text{等変写像}\}/\underset{e}{\simeq}.$$

このとき，

a) $3(n+1) \leqq 2m$ ならば，$\varPhi$ は全射，

b) $3(n+1) < 2m$ ならば，$\varPhi$ は全単射．——

以下我々は $3(n+1) < 2m$ となる (n, m) の範囲を**安定域**(stable range)とよぶ．この定理の証明は後の節にゆずって，ここで，この定理から簡単にえられる事実を述べる．

定義 7.2. $V \times V - \varDelta_V$ へ次の同値関係を定義する：

$$(x, y) \sim (y, x), \qquad x, y \in V,\ x \neq y.$$

これによる $V \times V - \varDelta_V$ の商空間を V^* と書いて，**約対称積**(reduced symmetric square)という．——

$(V \times V - \varDelta_V) \times S^{m-1}$ へ次の同値関係を定義する：

$$(x, y; s) \sim (y, x; -s), \qquad x, y \in V,\ x \neq y,\ s \in S^{m-1}.$$

これによる$(V \times V - \varDelta_V) \times S^{m-1}$ の商空間を E とする．$p: E \to V^*$ を

$$p([x, y; s]) = [x, y]$$

と定義すると，(E, p, V^*) はファイバーが S^{m-1}，構造群が $\boldsymbol{Z}_2$ であるファイバー束となる．これは，2重被覆空間 $V \times V - \varDelta_V \to V^*$ の同伴束である．

次の補題は明らかである.

補題 7.1. $V\times V-\Delta_V$ から S^{m-1} への等変写像の等変ホモトピー類全体と，ファイバー束(E, p, V^*)の断面のホモトピー類全体とは1対1に対応する.

——

この補題と定理7.1によって，安定域では，n 次元 C^∞-多様体 V の $\boldsymbol{R}^m$ への埋め込みの存在とイソトピーによる分類の問題は，ファイバー束(E, p, V^*)の断面の存在とホモトピーによる分類に帰着された.

系 7.1. 安定域においては，n 次元 C^∞-多様体 V の Euclid 空間 $\boldsymbol{R}^m$ への埋め込みの分類は V の C^∞-構造によらない. ——

これは上にのべたことより明らかである.

系 7.2. 安定域においては，球面 S^n の Euclid 空間 $\boldsymbol{R}^m$ への2つの埋め込みはいつもイソトープである.

補題 7.2. n 次元球面 S^n の約対称積$(S^n)^*$は実射影空間 $\boldsymbol{RP}^n$ と同じホモトピー型をもつ.

証明. 次の可換図式をみて考えよ:

$$\begin{array}{ccccc} x \in S^n & \longrightarrow & S^n\times S^n-\Delta \ni (x, -x) \\ \downarrow \quad \downarrow & & \downarrow \quad\quad \downarrow \\ [x]\in \boldsymbol{RP}^n & \longrightarrow & (S^n)^* \ni [(x, -x)]. \end{array}$$

▎

系 7.2 の証明. $V=S^n$ のとき，安定域で(E, p, V^*)の2つの断面 s_0, s_1 がホモトープであることを示す．そのための障害は，被覆 $V\times V-\Delta_V\to V^*$ に同伴な局所系を係数とするコホモロジー群

$$H^i(V^*, \Pi_i(\mathcal{S}^{m-1})), \qquad i=1,2,\cdots$$
$$(\Pi_i(\mathcal{S}^{m-1})=\pi_i(S^{m-1})\otimes \boldsymbol{Z}_T)$$

の元である(小松-中岡-菅原[A2]，あるいはSteenrod[A6]を参照)．安定域 $3(n+1)<2m$ では $n<m-1$ である．したがって，補題7.2からすべての $i>0$ に対して $H^i(V^*, \Pi_i(\mathcal{S}^{m-1}))=0$ である．よって，定理7.1と補題7.1より系7.2をうる. ▎

定理 2.3 の証明.

補題 7.3. V が k-連結ならば，2重被覆 $V\times V-\Delta_V\to V^*$ に同伴な局所系を係数とする次のコホモロジー群は

$$\left.\begin{array}{l} H^i(V^*, \Pi_i(\mathcal{S}^{m-1})) = 0, \\ H^i(V^*, \Pi_{i-1}(\mathcal{S}^{m-1})) = 0, \end{array}\right\} \quad i \geqq 2n-k,$$

となる.

注意. この補題はmに無関係である点に注意してほしい.

証明. $\boldsymbol{Z}'$を$\boldsymbol{Z}$あるいは2重被覆$V\times V-\Delta_V\to V^*$に同伴なねじれ整数系(twisted integer system) $\boldsymbol{Z}_T$のいずれかとし，$\boldsymbol{Z}''$をその中の他方とする. $\pi_j(S^{m-1})$は有限生成なAbel群である，よって，巡回群の直和となる．したがって，すべての素数pに対して，$H^i(V^*, \boldsymbol{Z}'\otimes\boldsymbol{Z}_p)=0$, $i\geqq 2n-k$, を示せばよい. それには，完全系列

$$0 \longrightarrow \boldsymbol{Z}' \longrightarrow \boldsymbol{Z}' \longrightarrow \boldsymbol{Z}'\otimes\boldsymbol{Z}_p \longrightarrow 0$$

を係数とするコホモロジーの完全系列をみれば，$H^i(V^*, \boldsymbol{Z}')=0$, $i\geqq 2n-k$, を示せば十分であることがわかる.

$V\times V-\Delta_V\to V^*$を球面束とみて，これのThom-Gysinの完全系列を考える:

$$\cdots\cdots \longrightarrow H^i(V\times V-\Delta) \longrightarrow H^i(V^*, \boldsymbol{Z}') \longrightarrow H^{i+1}(V^*, \boldsymbol{Z}'')$$
$$\longrightarrow H^{i+1}(V\times V-\Delta) \longrightarrow \cdots$$

(小松-中岡-菅原[A2]を参照). ここで，$H^i(V\times V-\Delta)=0$, $i\geqq 2n-k$, を示せば証明は終る．何となれば，完全性より，そのときは，$H^i(V^*, \boldsymbol{Z}')\cong H^{i+1}(V^*, \boldsymbol{Z}'')$, $i\geqq 2n-k$, となる，そしてこれらは$i>2n$ならば0となる($\dim V^*=2n$). しかるに，Lefschetzの双対定理(小松-中岡-菅原[A4]を参照)より，

$$H^i(V\times V-\Delta_V) \cong H_{2n-i}(V\times V, \Delta_V)$$

となる．そして，右辺はVがk-連結であることと，Künnethの公式より，$2n-k\leqq i\leqq 2n$で0となる. ▎

(a)の証明. Vはn次元閉多様体で，k-連結とする．$m=2n-k$とおくと，$2k+3\leqq n$という仮定より，(n, m)は$3(n+1)\leqq 2m$という関係を満足する．(E, p, V^*)の断面の存在のための障害は，被覆$V\times V-\Delta_V\to V^*$に同伴な局所系を係数とするコホモロジー群

$$H^i(V^*, \Pi_{i-1}(\mathcal{S}^{m-1})), \quad i = 1, 2, \cdots$$

の元となる(小松-中岡-菅原[A2]，あるいはSteenrod[A6])を参照). ところが補題7.3により，

$$H^j(V^*, \Pi_{j-1}(\mathcal{S}^{m-1})) = 0, \quad j \geqq 2n-k.$$

したがって，上のコホモロジー群はすべての $i>0$ に対して 0．よって定理の (a) をうる．

(b) の証明．(E, p, V^*) の 2 つの断面 s_0, s_1 がホモトープとなるための障害類 $d(s_0, s_1)$ は被覆 $V\times V-\Delta_V\to V^*$ に同伴な局所系を係数とするコホモロジー群

$$H^i(V^*, \Pi_i(\mathcal{S}^{m-1})), \qquad i = 1, 2, \cdots$$

の元である．ところが補題 7.3 によりこれもすべての $i>0$ に対して 0 である．よって定理の (b) をうる．∎

§2 多様体への埋め込み

定義 7.3. X, Y を位相空間，$F{:}X\times X\to Y\times Y$ を連続写像とする．$X\times X$ の各点 (x_1, x_2) に対して，

$$F(x_1, x_2) = (y_1, y_2) \in Y\times Y,$$
$$F(x_2, x_1) = (y_2, y_1),$$

となるとき，F を**等変写像** (equivariant map) あるいは $\boldsymbol{Z}_2$-等変という．F が等変写像であり，かつ X, Y の対角集合 Δ_X, Δ_Y に関して

$$F^{-1}(\Delta_Y) = \Delta_X$$

となるとき，F を**同変写像** (isovariant map) という．ホモトピー $F_t{:}X\times X\to Y\times Y$ は，各 $t\in[0, 1]$ に対して，F_t が等変写像のとき，**等変ホモトピー** (equivariant homotopy) という．等変ホモトピーにより結ばれる 2 つの等変写像 F, G は**等変ホモトープ** (equivariantly homotopic) であるといい，$F\underset{e}{\simeq}G$ と書く．

ホモトピー $F_t{:}X\times X\to Y\times Y$ は，各 $t\in[0, 1]$ に対して，F_t が同変写像のとき**同変ホモトピー** (isovariant homotopy) という．同変ホモトピーによって結ばれる 2 つの同変写像 F, G は**同変ホモトープ** (isovariantly homotopic) であるといい，$F\underset{i}{\simeq}G$ と書く．明らかに $\underset{e}{\simeq}$，$\underset{i}{\simeq}$ は同値関係となる．

定義 7.4. $f, g{:}X\to Y$ を連続写像とし，これらを結ぶホモトピー $\{h_\tau\}$，$\{h_\tau'\}$ が 2 つあったとする．これら 2 つの**ホモトピーを結ぶホモトピー**とは，連続写像

$$H : X\times I\times I \longrightarrow Y, \qquad I = [0, 1]$$

であって，$h_{\tau, t}(x) = H(x, \tau, t)$ とおくとき，

(i)　$h_{\tau,0} = h_\tau, \quad h_{\tau,1} = h_\tau'$,

(ii)　$h_{0,t} = h_0 = h_0' = f, \quad h_{1,t} = h_1 = h_1' = g$

となるものである．このようなホモトピーが存在するとき，ホモトピー$\{h_\tau\}$と$\{h_\tau'\}$とは**ホモトープ**であるといい，$\{h_\tau\} \simeq \{h_\tau'\}$と書く．明らかにこれは同値関係である．

定理 7.2.　Vをn次元閉C^∞-多様体，Mをm次元C^∞-多様体とする．

(a)　$3(n+1) \leqq 2m$とする．連続写像$f: V \to M$が埋め込みgにホモトープである必要十分条件は等変ホモトピー

$$H_t : V \times V \longrightarrow M \times M$$

が存在して，

(i)　$H_0 = f \times f$,

(ii)　H_1は同変写像

となることである．さらにgを$g \times g$とH_1とが同変ホモトープとなるようにとりうる．

(b)　$3(n+1) < 2m$とする．$f, g: V \to M$を2つの埋め込みとする．fとgとを結ぶホモトピー$\{f_\tau\}$がイソトピーとホモトープであるための必要十分条件は，等変ホモトピー

$$H_{\tau,t} : V \times V \longrightarrow M \times M, \qquad \tau, t \in [0, 1]$$

が存在して．

(i)　$H_{\tau,0} = f_\tau \times f_\tau$,

(ii)　$H_{\tau,1}$は同変ホモトピー

となることである．——

この定理7.2の証明は後の節にまわして，ここでこの定理から簡単にわかることをのべる．

系 7.3.　安定域においては，VからMへの埋め込みの分類は，V, MのC^∞-構造によらない．——

これは上の定理7.2より明らかである．

定理 7.1 の証明.　次の図式を考える；$M = \boldsymbol{R}^m$:

$$\begin{array}{ccc}\{f\colon V\to \boldsymbol{R}^m, \text{埋め込み}\}/\cong & \xrightarrow{\Psi} & \{H\colon V\times V\to \boldsymbol{R}^m\times \boldsymbol{R}^m, \text{同変}\}/\underset{i}{\simeq} \\ & \Phi\searrow \quad \swarrow \Lambda & \\ & \{\phi\colon V\times V-\Delta_V\to S^{m-1},\ \text{等変写像}\}/\underset{e}{\simeq}. & \end{array}$$

ここでΦは定理7.1のもの，Ψは定理7.2で定義されるものである：$\Psi(f)=f\times f$. Λを次のように定義する：$\Lambda(H)=\overline{H}$,

$$\overline{H}(x_1,x_2)=\frac{h_1(x_1,x_2)-h_2(x_1,x_2)}{|h_1(x_1,x_2)-h_2(x_1,x_2)|},$$

ここで $$H(x_1,x_2)=(h_1(x_1,x_2),h_2(x_1,x_2)).$$

このとき，$\overline{H}$は等変写像となる．また，上の図式は可換となる．よって，Λが全単射であることを示せば，定理7.1は定理7.2よりえられる．

Ψは全射であることを示す．等変写像

$$\phi: V\times V-\Delta_V \longrightarrow S^{m-1}$$

を考える．これに対して，

$$H_\phi: V\times V \longrightarrow \boldsymbol{R}^m\times \boldsymbol{R}^m$$

を次のように定義する．$V\times V$において，対角集合Δ_Vの十分小さい管状近傍Uをとる，$\Delta_V\subset U\subset V\times V$. $\lambda\colon \boldsymbol{R}^1\to \boldsymbol{R}^1$を次のような$C^\infty$-函数とする：

(i) λは単調増大,

(ii) $\lambda(x)=0,\quad x\leqq 0,$

$\lambda(x)=1,\quad x\geqq 1,$

(iii) $0\leqq \lambda(x)\leqq 1,\quad \forall x\in \boldsymbol{R}^1,$

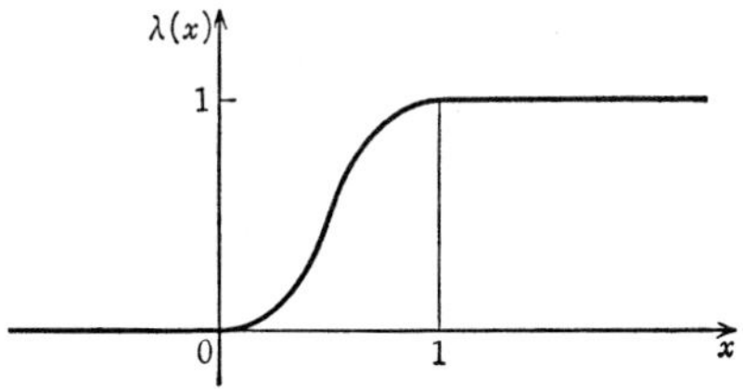

図7.1

そして，Uの上のC^∞-函数μを次のように定義する：

$$\mu: U\longrightarrow \boldsymbol{R}.$$

$$\mu(x,y)=\lambda(\rho((x,y),\Delta_V)),$$

ここでρはUでのRiemann計量を表わす．そこで，

$$H_\phi(x_1,x_2)=\begin{cases}\mu(x_1,x_2)(\phi(x_1,x_2),-\phi(x_1,x_2)), & x_1\neq x_2,\\ (0,0), & x_1=x_2\end{cases}$$

と定義する．

このとき，H_ϕは等変写像となる．そして$H_\phi^{-1}(\varDelta_{R^m})=\varDelta_V$となる．$\varLambda(H_\phi)=\bar{H}_\phi$とすると，

$$\bar{H}_\phi(x_1,x_2)=\frac{\phi(x_1,x_2)+\phi(x_1,x_2)}{|\phi(x_1,x_2)+\phi(x_1,x_2)|}=\phi(x_1,x_2).$$

単射となることも同様に示される．∎

§3　定理7.2の証明

定理7.2の証明は，第2章におけるように，まずはめ込みに変形して，次に埋め込みへもっていく．

V,Mをそれぞれn次元，m次元のC^∞-多様体，$f_0,f_1\colon V\to M$を埋め込みとする．f_0とf_1がイソトープならば，正則ホモトープとなることは明らかである．次の補題は容易にわかる．

補題7.4. $f\colon V\to M$をはめ込みとする．$f\times f\colon V\times V\to M\times M$に対して，$\varDelta_V$は$(f\times f)^{-1}(\varDelta_M)$の中の開集合となる．

定理7.3. Vをコンパクトなn次元C^∞-多様体，Mをm次元C^∞-多様体とする．

a)　$3(n+1)\leqq 2m$とする．はめ込み$f\colon V\to M$が埋め込みf_1に正則ホモトープである必要十分条件は，次のような等変ホモトピー$H_t\colon V\times V\to M\times M$が存在することである:

(i)　$H_0=f\times f$，H_1：同変，

(ii)　$\varDelta_V$は$H_t^{-1}(\varDelta_M)$の開集合，$\forall t\in[0,1]$.

さらに，$f_1\times f_1$とH_1は同変ホモトープとなるようにとりうる．

b)　$3(n+1)<2m$とする．$f_0,f_1\colon V\to M$を埋め込みとする．f_0とf_1とを結ぶ正則ホモトピー$\{f_t\}$が，f_0とf_1とを結ぶイソトピー$\{f_t'\}$に正則ホモトープであるための必要十分条件は，次のような等変ホモトピー$H_{\tau,t}\colon V\times V\to M\times$

M が存在することである:

(i)　$H_{\tau,0}=f_\tau\times f_\tau$，$H_{\tau,1}$ は同変ホモトピー，

(ii)　$H_{0,t}=f_0\times f_0$,　$H_{1,t}=f_1\times f_1$,

(iii)　$\varDelta_V$ は $H_{\tau,t}{}^{-1}(\varDelta_M)$ の中の開集合，$\forall t,\tau\in[0,1]$.　——

ここで $\{f_t\}$ と $\{f_t'\}$ とを結ぶ**正則ホモトピー**とは，ホモトピー $\{F_{\tau,t}\}$ で，

(i)　$F_{\tau,0}=f_\tau$,　$F_{\tau,1}=f_\tau'$,　$F_{0,t}=f_0$,　$F_{1,t}=f_1$,

(ii)　各 $t,\tau\in[0,1]$ に対して $F_{\tau,t}$ ははめ込みとなるものである.

以下，この節においては上の定理 7.3 を仮定して，定理 7.2 を示す．その前に Haefliger-Hirsch の定理について準備する.

Mon$(T(V),T(M))$ で $T(V)$ から $T(M)$ へのベクトル束としての単射全体の集合を表わす．ここへ，コンパクト開位相を入れる．ファイバーをファイバーへ写す連続写像 $\varphi:T(V)\to T(M)$ が，各ファイバー $T_x(V)$, $x\in V$ の上へ制限したとき,

$$\varphi(-\xi)=-\varphi(\xi),\qquad \varphi^{-1}(0)=0$$

となるとき，φ を**同変写像** (isovariant map) とよぶ．$I(T(V),T(M))$ で $T(V)$ から $T(M)$ への同変写像全体の集合を表わす．ここへもコンパクト開位相を入れる.

f_0,f_1 を $\varDelta_V$ の $V\times V$ における近傍から $M\times M$ への同変写像とする:

$$f_0:U_0\longrightarrow M\times M,$$
$$f_1:U_1\longrightarrow M\times M.$$

$\varDelta_V$ の近傍 U が存在して,

$$\varDelta_V\subset U\subset U_0\cap U_1,$$
$$f_0|U=f_1|U$$

となるとき，f_0 と f_1 とは**同値**であるとよぶ．$I(\varDelta_V,\varDelta_M)$ を，$\varDelta_V$ の近傍から $M\times M$ への同変写像の同値類全体の集合とする．ここへも，コンパクト開位相から導かれる位相を入れる.

Imm(V,M) を，V から M へのはめ込み全体の集合とし，ここへ C^1-位相を入れる．TOP-Imm(V,M) を V から M への位相はめ込み全体の集合とする．ここへもコンパクト-開位相を入れる.

次の図式を考える:

$$\begin{array}{ccccc} \mathrm{Imm}(V,M) & \xrightarrow{d} & \mathrm{Mon}(T(V),T(M)) & \searrow^{j} & \\ \downarrow{\scriptstyle i} & & \downarrow{\scriptstyle \theta} & & I(T(V),T(M)) \\ \text{TOP-Imm}(V,M) & \xrightarrow{\delta} & I(\varDelta_V,\varDelta_M). & \swarrow_{\Theta} & \end{array}$$

ここで，d ははめ込み f にその微分 df を対応させる写像，これは連続写像となる；δ は f に $f\times f: V\times V\to M\times M$ の $\varDelta_V$ における芽を対応させる写像；i と j は包含写像である．Θ を次のように定義する．V と M へ完備な Riemann 計量を入れる*)．このとき，$\exp: T(V)\to V$，すなわち $T_x(V)\ni X$ に対して，X に接し，x からの長さが $\|X\|$ である測地線の終点を対応させる写像，が定義される．$e_V: T(V)\to V\times V$ を

$$e_V(X) = (\exp X, \exp(-X))$$

と定義する．この e_V の $T(V)$ の 0-断面 V の近傍 U への制限は，$\varDelta_V$ の近傍の上への微分同相を与える．$e_M: T(M)\to M\times M$ に対しても全く同様である．さて，$\psi\in I(T(V),T(M))$ に対して，

$$\Theta(\psi) = e_M\circ\psi\circ e_V{}^{-1}$$

と定義する．そして，θ は Θ の $\mathrm{Mon}(T(V),T(M))$ への制限とする．

定理 7.4. (i)　上の図式は次の可換図式を導く：

$$\begin{array}{ccccc} \pi_i(\mathrm{Imm}(V,M)) & \xrightarrow{d_*} & \pi_i(\mathrm{Mon}(T(V),T(M))) & \searrow^{j_*} & \\ \downarrow{\scriptstyle i_*} & & \downarrow{\scriptstyle \theta_*} & & \pi_i(I(T(V),T(M))) \\ \pi_i(\text{TOP-Imm}(V,M)) & \xrightarrow{\delta_*} & \pi_i(I(\varDelta_V,\varDelta_M)). & \swarrow_{\Theta_*} & \end{array}$$

(ii)　$\delta_*\circ i_*$　は　$3n+1<2m$　のとき全単射，

　　$\delta_*\circ i_*$　は　$3n+1\leqq 2m$　のとき全射である．

証明. (i)　上の三角形の可換性は定義より明らかである．左の四角の可換性は，V の接束が，$\varDelta_V$ の $V\times V$ における法束と同値であることからわかる．

$$\begin{array}{ccc} T(V) & \longrightarrow & U\subset V\times V \\ \downarrow & & \downarrow \\ V & \xrightarrow{\varDelta} & \varDelta_V, \end{array}$$

$$\varDelta(x) = (x, x).$$

---

*)　いつも入れることができる．
Nomizu-Ozeki, The existence of complete Riemannian metrics, Proc. Amer. Math. Soc., **12** (1961), 889-891.

(δ は $f:M\to V$ に対して，f の位相的微分 df を対応させる写像である：足立，マイクロ・バンドルについて，数学，16(1964–65)，203–214；を参照.)

(ii)　これは次の 3 つのことからえられる：

a)　Θ は全単射である，

b)　j_*　は　$3n+1\leqq 2m$　のとき全射，

$3n+1<2m$　のとき全単射.

(Haefliger–Hirsch [C11]；Stiefel 多様体のホモトピー群と密接な関係がある.)

c)　$n<m$ のとき，d_* は全単射．これが，Smale–Hirsch の定理であった(第 3 章を参照).

定理 7.2 の証明.　(a)　$\Rightarrow$ は明らかである．$\Leftarrow$ を示そう．V と M へ Riemann 計量を入れる．そして，$V\times V$, $M\times M$ へ積計量を入れる．$\delta:\Delta_V\to \boldsymbol{R}$ を正の値をとる C^∞-函数とする.

仮定の $3(n+1)\leqq 2m$ から，$3n+1<2m$ となる．したがって上の定理 7.5 より，f はすでにはめ込みであり，さらに Δ_V の δ-管状近傍 U_δ(δ は十分小さい)へ制限したとき，$f\times f$ と H_1 とを結ぶ同変ホモトピー

$$H_t^\delta : U_\delta \longrightarrow M\times M$$

が存在すると仮定してもよい.

Δ_V の δ-管状近傍 U_δ は，Δ_V の点(x,x)から出発して，Δ_V に直交し，長さが $\delta(x)$ 以下の $V\times V$ の中の測地線の端点の集合である．δ を十分小さくとれば，Δ_V の異なる点から出発する上のような測地線は交わらない.

δ を十分小さいとする．そうすれば，上の同変ホモトピーは次のようになっていると思ってもよい：

a)　$t=0$, $t=1$ の近くでは，$H_t^\delta=H_t|U_\delta$;

b)　Δ_V の上では $H_t^\delta=H_t$.

$\lambda:[0,1]\to\boldsymbol{R}$ を次のような C^∞-函数とする：

(i)　$\lambda(0)=1,\quad \lambda(1)=1,$

(ii)　$0<\lambda(t)<1,\quad 0<t<1.$

そこで，新しい等変ホモトピー H_t' を次のように定義する：

$$H_t' = \begin{cases} H_t, & \text{on } (U_\delta)^C, \\ H_t^\delta, & \text{on } U_{\lambda\delta}. \end{cases}$$

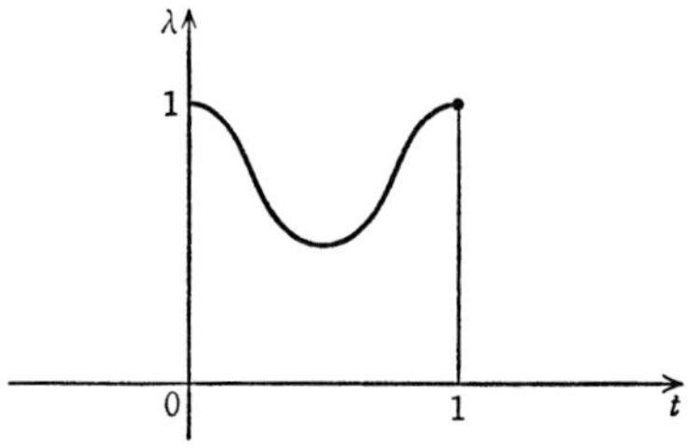

図 7.2

$U_\delta - U_{\lambda\delta}$ の上では次のように定義する．

$U_\delta - U_{\lambda\delta}$ の点 z が，Δ_V の点 (x, x) から出発して，Δ_V に直交する測地線の上にあるとする．そしてこの測地線と $\partial U_{\lambda\delta}$，$\partial U_\delta$ との交点を，それぞれ，z_1, z_2 とする．このとき，$H_t'(z)$ は $M\times M$ において，$H_t^\delta(z_1)$ と $H_t(z_2)$ とを結ぶ測地線の上で（δ を十分小さくとれば，この測地線は一意的に存在する），

$$\widehat{z_1 z} : \widehat{z z_2} = \widehat{H_t^\delta(z_1) H_t'(z)} : \widehat{H_t'(z) H_t(z_2)}$$

という比に分ける点と定義する．このように定義した H_t' は等変ホモトピーとなる．そして，$t=0$ のとき $f\times f$，$t=1$ のとき H_1 となる．さらに，Δ_V は $H_t'^{-1}(\Delta_M)$ の中で開集合となる．よって，定理 7.2 の (a) は示された．(b) も (a) と同様に示される．❙

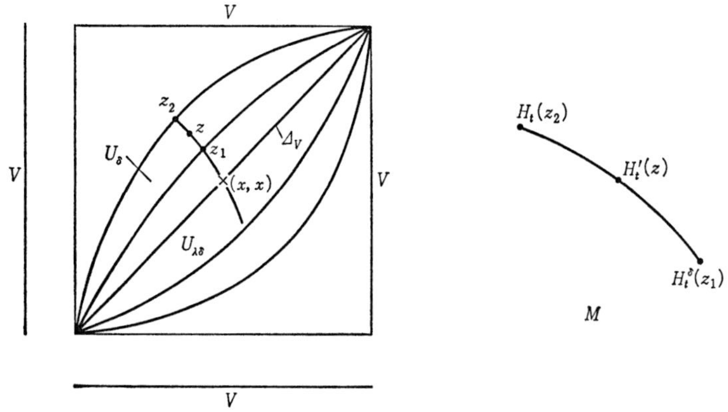

図 7.3

§4 定理 7.3 の証明

ここで定理 7.3 の証明の概略を述べる．方法は第 2 章で述べた完全はめ込みの 2 重点の除去の方法の一般化である．

A. 2 重点を消去する変形の典型的モデルの構成

次のようなモデルを 1 つ構成しよう：L, L' は C^∞-多様体，$\Phi_0 : L \to L'$，はめ込み，$\Phi_t : L \to L'$ は Φ_0 の正則ホモトピーで，

1) Φ_1 は埋め込みである，

2) $\Phi_t | K^c = \Phi_0 | K^c$，$K$：コンパクト，$K \subset L$.

次の 3 つのものから出発する（図 7.4）：

(i) コンパクト多様体 D，その上の不動点をもたない対合（すなわち $J : D \to D$，$J^2 = 1$；$J(x) \neq x$，$\forall x \in D$）.

(ii) $\lambda : D \to [-1, 1)$，C^∞-函数で

a) $\lambda \circ J = \lambda$；

b) $\lambda^{-1}(-1) = \partial D$,

c) $d\lambda \neq 0$，on $\lambda^{-1}(0)$.

(iii) D の上のベクトル束 $\xi = (L, p, D)$.

$$I = [-1, +1], \qquad D' = D \times I / \sim,$$
$$(d, t) \sim (J(d), -t), \qquad d \in D,\ t \in I$$

とする．このとき D' は底空間 D/J，ファイバー I のファイバー束である．

L' は次のように構成される D' の上のベクトル束である．$\alpha : D \times I \to D \times D$ を $\alpha(d, t) = (d, J(d))$ で定義される写像とし，

$$\tilde{\xi} = (\tilde{L}, \tilde{p}, D \times I), \qquad \tilde{\xi} = \alpha^*(\xi \times \xi)$$

とする．すなわち，$\tilde{L} = \{(l_d, l_{J(d)}', t) \mid l_d \in L_d, l_{J(d)} \in L_{J(d)}, t \in I, d \in D\}$，ここで，$L_d$ は d の上のファイバーを表わす，と考えられる．そして

$$L' = \tilde{L} / \sim,$$
$$(l_d, l_{J(d)}, t) \sim (-l_{J(d)}, -l_d, -t),$$

と定義する．$(d, t), (l_d, l_{J(d)}, t)$ を含む，それぞれ，D', L' の元を $[d, t]$，$[l_d, l_{J(d)}, t]$ で表わす．このとき

$$L' \longrightarrow D',$$

$$[l_d, l_{J(d)}, t] \longmapsto [d, t]$$

はベクトル束となる．はめ込み

$$\varphi_0 : D \longrightarrow D'$$

を $\varphi_0(d)=[d,\lambda(d)]$ で定義する．D, D' をそれぞれ，L, L' の 0-断面と同一視して考えると，φ_0 は次のようなはめ込みへ拡張される：

$$\Phi_0 : L \longrightarrow L',$$
$$\Phi_0(l_d) = [l_d, 0, \lambda(d)].$$

Φ_0 の2重点の組は部分多様体 $D_0=\lambda^{-1}(0)\subset D\subset L$ の J で対応する点である：$(d, J(d))$，$d\in D_0$．λ は D_0 の上では臨界点をもたないから $\Phi_0(L)$ の2つの局所成分は，一般の位置にあり，共通部分は $\Phi_0(D_0)$ である．

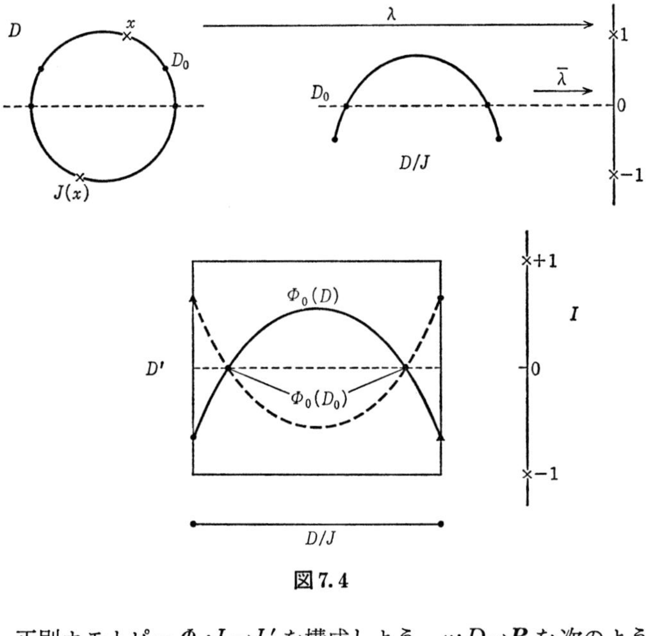

図 7.4

さて，正則ホモトピー $\Phi_t : L\to L'$ を構成しよう．$\mu : D\to \boldsymbol{R}$ を次のような C^∞-函数とする：

$$\begin{cases} 0 \leqq \mu(d) < \lambda(d)+1, \\ \mu(d)+\mu(J(d)) > 2\lambda(d), \\ \mu(d) = 0, \quad \lambda(d) \leqq -\dfrac{1}{2} \quad \text{のとき} \end{cases}$$

上のような μ は存在する；例えば，C^∞-函数で $\beta:D\to\boldsymbol{R}$ で

$$\begin{cases} 0\leqq\beta(d)\leqq 1, \\ \beta(d)=0, \quad \lambda(d)\leqq -\dfrac{1}{2} \quad \text{のとき}, \\ \beta(d)=1, \quad \lambda(d)\geqq 0 \quad \text{のとき} \end{cases}$$

となるものを考える．そして $\mu(d)=(\lambda(d)+1/2)\beta(d)$ とすればよい．

$\varphi_t:D\to D'$ を

$$\varphi_t(d)=[d,\lambda(d)-t\mu(d)], \qquad t\in[0,1]$$

で定義すると，これは正則ホモトピーで，$\varphi_0=\varphi$，φ_1 は埋め込みとなる．なぜならば，$[d,\lambda(d)-\mu(d)]=[d',\lambda(d')-\mu(d')]$ とすると，$(d,\lambda(d)-\mu(d))\sim(d',\lambda(d')-\mu(d'))$ である．よって，定義より，$d=d'$ あるいは

$$d'=J(d), \qquad \lambda(d')-\mu(d')=-(\lambda(d)-\mu(d)).$$

$\lambda(d')=\lambda(d)$ であるから，$2\lambda(d)=\mu(d)+\mu(J(d))$ となり $d=d'$ をうる．

ベクトル束 L の構造群は直交群とする，すなわち L を Euclid ベクトル束と考える．よって，L の各ファイバーに Euclid 計量が入っているものと考える．d の上のファイバー L_d の元 l_d の長さを $\|l_d\|$ と書く．$\alpha:\boldsymbol{R}\to\boldsymbol{R}$ を釣りがね函数とする；

(i)　$\alpha(\boldsymbol{R})=[0,1]$,

(ii)　$\alpha(0)=1$,

$\alpha(x)=0, \quad 0<\varepsilon\leqq\|x\|$,

となる C^∞-函数．

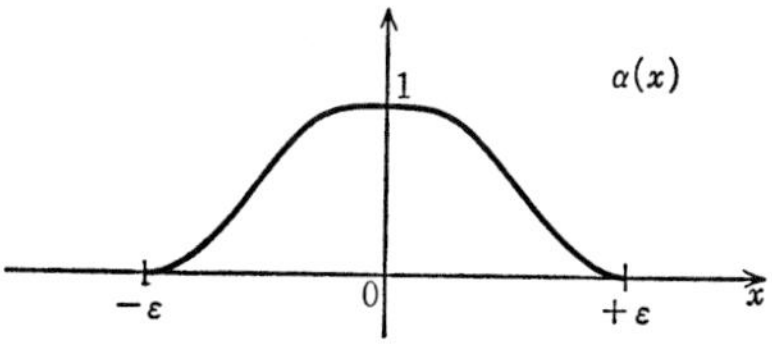

図 7.5

さて，$\Phi_t:L\to L'$ を

$$\Phi_t(l_d)=[l_d,0,\lambda(d)-\alpha(\|l_d\|)t\mu(d)]$$

と定義する．このとき，Φ_t は正則ホモトピーで，$\Phi_0=\Phi$, Φ_1 は埋め込みとなる．

さらにΦ_tはコンパクト集合の外では動かない．

B．モデルのとり方

定理7.3(a)の仮定において，$f: V\to M$を，一般の位置にある(in general position)，すなわち，$f\times f: V\times V\to M\times M$は$V\times V-\Delta_V$の各点では$\Delta_M$に横断的，と仮定することができる．これはThomの横断性定理(第1章§5を参照)よりわかる．また，fは3重点をもたない，と仮定することができる．これは$3n<2m$よりえられる．このことは，第2章の定理2.8の証明と同様にして示すことができる．

等変ホモトピーH_tは$t\in[-1,1]=I$に対して定義されていると仮定することができる．そしてそれは次の3つの条件を満足すると仮定することができる：

1)　C^∞-写像

$$H: V\times V\times I \longrightarrow M\times M,$$
$$H(v_1, v_2, t) = H_t(v_1, v_2)$$

は$\Delta_V\times I$の外ではΔ_Mに横断的である．このとき

$$\Delta = H^{-1}(\Delta_M)-\Delta_V\times I$$

は$V\times V\times I$の閉部分多様体となる．

2)　$p_1, p_2: V\times V\times I\to V$を，それぞれ，第1成分，第2成分への射影とする．$\boldsymbol{p}_1=p_1|\Delta: \Delta\to V$は埋め込みである．

3)　$t: V\times V\times I\to I$を第3成分への射影とする．このとき，$t|\Delta: \Delta\to I$は0を臨界値として持たない．

1)と3)はThomの横断性定理(第1章，§5)よりわかる．ここでは次元の制限は一切必要ない．

2)については，$3(n+1)\leqq 2m$より，$2\dim\Delta<\dim V$をうる．よって，Whitneyの埋め込み定理(第2章，§4)から2)がえられる．($p_1|\Delta$が埋め込みとなるようにH_tをとりかえうる．)さて，上の**A.**におけるモデル$\Phi_t: L\to L'$の構成の出発点である(i)，(ii)，(iii)を次のようにとる：

(i)　$D = p_1(\Delta) = p_2(\Delta),\qquad J = p_2\circ\boldsymbol{p}_1^{-1},$

(ii)　$\lambda: D \longrightarrow I,\qquad \lambda = t\circ\boldsymbol{p}_1^{-1},$

(iii)　$\xi=(L, p, D)$として，DのVにおける法束をとる．$p_1(\Delta)=p_2(\Delta)$，$J\circ J$

$=1$ は H_t が等変であることよりえられる.

C. モデルの適用

次のような，それぞれ V の開集合，M の開集合の上への微分同相を構成しよう:

$$\Psi : L_\varepsilon \longrightarrow V, \qquad \Psi' : L_\varepsilon' \longrightarrow M,$$

ここで $L_\varepsilon, L_\varepsilon'$ は，それぞれ，D の L における，D' の L' における ε-管状近傍である.

a)　$f\circ\phi = \phi'\circ\Phi_0$,

b)　$f^{-1}(\phi'(L_\varepsilon')) = \phi(L_\varepsilon)$.

これらが構成できたならば，

$$f_t(v) = \begin{cases} \phi'\circ\Phi_t\circ\phi^{-1}(v), & v \in \Psi(L_\varepsilon), \\ f(v), & v \notin \Psi(L_\varepsilon) \end{cases}$$

とおけば，$\{f_t\}$ は正則ホモトピーで，$f_0=f$, f_1 は埋め込みとなり，定理 7.3 a) の十分性がえられる．必要であることは明らかである.

これら Ψ, Ψ' の構成がこの証明の最も困難なところである．3 つの段階に分けて行なう.

［第 1 段階］　まず次のような埋め込みをつくる:

$$\Psi : D \longrightarrow V, \qquad \Psi' : D' \longrightarrow M,$$

a_0)　$f\circ\phi = \phi'\circ\varphi_0$,

b_0)　$f^{-1}\circ\phi'(D') = \phi(D)$,

c_0)　$\phi'(D')$ は $f(V)$ に，$f(\phi(D))$ に沿っては横断的; すなわち，D の各点 d に対して，次の可換図式で:

$$\begin{array}{ccc} T_{\phi(d)}(V) & \xrightarrow{(df)_{\phi(d)}} & T_{f\circ\phi(d)}(V') \\ {\scriptstyle (d\phi)_d}\uparrow & & \uparrow{\scriptstyle (d\phi')_{\varphi_0(d)}} \\ T_d(D) & \xrightarrow{(d\varphi_0)_d} & T_{\varphi_0(d)}(D'). \end{array}$$

$(df)_{\phi(d)}(T_{\phi(d)}(V))$ と $(d\phi')_{\varphi_0(d)}(T_{\varphi_0(d)}(D'))$ とは横断的に交わり，$f(V)\cap\phi'(D')= f(\phi(D))$ である.

前と同じように $p_1, p_2: V\times V\times I\to V$ をそれぞれ，第 1 成分，第 2 成分への射影とする．同様に，$p_1', p_2': M\times M\to M$ を定義する.

ϕ は D の V への包含写像ととる．ϕ' に関しては，$\phi_0'=\phi'|\varphi_0(D)$ は条件 a_0)

によって定まっている．

$$A = \{[d,t]\in D' \mid 0\leqq t\leqq \lambda(d)\}$$

とする．そして，

$$\bar{\psi}_0'[d,t] = p_1'\circ H(d, J(d), \lambda(d)-t), \qquad [d,t]\in A$$

とおけば，ψ_0' の A への連続な拡張 $\bar{\psi}_0'$ がえられる．A は D' のレトラクトであるから，ψ_0' の拡張 $\bar{\psi}':D'\to M$ をうる．

一方，$\dim D<m-n$ であるから，$\psi_0':\varphi_0(D)\to M$ は $\varphi_0(D)$ の D' における小さい近傍 U からの埋め込み ψ_1' へ拡張できて，

$$\psi_1'(U) \text{ と } f(V) \text{ は } f(D) \text{ の上で横断的},$$

$$\psi_1'(U)\cap f(V) = f(D)$$

となる(Shapiro[C16] の Lemma 5.2 よりわかる)．そして最後に，$2\dim D'<\dim M$ より，Whitney の埋め込み定理により，埋め込み $\psi':D'\to M$ で，

α)　$\psi'\simeq\bar{\psi}'$,

β)　$\psi'\mid U(D) = \psi_1'\mid U(D)$，ここで $U(D)$ は D のある近傍,

γ)　$f(V-\psi(D))\cap\psi'(D') = \phi$

となるものをとりうる．γ) は $\dim D'+\dim V<\dim M$ よりえられる．この β) より条件 c_0) が成り立つ．また γ) より b_0) が成り立つ．

［第2段階］　次のようなベクトル束の単射を構成する：

$$\dot{\psi} : L \longrightarrow T(V), \qquad \dot{\psi}' : L' \longrightarrow T(M),$$

(i)　$\dot{\psi}\mid D = \psi,\quad \dot{\psi}'\mid D' = \psi'$,

(ii)　$(df)\circ\dot{\psi} = \dot{\psi}'\circ\Phi_0$,

(iii)　$\dot{\psi}(L), \dot{\psi}'(L')$ は，それぞれ，$T(V)\mid D$，$T(M)\mid\psi'(D')$ において，$T(D)$，$T(\psi'(D'))$ の補束である．

L は D の V における法束であったから，$\dot{\psi}$ は単に包含写像ととればよい．$\dot{\psi}'$ を定義しよう．C^∞-写像

$$\xi : D \longrightarrow M$$

を，$\xi(d)=\psi'[d,0]$ で定義する．このとき，$\xi\circ J=\xi$ である．

補題 7.5. $N(V,D)$ を D の V における法束とする．このとき次のようなベクトル束の単射が存在する：

$$\dot{\xi} : N(V,D)\oplus_J N(V,D) \longrightarrow T(M),$$

0)　$\dot{\xi}$はξを導く，

1)　$\dot{\xi}(l_d, l_{J(d)}) = -\dot{\xi}(l_{J(d)}, l_d)$,

2)　$\dot{\xi}(l_d, l_{J(d)}) = (df)(l_d) - (df)(l_{J(d)})$,　　$d \in D_0 = \lambda^{-1}(0)$.　——

上において，$N(V,D) \oplus_J N(V,D)$ は $(1\times J)^*(N(V,D)\times N(V,D))$ のことである．

証明. π_1, π_2 をそれぞれ p_1, p_2 の $\varDelta$ への制限とする．π_2 は $\varDelta$ の V への埋め込みであるから，法束 $N(V\times V\times I, \varDelta)$ は $T(V)|D$ $(D=p_1(\varDelta))$，$N(V,D)$ $(D=p_2(\varDelta))$ と自明なベクトル束 ε の Whitney 和である：

$$N(V\times V\times I, \varDelta) \sim \pi_1^*N(V,D) \oplus \pi_2^*N(V,D) \oplus \pi_1^*T(D) \oplus \varepsilon.$$

よって，ベクトル束の同型

$$\begin{array}{ccc} N(V\times V\times I, \varDelta) & \longrightarrow & N(V,D)\oplus_J N(V,D)\oplus T(D)\oplus\varepsilon \\ \downarrow & & \downarrow \\ \varDelta & \xrightarrow{\pi_1} & D \end{array}$$

をうる．

一方 H は $\varDelta$ の上で $\varDelta_M$ に横断的である，よって

$$N(V\times V\times I, \varDelta) \sim (H|\varDelta)^*N(M\times M, \varDelta_M).$$

しかるに，

$$N(M\times M, \varDelta_M) \sim (p_1')^*T(M)$$

である．上の同型をにらめば，ベクトル束の単射

$$\begin{array}{ccc} \varXi : N(V,D)\oplus_J N(V,D)\oplus T(D)\oplus\varepsilon & \longrightarrow & T(M) \\ \downarrow & & \downarrow \\ D & \xrightarrow{p_1'\circ H\circ\pi_1^{-1}} & M \end{array}$$

が存在する．

$$\sigma : N(V,D)\oplus_J N(V,D)\oplus T(D)\oplus\varepsilon \circlearrowleft$$

を

$$\sigma(l_d, l_{J(d)}, t_d, e) = (l_{J(d)}, l_d, t_{J(d)}, e),$$

ここで，$l_d, l_{J(d)}$ は，それぞれ $d, J(d)$ における D への法ベクトル；$t_d \in T_d(D)$, $t_{J(d)} = (dJ)_d(t_d)$，で定義する．このとき，σ はベクトル束の対合となる．H_t は等変写像であったから，$\varXi\circ\sigma = -\varXi$ となる．

結局，$\varXi$ を $N(V,D)\oplus_J N(V,D)\oplus 0$ の D_0 の上の部分へ制限すると，(df)

$\oplus_J(-df)\oplus 0$ となる.

第1段階での ψ' の作り方から, $p_1'\circ H\circ\pi_1^{-1}$ と $\xi:D\to M$ とを結ぶホモトピーにおいて, J で不変, D_0 の上では固定されているものが存在する. したがって, Ξ は次のような単射 Ξ' とホモトープである:

(i 甲) Ξ' は ξ を導く,

(ii 乙) $\Xi'\circ\sigma=-\Xi'$,

(iii 丙) $\Xi'|D_0=\Xi|D_0$.

さて, 求める単射 $\dot{\xi}$ を構成しよう. その前にベクトル束について準備する.

助補題 B を複体, A を部分複体とする. $E=E_1\oplus E_2$, $E'=E_1'\oplus E_2'$ を B の上のベクトル束の Whitney 和とする. $\sigma:E\to E'$ をベクトル束の同型で, σ を A の上の部分へ制限すると, 2つの同型の直和 $\sigma_1{}^0\oplus\sigma_2{}^0$ であるとする:

$$\sigma_1{}^0: E_1|A\longrightarrow E_1'|A,\qquad \sigma_2{}^0: E_2|A\longrightarrow E_2'|A.$$

$\sigma_1{}^0$ は同型 $\sigma_1:E_1\to E_1'$ へ拡張される, そして,

$$\dim B<\dim(E_2\text{ のファイバー})$$

と仮定する. このとき, ベクトル束の準同型 $\sigma_2:E_1\to E_1'$ が存在して,

(i) σ_2 は $\sigma_2{}^0$ の拡張である,

(ii) σ と $\sigma_1\oplus\sigma_2$ とを結ぶホモトピーで A の上では固定されているものが存在する. ——

証明は読者にゆずる.

補題7.5の証明にもどる. 助補題において,

$$E_1=T(D)\oplus\varepsilon/\sim,\qquad (t_d,e)\sim(-t_{J(d)},-e),$$
$$E_2=N(V,D)\oplus_J N(V,D),\qquad (l_d,l_{J(d)})\sim(-l_{J(d)},-l_d)$$

ととる. このとき, これらは D/J の上のファイバー束となる. $\xi/J:D/J\to\bar{\psi}'(D')\subset M$ を $\xi:D\to M$ から導かれる写像とする.

$$E_1'=(\xi/J)^*T(D'),$$
$$E_2'=(\xi/J)^*N(M,\bar{\psi}'(D'))$$

とする. このとき, $\dim D<2(n-\dim D)$ だから, 助補題を適用できる. したがって補題7.5をうる. ▎

さて, $\dot{\psi}':L'\to T(M)$ を構成しよう. L' はベクトル束

$$\begin{array}{c}(L\oplus_J L)\times[0,1]\\ \downarrow \\ D\times[0,1]\end{array}$$

を同値関係 $(l_d, l_{J(d)}, t)\sim(-l_{J(d)}, -l_d, -t)$ で割ったものであった．よって，次のようなベクトル束の単射を構成すればよい：

$$\chi:(L\oplus_J L)\times[0,1]\longrightarrow N(M, \bar{\psi}'(D')),$$

1)　χ は $\bar{\chi}: D\times[0,1]\to D'$，$\chi'(d,t)=\psi'[d,t]$ を導く；

2)　$\chi|(L\oplus_J L)\times 0=\dot{\xi}$；

3) (a)　$\chi(l_d, 0, \lambda(d))=df(l_d)$，　$\lambda(d)\geqq 0$,

(b)　$\chi(0, -l_d, -\lambda(d))=df(l_d)$，　$\lambda(d)\leqq 0$.

まず，χ の $(L\oplus_J 0)\times[0,1]$ での制限 χ_1 を定義しよう．上の条件 2) と 3)(a) から，χ_1 は $D\times\{0\}$ と $(d, \lambda(d))$，$\lambda(d)\geqq 0$，の上ではすでに定められている．χ_1 を $D\times[0,1]$ の上へ拡張するための障害は，ホモトピー群

$$\pi_i(V_{m-\dim D', n-\dim D}),\quad i\leqq \dim D$$

にある．ここで $V_{p,q}$ は $\boldsymbol{R}^p$ における q-枠全体のつくる Stiefel 多様体である．ところがこのホモトピー群は

$$\pi_i(V_{p,q})=0,\quad i<p-q$$

である．今の場合，上のホモトピー群がすべて消えるのは

$$\dim D<m-\dim D'-(n-\dim D),$$
$$0<m-n-\dim D'$$

のときである．ところが $\dim D'=\dim D+1=2n-m+1$．よって，$3n+1<2m$ のときである．ところが仮定より $3n+2<2m$ である．よって，上のホモトピー群は，$i\leqq\dim D=2n-m$ のとき 0 となる．よって，χ_1 は $D\times[0,1]$ の上へ拡張される．

次に χ_1 を 2) と 3) (b) が成り立つように χ へ拡張しよう．それは難しくない．$D\times[0,1]$ は

$$D\times\{0\}\cup\{(d, \lambda(d))\,|\,\lambda(d)\leqq 0\}$$

へ変形レトラクトされるから．そこで

$$\dot{\psi}'[l_d, l_{J(d)}, t]=\begin{cases}\chi(l_d, l_{J(d)}, t), & t\geqq 0,\\ \chi(-l_{J(d)}, -l_d, -t), & t\leqq 0,\end{cases}$$

と定義すればよい．

［ϕ と ϕ' の構成］　まず，ϕ を十分小さな $\varepsilon>0$ に対して L_ε の上で，$x\in D$ に対して，

$$(d\phi)_x(T_x(L_\varepsilon)) = \dot{\psi}(T_x(L_\varepsilon))$$

となるように構成する．(写像 exp を考えよ．) 一方，$\varphi(x)=x'\in D'$ に対して，x' の L' における近傍 U_x' から M への写像 ϕ_x' が存在して，

$$(d\phi_x')_{x'}(T_{x'}(U_x')) = \dot{\psi}'(T_{x'}(U_x')),$$
$$f\circ\phi = \phi_x'\circ\Phi$$

となる．(これは陰函数定理より，局所座標系をうまくとることによってわかる．) これより，D' の L' における近傍 U' から M への C^∞-写像 Ψ' で，

$$(d\phi')_{x'}(T_{x'}(U')) = \dot{\psi}'(T_{x'}(U')), \qquad x'\in D',$$
$$f\circ\Psi = \phi'\circ\Phi$$

となるものを構成することができる．$\varepsilon>0$ を十分小さくとれば，$L_\varepsilon'\subset U'$ で，$\Psi|L_\varepsilon'$ は微分同相となるようにできる．

これで，定理 7.3 の a)の十分なことが証明できた．“さらに，…”の部分の証明は略す(Haefliger[C9] を参照)．

定理 7.3 b)の証明． 上の証明と同様の方法でできる．V の代りに $V\times[0,1]$，M の代りに $M\times[0,1]$ をとり，f の代りに $F: V\times[0,1]\to M\times[0,1]$，$F(v,t)=f_t(v)$，をとってやる．このとき，条件 $3(n+2)\leqq 2(m+1)$ は $3(n+1)<2m$ となる．

あとがき

第0章では，Whitney[C20]の紹介をして，本書への introduction とした．直観的にどのような問題を扱うのかわかっていただけたと思う．

第1章では C^r-多様体，C^r-写像，ファイバー束の定義と基礎概念を述べた．また，本書で必要とする事柄に限って簡単に解説した．さらに C^r-多様体について学びたい人には，例えば，服部晶夫，多様体，岩波全書，1976 をおすすめする．

第2章では C^∞-多様体の埋め込みに関して，Whitney の埋め込み定理を中心として述べた(Whitney[C19]，[C21])．ここで，田村[A9]を参考にした．この章の完全はめ込みの2重点の除去の方法が Haefliger により発展させられた．これに関しては第7章へまわした．

第3章では C^∞-多様体のはめ込みに関して，第0章の自然な一般化である Smale-Hirsch の理論を中心として述べた．また，しずめ込みに関する Phillips の定理も述べた．これらの証明は，Smale-Hirsch の定理の一般化である Gromov の定理の系として示した．Gromov の定理の証明は，Haefliger の解説[B3]に従った．第3章でもふれたが，この Gromov の定理は Smale[B9] の“被覆ホモトピーの方法”が基になっている．温故知新．

第4章では Smale-Hirsch の理論のもう1つの一般化である Gromov の凸積分理論[B5]を紹介した．この理論は第3章で述べた Gromov の定理とくらべると，ジェット束の底空間が必ずしも開多様体でなくてもよい点が本質的に異なる．ここでは河合茂生君のレポートを参考にした．この章が本書で述べた分野の今後の方向の1つを示唆しているように思われる．

第5章では第3章で述べた Gromov の定理の応用例の1つとして，開多様体の上の葉層構造の Haefliger の分類定理を述べた．葉層構造をさらに学びたい方には，田村[A7] をおすすめする．

第6章では，第3章のGromovの定理と第4章のGromovの凸積分理論の応用例として，開多様体の上の複素構造について述べた．一般次元の開多様体の上の概複素構造の積分可能性については未解決である．

第7章では，Haefligerの埋め込み定理の証明の概略を示した．上にも述べたように，Whitneyの2重点の除去の手法の自然な一般化となっている点を浮き出させたかったが，著者の力不足で，それをなし得たかどうか疑がわしい．埋め込みに関しては，多様体の連結性以外の十分条件を見出すことが今後の課題と思われる．

なお，本書では触れなかったが，Haefligerの埋め込み定理のもう1つの証明，微分可能写像の特異点集合に関する議論，いわゆるWhitney-Thomの理論，による証明がHaefliger[C8]に示されている．

第3章で述べたSmale-Hirschの理論を具体的な多様体に適用してみせなかったが，これについては例えばSmale[B9], James[B4]を参照されたい．

歴史的にみると，第0章の素朴な問題がその後，本書に述べたように発展してきた点が興味深い．今後の発展も期待される．

追記　最近，本書の第0章の内容を映画，ビデオテープにしたものが売り出されている：

Regular homotopies in the plane,

International Film Bureau Inc. Chicago, Illinois.

参 考 文 献

A. 書　物(本文中[A…]として引用)

1 足立正久，微分位相幾何学，共立出版，1976.
2 小松-中岡-菅原，位相幾何学 I，岩波書店，1967.
3 J. Milnor, Morse Theory, Princeton Univ. Press, 1963.(志賀浩二訳，モース理論，吉岡書店)
4 J. Milnor, Lectures on the *h*-cobordism Theorem, Princeton Univ. Press, 東大出版会.
5 J. Milnor-J. Stasheff, Characteristic Classes, Princeton Univ. Press, 1974, 東大出版会.
6 N. Steenrod, The Topology of Fibre Bundles, Princeton Univ. Press, 1951.(大口邦雄訳，ファイバー束のトポロジー，吉岡書店)
7 田村一郎，トポロジー，岩波全書，1972.
8 田村一郎，葉層のトポロジー，岩波書店，1976.
9 田村一郎，微分位相幾何学，岩波講座，基礎数学，1978.

B. 講義録，解説，総合報告など(本文中[B…]として引用)

1 A. Haefliger, Plongements de variétés dans le domaine stable, Séminaire Bourbaki, 15(1962-63), Exposé 245.
2 A. Haefliger, Homotopy and integrabiligy, Lecture Notes in Math. Springer, 197 (1971), 133-163.
3 A. Haefliger, Lectures on the theorem of Gromov, Lecture Notes in Math. Springer, 209(1971), 128-141.
4 I. M. James, Two problems studied by H. Hopf, Lecture Notes in Math. Springer, 279(1972), 134-174.
5 M. L. Gromov, A topological technique for the construction of solutions of differential equations and inequalities, Actes Congres Intern. Math., 2(1970), 221-225.
6 A. Phillips, Turning a surface inside out, Scientific American, 214(1966).(たむらいちろう訳，球面を裏返す，数学セミナー，1966，12月号)
7 V. Poénaru, Homotopy theory and differentiable singularities, Lecture Notes in Math. Springer, 197(1971), 106-132.
8 斉藤喜宥，多様体のユークリッド空間への immersion, imbedding について，数学の歩み, 9-1(1961), 23-33.
9 S. Smale, A survey of some recent developments in differential topology, Bull. Amer. Math. Soc., 69(1963), 131-145.
10 田村一郎, 微分可能多様体の埋めこみと特性類について, 数学, 13-3(1962), 140-153.
11 R. Thom, Sur la théorie des immersions, d'apres Smale, Séminaire Bourbaki, (1957-1958), Exposé 157.
12 R. Thom-H. Levine, Singularities of differentiable mappings, Lecture Notes in Math. Springer, 192(1971), 1-89.
13 呉文俊, A theory of imbeddings and immersions in Euclidean spaces. (中岡-斉藤訳, 大阪市大位相数学講究録, No. 5, 6(1958))

C. 論 文(本文中[C…]として引用)

1 M. Adachi, A note on complex structures on open manifolds, J. Math. Kyoto Univ., 17(1977), 35-46.
2 M. Adachi, Construction of complex structures on open manifolds, Proc. Japan Acad., 55(1979), 222-224.
3 S. D. Feit, *k*-mersions of manifolds, Acta Math., 122(1969), 173-195.
4 M. Gromov, Transversal mappings of foliations into manifolds, Izv. Akad. Nauk SSSR., 33(1969), 707-734; Math. USSR-Izv., 3(1969), 671-694.
5 M. Gromov, Convex integration of differential relations, Izv. Akad. Nauk SSSR., 37(1973), 329-343.
6 M. Gromov-Y. Éliaschberg, Removal of singularities of smooth mappings, Izv. Akad. Nauk SSSR., 35(1971), 600-625; Math. USSR-Izv., 5(1971), 615-639.
7 A. Haefliger, Differentiable imbeddings, Bull. Amer. Math. Soc., 67(1961), 109-112.
8 A. Haefliger, Plongements différentiables de variétés dans variétés, Comment. Math. Helv., 36(1961), 47-82.
9 A. Haefliger, Plongements différentiables dans le domaine stables, Comment. Math. Helv., 37(1962), 155-176.
10 A. Haefliger, Feullitages sur les variétés ouvertes, Topology, 9(1970), 183-194.
11 A. Haefliger-M. Hirsch, Immersions in the stable range, Ann. of Math., 75(1962), 231-241.
12 M. W. Hirsch, Immersions of manifolds, Trans. Amer. Math. Soc., 93(1959), 242-276.
13 P. Landweber, Complex structures on open manifolds, Topology, 13(1974), 69-76.
14 A. Phillips, Submersions of open manifolds, Topology, 6(1967), 171-206.
15 A. Phillips, Smooth maps transverse to a foliation, Bull. Amer. Math. Soc., 76(1970), 792-797.
16 A. Shapiro, Obstructions to the imbedding of a complex in a Euclidean space, I. The first obstruction, Ann. of Math., 66(1957), 256-269.
17 S. Smale, Classification of immersions of sphere into Euclidean space, Ann. of

Math., 69(1959), 327–344.

18 R. Thom, Espaces fibrés en sphères et carrés de Steenrod, Ann. Sci. E. N. S., 69 (1952), 109–181.

19 H. Whitney, Differentiable manifolds, Ann. of Math., 45(1936), 645–680.

20 H. Whitney, On regular closed curves on the plane, Compositio Math., 4(1937), 276–284.

21 H. Whitney, The self-intersections of a smooth n-manifold in $2n$-space, Ann. of Math., 45(1944), 220–246.

22 H. Whitney, The singularities of a smooth n-manifold in $(2n-1)$-space, Ann. of Math., 45(1944), 247–293.

索　　引

さ 行

ま 行

や 行

ら 行

■岩波オンデマンドブックス■

埋め込みとはめ込み

1984年12月11日　第1刷発行
2008年6月25日　第3刷発行
2017年12月12日　オンデマンド版発行

著　者　足立正久（あだちまさひさ）

発行者　岡本　厚

発行所　株式会社　岩波書店
〒101-8002　東京都千代田区一ツ橋2-5-5
電話案内　03-5210-4000
http://www.iwanami.co.jp/

印刷／製本・法令印刷

ISBN 978-4-00-730705-8　　Printed in Japan